Moderne Probleme der

# Propellertheorie

Ingenieurwissenschaftliche Bibliothek
Engineering Science Library

Herausgeber/Editor: István Szabó, Berlin

W.-H. Isay

# Moderne Probleme der
# Propellertheorie

Springer-Verlag Berlin Heidelberg GmbH 1970

Dr.-Ing. W.-H. ISAY
Professor am Institut für Schiffbau
der Universität Hamburg

Mit 125 Abbildungen



Library of Congress Catalog Card Number 75-121061

ISBN 978-3-662-12529-8     ISBN 978-3-662-12528-1 (eBook)
DOI 10.1007/978-3-662-12528-1

Titel-Nr. 4253

# Vorwort

Seit dem Erscheinen meines ersten Buches „Propellertheorie, Hydrodynamische Probleme" im Jahre 1964 hat die internationale Propellerforschung erhebliche Fortschritte gemacht. Eine Reihe wichtiger Probleme, die 1964 noch am Anfang ihrer Entwicklung standen, sind inzwischen erfolgreich bearbeitet worden, so vor allem die Propellertragflächentheorie und die Propellerhydroakustik, ferner Strömungsvorgänge in Hubschrauber-Rotoren und Propellern mit vertikaler Achse, außerdem eine Reihe von Sonderfragen wie Teiltauchung, elastische Flügelschwingungen oder die Wechselwirkung mit dem Schiffsruder.

Zumindest in methodischer Hinsicht wurde inzwischen ein gewisser Abschluß erreicht, der es rechtfertigt, das vorhandene Material systematisch geordnet in einer einheitlichen Darstellung zusammenzufassen. Dieses ist die Zielsetzung des vorliegenden Buches, in dem (ohne Anspruch auf Vollständigkeit) die wichtigsten Originalarbeiten der internationalen Forschung der letzten sechs Jahre verarbeitet worden sind. Für die Grundlagen der Theorie und die älteren einfacheren Probleme kann dabei grundsätzlich auf das oben erwähnte Werk aus dem Jahre 1964 verwiesen werden. Es wird im folgenden abgekürzt als Band 1 bezeichnet und seine Kenntnis darf beim Leser des nunmehr vorgelegten Fortsetzungsbandes (der sich in der verwendeten Bezeichnungsweise weitgehend an die in Band 1 verwendete anlehnt) vorausgesetzt werden.

In dem neuen Buch hat der Verfasser bewußt die theoretisch methodischen Gesichtspunkte in den Vordergrund gestellt, da gerade diese als weitgehend gesicherter Bestand der wissenschaftlichen Erkenntnis angesehen werden können. Dementsprechend sollen die in den Abbildungen dargestellten numerischen Beispiele und Ergebnisse einen Einblick in die wesentlichen grundlegenden Zusammenhänge geben. Sie sind nicht etwa als Daten für einen technischen Propellerentwurf anzusehen.

Der Verfasser hofft aber, daß die in dem vorliegenden Buch enthaltene zusammenfassende Darstellung dazu beitragen wird, die komplizierten Theorien auch für die technische Praxis anwendbar zu machen; denn durch die zunehmend zur Verfügung stehenden leistungsfähigen Rechenanlagen dürfte es in absehbarer Zeit möglich sein, das dafür notwendige Datenmaterial bereitzustellen sowie auf der Basis der modernen Theorien Standard-Rechenprogramme zu entwickeln.

Abschließend möchte der Verfasser seinen Dank sagen dem Springer-Verlag für die vorzügliche Ausstattung des Buches, der Firma Niko Jessen in Hamburg für die Durchführung des schwierigen Formelsatzes im Composer-Verfahren, beiden insbesondere auch für die gute Zusammenarbeit bei der Herstellung.

Hamburg, im Mai 1970

W. H. Isay

# Inhaltsverzeichnis

Kapitel I

# Tragflächentheorie für Schraubenpropeller

## A. Allgemeine Grundlagen

In neuester Zeit besteht zunehmend das Bedürfnis, sich bei der Untersuchung des Strömungsfeldes eines Schraubenpropellers nicht mehr mit der Berechnung der Flügelkräfte und des Propellerschubes sowie des Druckfeldes in einigem (d. h. mehr als 10% des Durchmessers) Abstand vom Propeller zu begnügen.

Man erstrebt vielmehr auch möglichst zuverlässige Informationen über die Druckverteilung an den Flügelblättern sowie über das Druckfeld in deren unmittelbaren Umgebung. Für diese Aufgabe reicht das in Band 1 ausführlich behandelte Modell der Wirbel-Traglinientheorie nicht mehr aus. In besonderem Maße ist das der Fall, wenn sich die Richtung des Anströmungsfeldes relativ zur Flügeltiefe kurzwellig ändert wie bei stark inhomogener Zuströmung oder auch wenn der Propellerflügel mit einer Frequenz schwingt, die ein mehrfaches seiner Winkelgeschwindigkeit beträgt.

Für die Behandlung der Propellerströmung muß man in diesen Fällen die Tragflächentheorie heranziehen; die Flügelblätter werden also durch tragende (gebundene) Wirbelschichten ersetzt, deren Intensität so zu bestimmen ist, daß die Randbedingung der reibungsfreien Strömung kontinuierlich auf den Flügeln erfüllt wird.

## 1. Das Geschwindigkeitsfeld eines Propellers

Für die Berechnung des Geschwindigkeitsfeldes nach dem Modell der Tragflächentheorie ist es am einfachsten, sich die tragende Fläche aus einer linearen Superposition von tragenden Wirbellinien aufzubauen, von denen jede einzelne mit ihren zugehörigen freien Quer- und Längswirbeln eine Lösung der Laplaceschen Potentialgleichung für ideale inkompressible Strömung ist.

Wir können somit direkt an die Formeln aus Band 1 Kapitel IA anknüpfen, müssen die Darstellung aber in verschiedener Hinsicht allgemeiner formulieren.

Es erscheint weiterhin ausreichend, die das Flügelblatt ersetzenden tragenden Wirbellinien als radial gerichtet und auf einer regulären Schraubenfläche mit dem Steigungsparameter $k_1$ = const. angeordnet anzusetzen[1].Die Theorie soll für einen im relativ zum Schiffsrumpf stationären Nachstromfeld[1] arbei-

---

1) Prinzipiell ist es [vgl. Yamazaki, Fußnote 3, sowie Band 1, S. 62] mit entsprechendem Aufwand möglich, die Theorie auch auf Propeller mit ganz beliebig geformten Flügeln in einem relativ zum Schiffsrumpf instationären Nachstromfeld auszudehnen, bei dem auch durch Überlagerung eines weiteren Feldanteils die Einflüsse der Zähigkeit näherungsweise berücksichtigt werden.

tenden Propeller entwickelt werden. Wir müssen daher berücksichtigen, daß die
Form der freien Wirbelflächen durch die in axialer und Umfangsrichtung inhomogene Zuströmung zum Propeller erheblich beeinflußt wird. Dazu kommt
noch die radiale Einschnürung (Strahlkontraktion) der freien Wirbelflächen
bei stärker belasteten Propellern. Eine möglichst genaue Erfassung der geometrischen Struktur der freien Wirbelflächen ist notwendig, da das örtliche Druckfeld am Propellerflügel und in dessen unmittelbaren Umgebung in erheblichem
Maße von der Verteilung der Quer- und Längswirbel abhängt.

Die Verwendung vereinfachter Darstellungen bei der Anordnung der freien
Wirbel, etwa auf regulären Schraubenflächen oder räumlich kontinuierlich
verteilt (vgl. Band 1, S. 3, 19, 45, 58), ist bei inhomogener Anströmung nur
möglich, solange man sich auf die Berechnung der örtlichen Flügelkräfte beschränkt.

Bei den folgenden Untersuchungen werden wir soweit wie möglich die bereits
in Band 1 verwendeten Bezeichnungen beibehalten.[2])

Wir betrachten nun einen mit der Winkelgeschwindigkeit $\omega$ rotierenden
Propeller mit N Flügeln in einer Anströmung $w_0$, deren Hauptkomponente in
die Richtung der positiven x-Achse fallen. Bei $w_0$, $(x, r, \varphi)$ sei in erster Linie an
das Nachstromfeld eines Schiffsrumpfes gedacht. Den Ursprung unseres Koordinatensystems legen wir in den Mittelpunkt des Propellers, die Punkte größter
radialer Erstreckung (d. h. $r = R_0$) der Flügel definieren die sogenannte Propellerebene x = O. (vgl. Abb. 1.)

Es sei nun $\gamma$ (s, $\chi$, $\varphi_n$) die gebundene Wirbeldichte auf dem n-ten Flügelblatt.
(n = 0, 1, .... N − 1). Die Winkelkoordinate $\varphi_n = \varphi_0 + 2\pi n/N$ gibt die
momentane Flügelstellung an, enthält also die Zeitabhängigkeit des Problems.
$\chi$ dagegen ist die Winkelkoordinate, welche die Projektion der einzelnen gebundenen Wirbellinien im Verband der Flügelblätter auf die Propellerebene x
= 0 charakterisiert. Die Projektion eines Flügels auf die Ebene x = 0 ist damit
gegeben durch (vgl. Abb. 2)

$$R_i\,(\chi) \leqslant s \leqslant R_a\,(\chi) \text{ in radialer Richtung und} \qquad\qquad (1)$$
$$s\,(\varphi_n + \chi) \text{ mit } \chi_1 \leqslant \chi \leqslant \chi_2 \text{ in Umfangsrichtung.}$$

$\chi_1$ bzw $\chi_2$ ist der Vorder- bzw Hinterkantenwinkel. Dem Wert $\chi = 0$ soll die tragende Linie mit der größten radialen Erstreckung entsprechen, es ist also $R_a$ (0)
= $R_0$.

Führen wir noch die Abkürzung $\gamma^*$ für die mit dem Bogenelement der tra-

---

2) Als Koordinaten verwenden wir kartesische x, y, z oder Zylinderkoordinaten x, y =
r cos $\varphi$, z = r sin $\varphi$; als Integrationsvariable für Wirbelpunkte in gleicher Bedeutung
$\xi, \eta = $ s cos $\psi$, $\zeta = $ s sin $\psi$; außer $\psi$ auch $\chi$. Wir bezeichnen ferner mit u, v, w die
x-, y-, z-Komponente der Absolutgeschwindigkeit $w$ und mit V und W die Umfangs-
und Radialkomponente. Es gilt also mit den zugehörigen Einheitsvektoren:

$$w = u\,w_x + v\,w_y + w\,w_z = u\,w_x + V\,w_\varphi + W\,w_r$$

genden Schraubenfläche multiplizierte Wirbeldichte ein, also

$$\gamma^* (s, \chi, \varphi_n) = \gamma (s, \chi, \varphi_n) \sqrt{s^2 + k_1^2} \tag{2}$$

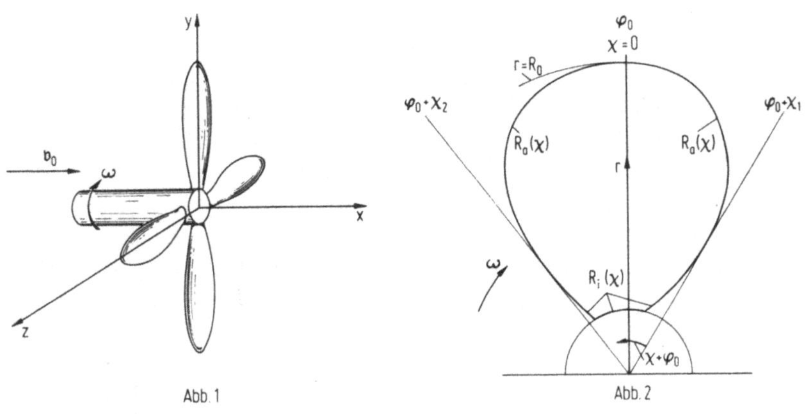


so ergibt sich für das von den gebundenen Wirbeln induzierte Geschwindigkeitsfeld $w\gamma$ in Zylinderkoordinaten-Darstellung

$$w\gamma = \frac{1}{4\pi} \sum_{n=0}^{N-1} \int_{\chi_1}^{\chi_2} \int_{R_i(\chi)}^{R_a(\chi)} \gamma^* (s, \chi, \varphi_n) \left[ (x - k_1 \chi)^2 + r^2 + s^2 - \right.$$

$$\left. - 2rs \cos (\varphi - \varphi_n - \chi) \right]^{-3/2} \cdot \tag{3}$$

$$\cdot \left\{ w_x \, r \sin (\varphi - \varphi_n - \chi) - w_\varphi (x - k_1 \chi) \cos (\varphi - \varphi_n - \chi) - \right.$$

$$\left. - w_r (x - k_1 \chi) \sin (\varphi - \varphi_n - \chi) \right\} ds d\chi$$

Für die geometrische Struktur der freien Wirbelflächen machen wir den Ansatz
$(R_i (\chi) \leqslant s \leqslant R_a (\chi) ; 0 \leqslant \psi < \infty)$

$$w_f = w_x [k (s, \psi, \varphi_n, \chi) + k_1 \chi] + w_y f (s, \psi, \varphi_n, \chi) \cos (\varphi_n + \chi + \Psi).$$
$$+ w_z f (s, \psi, \varphi_n, \chi) \sin (\varphi_n + \chi + \Psi). \tag{4}$$

Dabei charakterisiert die Funktion k die bei einem Nachstrompropeller über
Radius und Umfangswinkel veränderliche Steigung der freien Wirbelflächen,
während f die durch Nachstrom und Strahlkontraktion beeinflußte radiale
Deformation beschreibt. Schließlich stellt $\Psi$ die durch Nachstromfeld und induzierte Geschwindigkeiten bedingte Verschiebung der freien Wirbelelemente
in Umfangsrichtung dar. (Ohne eine solche Verschiebung ist $\Psi = \psi$). Dabei

setzen wir voraus, daß $\dfrac{\partial \Psi}{\partial s}\Big/_{\psi=0} = 0$ ist.

Im Sonderfall regulärer Schraubenflächen ohne Strahlkontraktion ist

$$k\,(s, \psi, \varphi_n, \chi) = k_0\,\psi \;;\; f\,(s, \psi, \varphi_n, \chi) = s \;;\; \Psi\,(s, \psi, \varphi_n, \chi) = \psi \qquad (5)$$

mit $k_0$ = const. als der hydrodynamischen Steigung (vgl. Band 1, S. 3). Die allgemeine Steigungsfunktion $k$ der freien Wirbelflächen hängt vor allem vom Radius $s$ und von der den bis weit hinter den Propeller reichenden Nachlauf beschreibenden Winkelvariablen $\psi$ ab; außerdem von der momentanen Stellung $\varphi_n$ der Flügel. Schließlich unterscheiden sich auch noch die von den einzelnen tragenden Linien (Koordinate $\chi$) der Flügelblätter abgehenden Wirbelflächen untereinander. Diese Abhängigkeiten sind in Formel (4) durch die Schreibung $k\,(s, \psi, \varphi_n, \chi)$ angedeutet. Entsprechendes gilt für $f\,(s, \psi, \varphi_n, \chi)$ und $\Psi\,(s, \psi, \varphi_n, \chi)$. Im übrigen muß

$$f\,(s, 0, \varphi_n, \chi) = s \quad ; \quad k\,(s, 0, \varphi_n, \chi) = 0 \quad ; \quad \Psi\,(s, 0, \varphi_n, \chi) = 0 \qquad (6)$$

sein, wie man leicht einsieht. Die Funktionen $k$, $f$ und $\Psi$ sind in $\varphi_n$ periodisch mit $2\pi$ ; in $\psi$ aperiodisch. Eine der physikalischen Wirklichkeit entsprechende Berechnung von $k, f$ und $\Psi$ ist sehr schwierig und höchstens iterativ möglich. Denn dazu ist neben der Kenntnis des gesamten Geschwindigkeitsfeldes im Propellerbereich noch die Integration nichtlinearer Differentialgleichungen zur Berechnung der Bahnen der freien Wirbel unter dem Einfluß dieses Feldes notwendig.[3]) Hierzu kommt noch der theoretisch kaum zu erfassende Effekt der gegenseitigen Deformation und des Zerfalls der freien Wirbel.

In erster Näherung dürfte es ausreichend sein, in Anlehnung an die Theorie des homogen angeströmten Propellers

$$k\,(s, \psi, \varphi_n, \chi) = k_p\,(s, \varphi_n + \chi + \psi) \cdot \psi \qquad (0 \leqslant \psi \leqslant \infty) \qquad (7)$$

zu setzen mit ($k_p$ in $\varphi_0$ mit $2\pi$ periodisch) ;

$$k_p\,(s, \varphi_0) = s\,\frac{u_0 + u_0\,\Lambda_x\,(s, \varphi_0) + u_Q\,(s, \varphi_0) + u_L\,(s, \varphi_0)}{\omega s + u_0\,\Lambda_\varphi\,(s, \varphi_0) + V_Q\,(s, \varphi_0) + V_L(s, \varphi_0)}\,\Big|\,x = 0, r = s, \varphi = \varphi_0$$

Dabei sind $\Lambda_x$ und $\Lambda_\varphi$ die in der Propellerebene $x = 0$ gemessenen nominellen axialen und tangentialen Nachstromverteilungen. Die Werte für die Geschwindigkeiten $u_L$, $V_L$, $u_Q$, $V_Q$, der freien Längs- und Querwirbel müßten zunächst geschätzt und später iterativ verbessert werden. In der Näherungsdarstellung (7) ist unter anderem die durch die x-Abhängigkeit des Nachstromfeldes ein-

---

3) R. Yamazaki: On the theory of screw propellers in non-uniform flows, Memoirs of the Faculty of Engineering Kyushu University 25 (1966) 107.

tretende Deformation der freien Wirbelflächen vernachlässigt und der Einfluß der Inhomogenität des Nachstromfeldes in Umfangsrichtung nur näherungsweise berücksichtigt. Für die Funktion $f(s, \psi, \varphi_n, \chi)$ läßt sich in ähnlicher Weise iterativ etwa ausgehend von der durch die einfache Strahltheorie gegebenen Kontraktionen des Propellerstrahls eine Näherungsdarstellung finden, während ein über die einfachste Annahme $\Psi = \psi$ hinausgehender Näherungsausdruck für $\Psi(s, \psi, \varphi_n, \chi)$ schon schwieriger anzugeben sein dürfte.

Die Achsenrichtungen $d\mathfrak{s}_Q$ und $d\mathfrak{s}_L$ der auf der Wirbelfläche (4) angeordneten freien Quer- und Längswirbel sind gegeben durch

$$d\mathfrak{s}_Q = \frac{\partial \mathfrak{w}_f}{\partial \psi} d\psi \quad , \quad d\mathfrak{s}_L = \frac{\partial \mathfrak{w}_f}{\partial s} ds \quad ,$$

und man erhält aus dem Biot-Savartschen Gesetz (vgl. Band 1, S. 4, 5) für die induzierten Geschwindigkeiten der freien Quer- und Längswirbel

$$\mathfrak{w}_Q = \frac{1}{4\pi} \sum_{n=0}^{N-1} \int_{x_1}^{x_2} \int_{R_i(x)}^{R_a(x)} \int_0^\infty \frac{\partial \gamma^*}{\partial s} \frac{(\mathfrak{w} - \mathfrak{w}_f) \times d\mathfrak{s}_Q}{|\mathfrak{w} - \mathfrak{w}_f|^3} ds\, d\chi \quad ,$$

und

$$\mathfrak{w}_L = -\frac{1}{4\pi} \sum_{n=0}^{N-1} \int_{x_1}^{x_2} \int_{R_i(x)}^{R_a(x)} \int_0^\infty \frac{\partial \gamma^*}{\partial \psi} \frac{(\mathfrak{w} - \mathfrak{w}_f) \times d\mathfrak{s}_L}{|\mathfrak{w} - \mathfrak{w}_f|^3} d\psi\, d\chi \quad ,$$

mit $\mathfrak{w} = \mathfrak{w}_x \cdot x + \mathfrak{w}_y \cdot r \cos \varphi + \mathfrak{w}_z\, r \sin \varphi$ ,

als Aufpunkt. Die Ausführung der Vektorprodukte und Umrechnung in die meist benötigte Darstellung in Zylinderkoordinaten liefert für die freien Querwirbel die Geschwindigkeit ($\varphi - \varphi_n - \chi - \Psi = \Theta$ ges.)

$$\mathfrak{w}_Q = \frac{1}{4\pi} \sum_{n=0}^{N-1} \int_{x_1}^{x_2} \int_{R_i(x)}^{R_a(x)} \int_{\psi=0}^\infty \frac{\partial \gamma^*(s, \chi, \varphi_n + \psi)}{\partial s} [(x - k_1 \chi - k)^2 + r^2 + f^2 -$$

$$- 2rf \cos \Theta)]^{-3/2} \Big\{ \mathfrak{w}_x \, [(rf \cos \Theta - f^2) \frac{\partial \Psi}{\partial \psi} - \frac{\partial f}{\partial \psi} r \sin \Theta] +$$

$$+ \mathfrak{w}_\varphi \, [(x - k_1 \chi - k) \frac{\partial f}{\partial \psi} \cos \Theta + \frac{\partial \Psi}{\partial \psi} (x - k_1 \chi - k) f \sin \Theta - \tag{8}$$

$$- \frac{\partial k}{\partial \psi} (r - f \cos \Theta)] + \mathfrak{w}_r \, [(x - k_1 \chi - k) \frac{\partial f}{\partial \psi} \sin \Theta - (x - k_1 \chi - k) f \cos \Theta \cdot$$

$$\cdot \frac{\partial \Psi}{\partial \psi} + \frac{\partial k}{\partial \psi} f \sin \Theta] \Big\} d\psi\, ds\, d\chi \quad ,$$

und ebenso für die freien Längswirbel

$$
w_L = \frac{1}{4\pi} \sum_{n=0}^{N-1} \int_{x_1}^{x_2} \int_{R_i(x)}^{R_a(x)} \int_{\psi=0}^{\infty} \frac{\partial \gamma^*(s, \chi, \varphi_n + \psi)}{\partial \psi} [(x - k_1\chi - k)^2 +
$$

$$
+ r^2 + f^2 - 2rf \cos\Theta]^{-3/2} \left\{ w_x \left[ \frac{\partial f}{\partial s} r \sin\Theta + \frac{\partial \Psi}{\partial s}(f^2 - rf \cos\Theta) \right] + \right.
$$

$$
+ w_\varphi \left[ \frac{\partial k}{\partial s} r - \frac{\partial k}{\partial s} f \cos\Theta - (x - k_1\chi - k)\frac{\partial f}{\partial s}\cos\Theta - \right. \tag{9}
$$

$$
- (x - k_1\chi - k)\frac{\partial\Psi}{\partial s} f \sin\Theta \Big] - w_r \Big[ \frac{\partial k}{\partial s} f \sin\Theta +
$$

$$
\left. + (x - k_1\chi - k)\frac{\partial f}{\partial s}\sin\Theta - (x - k_1\chi - k)\frac{\partial\Psi}{\partial s} f \cos\Theta \Big] \right\} d\psi \, ds \, d\chi
$$

Dabei ist $k = k(s, \psi, \varphi_n, \chi)$ ; $f = f(s, \psi, \varphi_n, \chi)$ ; $\Psi = \Psi(s, \psi, \varphi_n, \chi)$.
Bei dem hier entwickelten Aufbau des Geschwindigkeitsfeldes der tragenden
Fläche aus dem Biot-Savartschen Gesetz durch einfache Superposition von
tragenden Linien muß vorausgesetzt werden, daß die in der Theorie der tragenden Linie nach den Helmholtz-Thomsonschen Erhaltungssätzen notwendigen Bedingungen

$$
\gamma^*(R_i(\chi), \chi, \varphi_n) = 0 \quad ; \quad \gamma^*(R_a(\chi), \chi, \varphi_n) = 0 \tag{10}
$$

erfüllt sind, sofern nicht zusätzliche Nabenwirbel usw. eingeführt werden. (vgl.
Band 1, S. 6, 20). Man hat damit in (3), (8), (9) eine Lösung der Laplaceschen
Potentialgleichung, und es wird $w_\gamma + w_Q + w_L = \text{grad } \Phi_\gamma$ mit $\Phi_\gamma$ als dem Ge-
schwindigkeitspotential des Propellers.

$$
\Phi_\gamma = -\frac{1}{4\pi} \sum_{n=0}^{N-1} \int_{x_1}^{x_2} \int_{R_i(x)}^{R_a(x)} \int_{\psi=0}^{\infty} \gamma^*(s, \chi, \varphi_n + \psi) [(x - k_1\chi - k)^2 + r^2 +
$$

$$
+ f^2 - 2rf \cos\Theta]^{-3/2} \cdot \left[ (x - k_1\chi - k) f \left( \frac{\partial f}{\partial s}\frac{\partial\Psi}{\partial\psi} - \frac{\partial f}{\partial\psi}\frac{\partial\Psi}{\partial s} \right) + \right.
$$

$$
\left. + (f^2 - rf \cos\Theta)\left( \frac{\partial k}{\partial s}\frac{\partial\Psi}{\partial\psi} - \frac{\partial k}{\partial\psi}\frac{\partial\Psi}{\partial s} \right) - r \sin\Theta\left( \frac{\partial f}{\partial s}\frac{\partial k}{\partial\psi} - \frac{\partial f}{\partial\psi}\frac{\partial k}{\partial s} \right) \right] d\psi \, ds \, d\chi =
$$

$$
\tag{11}
$$

$$
= \frac{1}{4\pi} \sum_{n=0}^{N-1} \int_{x_1}^{x_2} \int_{R_i(x)}^{R_a(x)} \int_{\psi=0}^{\infty} \gamma^*(s, \chi, \varphi_n + \psi) \left[ f\left( \frac{\partial f}{\partial s}\frac{\partial\Psi}{\partial\psi} - \frac{\partial f}{\partial\psi}\frac{\partial\Psi}{\partial s} \right)\frac{\partial}{\partial x} + \right.
$$

$$+ f\left(\frac{\partial k}{\partial s}\frac{\partial \Psi}{\partial \psi} - \frac{\partial k}{\partial \psi}\frac{\partial \Psi}{\partial s}\right)\frac{\partial}{\partial f} - \frac{1}{f}\left(\frac{\partial f}{\partial s}\frac{\partial k}{\partial \psi} - \frac{\partial f}{\partial \psi}\frac{\partial k}{\partial s}\right)\frac{\partial}{\partial \varphi}\Bigg] \cdot$$

$$\cdot \frac{d\psi\, ds\, d\chi}{\sqrt{(x - k_1\chi - k)^2 + r^2 + f^2 - 2rf\cos\Theta}} \quad ; \quad (\Theta = \varphi - \varphi_n - \chi - \Psi).$$

Aus der zweiten Form der Darstellung (11) folgt unmittelbar, daß $\phi_\gamma$ eine Lösung der Laplaceschen Gleichung in Zylinderkoordinaten ist. Genau wie in der Traglinientheorie (vgl. Band 1, S. 7) kann man zeigen, daß sich aus (11) durch Differentiation das Geschwindigkeitsfeld (3), (8), (9) ergibt. Wir deuten den Beweis am Beispiel der x-Komponente an. Mit der Abkürzung $\Theta = \varphi - \varphi_n - \chi - \Psi$ folgt

$$\frac{\partial \Phi_\gamma}{\partial x} = \frac{1}{4\pi}\sum_{n=0}^{N-1}\int_{\chi_1}^{\chi_2}\int_{R_i(x)}^{R_a(x)}\int_0^\infty \gamma^*(s, \chi, \varphi_n + \psi)\,[\ldots]^{-5/2} \cdot$$

$$\cdot\Bigg[2\,(x - k_1\chi - k)^2\, f\left(\frac{\partial f}{\partial s}\frac{\partial \Psi}{\partial \psi} - \frac{\partial f}{\partial \psi}\frac{\partial \Psi}{\partial s}\right) \tag{12}$$

$$+ 3\,(x - k_1\chi - k)\left\{(f^2 - fr\cos\Theta)\left(\frac{\partial k}{\partial s}\frac{\partial \Psi}{\partial \psi} - \frac{\partial k}{\partial \psi}\frac{\partial \Psi}{\partial s}\right) - \right.$$

$$\left. - r\sin\Theta\left(\frac{\partial f}{\partial s}\frac{\partial k}{\partial \psi} - \frac{\partial f}{\partial \psi}\frac{\partial k}{\partial s}\right)\right\} -$$

$$- f\,(r^2 + f^2 - 2rf\cos\Theta)\left(\frac{\partial k}{\partial s}\frac{\partial \Psi}{\partial \psi} - \frac{\partial f}{\partial \psi}\frac{\partial \Psi}{\partial s}\right)\Bigg]\, d\psi\, ds\, d\chi\;.$$

Andererseits ergibt sich aus (3), (8), (9) durch partielle Integration über $\psi$ und $s$ unter Berücksichtigung der Relationen (10), (6):

$$u_\gamma + u_L + u_Q = \frac{1}{4\pi}\sum_{n=0}^{N-1}\int_{\chi_1}^{\chi_2}\int_{R_i(x)}^{R_a(x)}\int_0^\infty \gamma^*(s, \chi, \varphi_n + \psi)\cdot$$

$$\cdot\Bigg[\frac{\partial}{\partial s}\left(\frac{(f^2 - fr\cos\Theta)\dfrac{\partial \Psi}{\partial \psi} + r\dfrac{\partial f}{\partial \psi}\sin\Theta}{\sqrt{\ldots\ldots}^{\,3}}\right) - \frac{\partial}{\partial \psi}\left(\frac{r\dfrac{\partial f}{\partial s}\sin\Theta + (f^2 - fr\cos\Theta)\dfrac{\partial \Psi}{\partial s}}{\sqrt{\ldots\ldots}^{\,3}}\right)\Bigg]$$

$$\cdot\, d\psi\, ds\, d\chi = \frac{1}{4\pi}\sum_{n=0}^{N-1}\int_{\chi_1}^{\chi_2}\int_{R_i(x)}^{R_a(x)}\int_0^\infty \gamma^*(s, \chi, \varphi_n + \psi)\cdot \tag{13}$$

$$\cdot[(x - k_1\chi - k)^2 + r^2 + f^2 - 2rf\cos\Theta]^{-5/2}\cdot$$

$$\cdot \left\{ 2f\left(\frac{\partial f}{\partial s}\frac{\partial \Psi}{\partial \psi} - \frac{\partial f}{\partial \psi}\frac{\partial \Psi}{\partial s}\right)\left((x - k_1\chi - k)^2 + r^2 + f^2 - 2rf\cos\Theta\right)\right.$$

$$+ 3\left[(fr\cos\Theta - f^2)\frac{\partial \Psi}{\partial \psi} - r\sin\Theta\frac{\partial f}{\partial \psi}\right]\left[-(x - k_1\chi - k)\frac{\partial k}{\partial s} +\right.$$

$$+ (f - r\cos\Theta)\frac{\partial f}{\partial s} - rf\sin\Theta\frac{\partial \Psi}{\partial s}\right] + 3\left[r\sin\Theta\cdot\frac{\partial f}{\partial s} +\right.$$

$$+ (f^2 - rf\cos\Theta)\frac{\partial \Psi}{\partial s}\right]\left[-(x - k_1\chi - k)\frac{\partial k}{\partial \psi} + (f - r\cos\Theta)\frac{\partial f}{\partial \psi} -\right.$$

$$\left.\left. - rf\sin\Theta\frac{\partial \Psi}{\partial \psi}\right]\right\}\cdot d\psi ds d\chi\ .$$

Wie eine elementare Rechnung zeigt, sind die Ausdrücke (12) und (13) identisch.

Durch die Bedingungen (10) wird die Form der Wirbeldichte $\gamma$ auf dem Propellerflügel erheblichen Einschränkungen unterworfen, da $\gamma$ auf dem gesamten Blattrand verschwinden muß, um (10) zu genügen. (Abb. 2). Es erscheint jedoch zweifelhaft, ob diese Einschränkungen den wirklichen physikalischen Gegebenheiten gerecht werden; denn insbesondere ist zu erwarten, daß $\gamma$ bei einem beliebigen Anstellwinkel an der Vorderkante des Flügels nicht verschwindet. Um solche allgemeineren $\gamma$-Verteilungen erfassen zu können, ist es zweckmäßig, an Stelle von (1) die Darstellung (Abb. 3)

$$R_i \leqslant s \leqslant R_0 \text{ in radialer Richtung und}$$
$$s(\varphi_n + \chi) \text{ mit } \chi_V(s) \leqslant \chi \leqslant \chi_H(s) \text{ in Umfangsrichtung,} \tag{14}$$

mit $R_i$ bzw $R_0$ als Naben- bzw Außenradius, für die Projektion des Flügelblattes auf die Ebene $x = 0$ zu verwenden.

Durch die Darstellung (14) ist eine Umkehrung der Integrationsreihenfolge in $s$ und $\chi$ gegenüber (1) bedingt. Eine solche Umkehrung

$$\int_{x_1}^{x_2}\int_{R_i(x)}^{R_a(x)} \rightarrow \int_{R_i}^{R_0}\int_{\chi_V(s)}^{\chi_H(s)} \tag{15}$$

darf nur an dem skalaren Potential $\phi_\gamma$ ohne weiteres vorgenommen werden, nicht aber an den aus dem Biot-Savartschen Gesetz durch Superposition von tragenden Linien gewonnenen Geschwindigkeiten. Letztere sind vielmehr bei Vertauschung der Integrationsreihenfolge gemäß (15) so zu ergänzen, daß die Relation $w_\gamma + w_Q + w_L = \text{grad }\phi_\gamma$ mit $\phi_\gamma$ aus Gl. (11) bestehen bleibt. Es gilt nun folgende Integralformel:

$$\int\limits_{R_i}^{R_0} \int\limits_{x_V(s)}^{x_H(s)} \int\limits_{\psi=0}^{\infty} \frac{\partial \gamma^*(s, \chi, \psi)}{\partial s} \, K(s, \chi, \psi) \, d\psi \, d\chi \, ds \; +$$

$$\int\limits_{R_i}^{R_0} \chi_H'(s) \int\limits_{0}^{\infty} \gamma^*(s, \chi_H(s), \psi) \cdot K(s, \chi_H(s), \psi) \, d\psi \, ds \; -$$

$$- \int\limits_{R_i}^{R_0} \chi_V'(s) \int\limits_{0}^{\infty} \gamma^*(s, \chi_V(s), \psi) \, K(s, \chi_V(s), \psi) \, d\psi \, ds \; =$$

$$= - \int\limits_{R_i}^{R_0} \int\limits_{x_V(s)}^{x_H(s)} \int\limits_{\psi=0}^{\infty} \gamma^*(s, \chi, \psi) \frac{\partial K(s, \chi, \psi)}{\partial s} \, d\psi \, d\chi \, ds \; . \tag{16}$$

Der Beweis von (16) ergibt sich unmittelbar aus den Regeln der Integralrechnung, wenn man noch beachtet, daß $\gamma^*(R_i, \chi, \psi) = 0$ und $\gamma^*(R_0, \chi, \psi) = 0$ sein muß. Überdenkt man mit Berücksichtigung von Formel (16) noch einmal den auf S.7 geführten Beweis für die Äquivalenz zwischen dem Potential (11) und dem Geschwindigkeitsfeld (3), (8), (9), so folgt: Bei den Geschwindigkeitskomponenten $w_\gamma$ und $w_L$ gemäß Gl. (3) und (9) kann die Vertauschung (15) der Integrationsreihenfolge, also die Schreibung

$$\int\limits_{R_i}^{R_0} ds \int\limits_{x_V(s)}^{x_H(s)} d\chi \ldots \ldots \qquad \text{mit der Darstellung (14)}$$

ohne weiteres vorgenommen werden. Dagegen sind für die Gewinnung von $w_Q$ zu den in Gl. (8) enthaltenen Anteilen noch die weiteren Glieder hinzuzufügen:

$$\text{Zusatz}\,(w_Q) = \frac{1}{4\pi} \sum_{n=0}^{N-1} \int\limits_{R_i}^{R_0} \int\limits_{0}^{\infty} \gamma^*(s, \chi_H(s), \varphi_n + \psi)[(x - k_1 \chi_H - k)^2 +$$

$$+ r^2 + f^2 - 2rf \cos \Theta_H)]^{-3/2} \Big\{ W_x \,[(rf\cos \Theta_H - f^2) \frac{\partial \Psi}{\partial \psi} - \frac{\partial f}{\partial \psi} r \sin \Theta_H ] +$$

$$+ W_\varphi \,[(x - k_1 \chi_H - k) \frac{\partial f}{\partial \psi} \cos \Theta_H + \frac{\partial \Psi}{\partial \psi} (x - k_1 \chi_H - k) f \sin \Theta_H - \frac{\partial k}{\partial \psi}(r - f \cos\Theta_H)]$$

$$+ \mathscr{W}_r \left[(x - k_1\chi_H - k)\frac{\partial f}{\partial\psi}\sin\Theta_H - (x - k_1\chi_H - k)f\cos\Theta_H\frac{\partial\Psi}{\partial\psi} + \right.$$

$$\left. + \frac{\partial k}{\partial\psi}f\sin\Theta_H]\right\}\chi'_H(s)\,d\psi\,ds -$$

$$- \frac{1}{4\pi}\sum_{n=0}^{N-1}\int_{R_i}^{R_0}\int_0^\infty \gamma^*(s,\chi_V(s),\varphi_n + \psi)[(x - k_1\chi_V - k)^2 + r^2 + f^2 - 2rf\cos\Theta_V]^{-3/2} \cdot \tag{17}$$

$$\cdot\left\{\mathscr{W}_x[(rf\cos\Theta_V - f^2)\frac{\partial\Psi}{\partial\psi} - \frac{\partial f}{\partial\psi}r\sin\Theta_V] + \mathscr{W}_\varphi[(x - k_1\chi_V - k)\frac{\partial f}{\partial\psi}\cos\Theta_V + \right.$$

$$+ \frac{\partial\Psi}{\partial\psi}(x - k_1\chi_V - k)f\sin\Theta_V - \frac{\partial k}{\partial\psi}(r - f\cos\Theta_V)] + \mathscr{W}_r[(x - k_1\chi_V - k)\frac{\partial f}{\partial\psi}\cdot$$

$$\cdot\sin\Theta_V - (x - k_1\chi_V - k)f\cos\Theta_V\frac{\partial\Psi}{\partial\psi} + \frac{\partial k}{\partial\psi}f\sin\Theta_V]\bigg\}\chi'_V(s)\,d\psi\,ds$$

$$\chi_V = \chi_V(s)$$
$$\chi_H = \chi_H(s)$$

$$\Theta_H = \varphi - \varphi_n - \chi_H - \Psi \qquad ; \qquad \Theta_V = \varphi - \varphi_n - \chi_V - \Psi$$

In Formel (17) ist $k = k(s, \psi, \varphi_n, \chi_H)$ bzw $k = k(s, \psi, \varphi_n, \chi_V)$ einzusetzen, ebenso bei den Funktionen $f$ und $\Psi$. Die Wirbelverteilung $\gamma^*$ ist nunmehr lediglich den Bedingungen

$$\gamma^*(R_i, \chi, \varphi_n) = 0 \quad , \quad \gamma^*(R_0, \chi, \varphi_n) = 0 \qquad \begin{matrix} R_i = \text{const.} \\ R_0 = \text{const.} \end{matrix} \tag{18}$$

unterworfen. (Abb. 3)[4]

In der Regel verschwindet wegen der zusätzlich an der Flügelhinterkante $\chi_H(s)$ zu erfüllenden Kuttaschen Abflußbedingung $\gamma^*(s, \chi_H(s), \varphi_n) = 0$ der gesamte erste Integralterm in Gl. (17).

Damit ist die Berechnung des vom tragflächentheoretischen Wirbelsystem

---

[4]· Geht man von der Voraussetzung $\gamma^*(R_i, \chi, \varphi_n) = 0$ ab, so ist bei $\mathscr{W}_Q$ zusätzlich noch das Feld $\mathscr{W}_Q^{(Na)}$ des Nabenwirbels zu berücksichtigen. Durch eine ähnliche Überlegung, wie sie zur Gewinnung von Gl. (17) angestellt wurde, ergibt sich für beide Darstellungen (1) und (14) mit der Regel zutreffenden Annahme $R_i = \text{const.}$, $x_1 = \chi_V(R_i)$ ; $x_2 = \chi_H(R_i)$ ;

$$\mathscr{W}_Q^{(Na)} = \frac{1}{4\pi}\sum_{n=0}^{N-1}\int_{\chi_V(R_i)=x_1}^{\chi_H(R_i)=x_2} d\chi \cdot \int_0^\infty \gamma^*(R_i, \chi, \varphi_n + \psi)[\text{Integrand } \mathscr{W}_Q \text{ für } s = R_i]\cdot d\psi$$

eines Schraubenpropellers induzierten Geschwindigkeitsfeldes abgeschlossen.
Die abgeleiteten Formeln[3][5]) gelten für den allgemeinen Fall eines Nach-
strompropellers; aus ihnen lassen sich nunmehr mühelos die für verschiedene

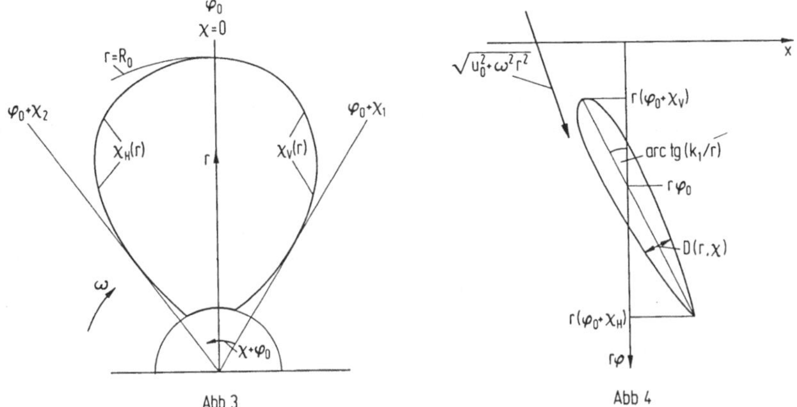


vereinfachte Sonderfälle geltenden Relationen gewinnen. Mit diesen werden
wir uns in Abschnitt B und C noch eingehend beschäftigen.

Die Wirbelbelegung liefert nur das mathematische Modell für den mit einem
Drucksprung belasteten „unendlich" dünnen Propellerflügel. Um auch den
durch die in Wirklichkeit endlich dicken Flügelprofile bedingten Verdrängungseffekt erfassen zu können, werden die Propellerflügel zusätzlich mit
Quellen-Senken-Verteilungen $q(s,\chi)$ belegt. Zwischen der Profildicke $D(s,\chi)$
und $q$ besteht dabei der aus der Tragflügeltheorie bekannte Zusammenhang
(Abb. 4)

$$\frac{q(s,\chi)}{\sqrt{u_0^2 + \omega^2 s^2}} = \frac{1}{\sqrt{s^2 + k_1^2}} \frac{\partial D(s,\chi)}{\partial \chi} \tag{19}$$

und außerdem gilt die Schließungsbedingung

$$\int_{\chi_V(s)}^{\chi_H(s)} q(s,\chi)\, d\chi = 0 . \tag{20}$$

Das Geschwindigkeitspotential der Quellen-Senkenbelegung auf den Propellerflügeln lautet

$$\phi_q = -\frac{1}{4\pi} \sum_{n=0}^{N-1} \int_{R_i}^{R_0} \int_{\chi_V(s)}^{\chi_H(s)} \frac{q(s,\chi)\sqrt{s^2 + k_1^2}\, d\chi ds}{\sqrt{(x - k_1\chi)^2 + r^2 + s^2 - 2rs\cos(\varphi - \varphi_n - \chi)}} \tag{21}$$

---

5) W. H. Isay, R. Armonat: Zur Berechnung der potentialtheoretischen Druckverteilung
   am Flügelblatt eines Propellers; Schiffstechnik 13 (1966) 75.

Aus (21) können die benötigten Geschwindigkeitskomponenten $u_q$, $V_q$, $W_q$ unmittelbar durch Differentiation gewonnen werden.

## 2. Das Druckfeld eines Propellers

Wir kommen nun zur Betrachtung des potentialtheoretischen Druckfeldes an den Propellerflügeln und in deren unmittelbaren Umgebung. Als Basis dient die Bernoullische Gleichung formuliert in unserem nicht mitrotierenden Bezugssystem. Sie lautet, wenn man davon ausgeht, daß weit vor dem Propeller ( $x \to -\infty$ ) alle Störeinflüsse abgeklungen sind und nur die homogene Anströmung (Schiffsgeschwindigkeit) $u_0$ in positiver x-Richtung vorhanden ist, mit p als Druck und $\rho$ als Wasserdichte

$$\frac{p_0}{\rho} + \frac{u_0^2}{2} = \frac{p}{\rho} + \frac{\partial \phi_\gamma}{\partial t} + \frac{\partial \phi_q}{\partial t} + \frac{1}{2}\left[u_0 + u_0\Lambda_x + u_\gamma + u_Q + u_L + u_q\right]^2 +$$

$$+ \frac{1}{2}\left[u_0\Lambda_\varphi + V_\gamma + V_Q + V_L + V_q\right]^2 + \frac{1}{2}\left[u_0\Lambda_r + W_\gamma + W_Q + W_L + W_q\right]^2 . \tag{22}$$

Die rechte Seite von Gl. (22) bezieht sich auf einen Punkt auf dem Flügelblatt oder in seiner unmittelbaren Umgebung, in dem wir die Druckverteilung berechnen wollen; $\Lambda_x, \Lambda_\varphi, \Lambda_r$ sind die zumindest näherungsweise potentialtheoretisch darstellbaren Nachstromverteilungen. (vgl. Band 1, S. 44). Alle übrigen in (22) enthaltenen Geschwindigkeiten wurden in Ziff. 1 behandelt.

Es ist nun mit der Winkelkoordinate $\varphi_0$ , welche die momentane Stellung des Aufpunktflügels charakterisiert; $\omega dt = - d\varphi_0$ ; denn der Propeller rotiert entgegengesetzt zur positiven $\varphi_0$-Richtung. Damit wird[5])

$$\frac{\partial \Phi_q}{\partial t} = - \omega \frac{\partial \Phi_q}{\partial \varphi_0} = + \omega r\, V_q \quad , \tag{23}$$

und

$$\frac{\partial \phi_\gamma}{\partial t} = - \omega \frac{\partial \Phi_\gamma}{\partial \varphi_0} = \omega r\, (V_\gamma + V_Q + V_L) - \omega \Phi_\gamma \left[\frac{\partial \gamma^*}{\partial \varphi_0}\right] - \omega \frac{\partial \phi_\gamma}{\partial k}\frac{\partial k}{\partial \varphi_0} - \tag{24}$$

$$- \omega \frac{\partial \phi_\gamma}{\partial f}\frac{\partial f}{\partial \varphi_0} - \omega \frac{\partial \Phi_\gamma}{\partial \Psi}\frac{\partial \Psi}{\partial \varphi_0}.$$

In Formel (24) beduetet das Symbol $\phi_\gamma\left[\frac{\partial \gamma^*}{\partial \varphi_0}\right]$ das Potential (11), in dem lediglich $\gamma^*$ durch $\frac{\partial \gamma^*}{\partial \varphi_0}$ zu ersetzen ist.

Wenn wir uns bei der Berechnung des Druckfeldes auf Punkte auf dem Flügelblatt und in seiner unmittelbaren Umgebung beschränken, gilt mit $k_1$ als Steigungsparameter der Schraubenfläche des Propellerflügels

$$(\Sigma u)^2 + (\omega r + \Sigma V)^2 = \frac{1}{k_1^2 + r^2} \, [\Sigma u \cdot k_1 + (\omega r + \Sigma V) \cdot r]^2 +$$

$$+ \frac{1}{k_1^2 + r^2} \, [\Sigma u \cdot r - (\omega r + \Sigma V) k_1]^2 \approx \frac{1}{k_1^2 + r^2} \, [\Sigma u \cdot k_1 + (\omega r + \Sigma V) r]^2 , \tag{25}$$

denn wegen der als erfüllt vorauszusetzenden Strömungsrandbedingung ist die Geschwindigkeitskomponente senkrecht zur Blattfläche von höherer Ordnung klein.[5])

Beim Übergang von der Druckseite zur Saugseite des Flügels haben die Geschwindigkeitskomponenten $u_\gamma$, $V_\gamma$ die bekannten bei einer Wirbelschicht auftretenden Unstetigkeiten. Es gilt (vgl. Fußnote[8]) für einen ähnlichen Beweis)

$$u_\gamma = u_{\gamma/m} \pm \frac{\gamma}{2} \, \frac{k_1}{\sqrt{k_1^2 + r^2}} \qquad ; \qquad V_\gamma = V_{\gamma/m} \pm \frac{\gamma}{2} \, \frac{r}{\sqrt{k_1^2 + r^2}} \tag{26}$$

(m Mittelwert, plus für die Saugseite, minus für die Druckseite). Die Komponente $W_\gamma$ ist stetig. Ebenfalls stetig am Flügelblatt sind die von den freien Wirbeln induzierten Geschwindigkeiten (8), (9), denn das freie Wirbelsystem jedes Flügels besteht ja nicht aus einer einzelnen diskreten Wirbelfläche (wie in der linearisierten Flügeltheorie) sondern aus einem endlich breiten $(\chi_V(s) \leqslant \chi \leqslant \chi_H(s))$ Kontinuum von freien Wirbelflächen des Typs (4). (Abb. 5). Analog ist es mit

$$\Phi_\gamma \left[ \frac{\partial \gamma^*}{\partial \varphi_0} \right] \text{ sowie } \frac{\partial \Phi_\gamma}{\partial k} \quad , \quad \frac{\partial \Phi_\gamma}{\partial f} \text{ und } \frac{\partial \Phi_\gamma}{\partial \Psi} \quad .$$

Diskontinuitäten können lediglich noch in den Anteilen (17) der freien Querwirbel enthalten sein, da diese zwei diskrete freie Wirbelschichten (ausgehend von der Hinter- und Vorderkante des Flügels) darstellen. Wir dürfen jedoch voraussetzen, daß die Unstetigkeiten in der induzierten Geschwindigkeit nicht gerade beim Übergang von der Druckseite zur Saugseite des Flügelblattes auftreten, da die erwähnten freien Wirbelschichten nicht mit der Blattfläche zusammenfallen werden.[6])

---

6) Die von der Hinterkante ausgehende freie Wirbelschicht tritt bei Erfüllung der
   Kuttaschen Abflußbedingung überhaupt nicht auf.

Schließlich ist die Tangentialkomponente

$$\frac{1}{\sqrt{k_1^2 + r^2}} \, (u_q \cdot k_1 + V_q \cdot r)$$

der von der Quellensenken-Verteilung am Flügel induzierten Geschwindigkeit ebenfalls stetig.

Unter Berücksichtigung von (23), (24), (25) und (26) liefert eine elementare Rechnung dann für das Druckfeld $p_+$ auf der Saugseite des Propellerflügels folgende Relation:[5][7])

$$\frac{1}{\rho} \, p_+ = \frac{1}{\rho} \, p_0 + \frac{1}{2} \, (\omega^2 \, r^2 + u_0^2) + \omega r \cdot u_0 \Lambda_\varphi + \omega \Phi_\gamma \left[\frac{\partial \gamma^*}{\partial \varphi_0}\right] +$$

$$+ \omega \frac{\partial \Phi_\gamma}{\partial k} \frac{\partial k}{\partial \varphi_0} + \omega \frac{\partial \Phi_\gamma}{\partial \Psi} \frac{\partial \Psi}{\partial \varphi_0} + \omega \frac{\partial \Phi_\gamma}{\partial f} \frac{\partial f}{\partial \varphi_0} -$$

$$-\frac{1}{2}[(u_0 + u_0 \Lambda_X + u_{\gamma/m} + u_Q + u_L + u_q) \, \frac{k_1}{\sqrt{k_1^2 + r^2}} + \tag{27}$$

$$+ (\omega r + u_0 \Lambda_\varphi + V_{\gamma/m} + V_Q + V_L + V_q) \, \frac{r}{\sqrt{k_1^2 + r^2}} + \frac{1}{2}\gamma]^2 \cdot$$

$$\cdot \frac{r^2 + k_1^2}{r^2 + k_1^2 + \frac{1}{4}\left(\frac{\partial D}{\partial \chi^*}\right)^2} - \frac{1}{2} \, [u_0 \Lambda_r + W_\gamma + W_Q + W_L + W_q]^2 \quad .$$

Die Formel für das Druckfeld $p_-$ auf der Druckseite des Flügels ist genau wie (27) aufgebaut, lediglich ist $+ \gamma/2$ zu ersetzen durch $- \gamma/2$. Gleichung (27) kann auch in guter Näherung zur Berechnung des Druckfeldes in geringem Abstand vom Flügel verwendet werden, zum Beispiel um bei Kavitationsuntersuchungen die Lage der Druckminima in den freien Querwirbeln an der Flügelspitze zu ermitteln. Dieses Problem werden wir noch in Abschnitt B genauer erörtern.

Aus (27) und der entsprechenden Gleichung für die Druckseite ergibt sich unmittelbar auch der Drucksprung $\partial p$ am Flügelblatt, nämlich

$$\partial p = p_- - p_+ = \rho[(u_0 + u_0 \Lambda_X + u_{\gamma/m} + u_Q + u_L + u_q) \, \frac{k_1}{\sqrt{k_1^2 + r^2}} +$$

$$+ (\omega r + u_0 \Lambda_\varphi + V_{\gamma/m} + V_Q + V_L + V_q) \, \frac{r}{\sqrt{k_1^2 + r^2}} ] \gamma \cdot \tag{28}$$

$$\cdot \frac{r^2 + k_1^2}{r^2 + k_1^2 + \frac{1}{4}\left(\frac{\partial D}{\partial \chi^*}\right)^2} \quad \cdot$$

---

7) Dabei ist $\sqrt{(r^2 + k_1^2)/(r^2 + k_1^2 + 1/4 \, [\partial D/\partial \chi^*]^2)}$ der Riegelsfaktor, der für die Erfassung der Druckverteilung in unmittelbarer Umgebung einer abgerundeten Vorder- und Hinterkante genau wie bei einem normalen Tragflügel zu verwenden ist.

Während die örtlichen Druckfelder $p_-$ und $p_+$ in starkem Maße von der
Dicke der Flügelprofile abhängen, wird die Druckdifferenz $\partial p$ und damit
auch die Flügelkraft nur in geringem Maße von der Flügeldicke beeinflußt.
(vgl. Abschnitt B).

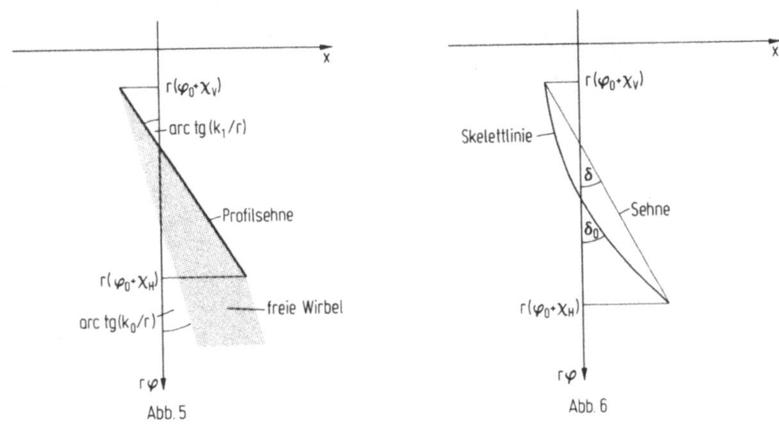



Abb. 5       Abb. 6

Aus Formel (28) können durch Integration über die Profilskelettlinien
die Profilkräfte $K_\chi, K_\varphi$ in axialer und Umfangsrichtung berechnet werden;
dabei ergibt sich der bekannte Satz von Kutta-Joukowski.(vgl. Band 1. S. 8).
Allerdings ist es für die Ermittlung von $K_\chi$ und $K_\varphi$ rationeller und weniger
aufwendig, von vorn herein den Kutta-Joukowskischen Satz in der Darstellung der Traglinientheorie nach Band 1. S. 8 zu verwenden als etwa Gl.(28)
zu integrieren. Die Flügelzirkulation eines Profilschnittes s = const. ist gegeben durch

$$\Gamma(s, \varphi_n) = \int_{\chi_V(s)}^{\chi_H(s)} \gamma(s, \chi, \varphi_n) \sqrt{s^2 + k_1^2}\; d\chi \quad .. \qquad (n = 0, 1 \ldots N-1). \quad (29)$$

Die Gleichung (27) dient zur Berechnung des Druckfeldes in unmittelbarer
Umgebung der Flügelblätter; dort müssen die·in (27) enthaltenen quadratischen Glieder der induzierten Geschwindigkeiten unbedingt berücksichtigt
werden, da sie häufig (z. B. an der Flügelspitze) von entscheidendem Einfluß sind. Die numerische Auswertung der induzierten Geschwindigkeiten
des Wirbelsystems erfordert (vgl. Abschnitt B) beim Propeller im Schiffsnachstrom einen extrem hohen Rechenaufwand, da abgesehen von der Ortsab-
hängigkeit auch jede momentane Flügelstellung $\varphi_0$ $(0 \leqslant \varphi_0 \leqslant 2\pi)$ für sich
berechnet werden muß.

Wenn man das Druckfeld in größerem Abstand vom Propeller ermitteln
will, kann besonders bei relativ schwach belasteten Propellern eine lineari-

sierte Theorie verwendet werden. Wir haben diese (allerdings am Modell der Traglinientheorie) bereits in Band I Kap. III A besprochen. Die Linearisierung besteht darin, daß man in der Bernoullischen Gleichung alle quadratischen Anteile der vom Wirbelsystem und den Quellensenken-Verteilungen des Propellers induzierten Geschwindigkeiten vernachlässigt, ebenso alle nicht linearen Nachstromgeschwindigkeiten. Zwischen dem Druck und den Geschwindigkeitspotentialen $\Phi_\gamma, \Phi_q$ sowie dem Nachstrompotential $\Phi_\Lambda$ $(\partial\Phi_\Lambda/\partial t = 0)$  bestehen dann lineare superponierbare Gleichungen der Form

$$\frac{p}{\rho} = -\frac{\partial\Phi}{\partial t} - u_0 \frac{\partial\Phi}{\partial x} = \omega\,\frac{\partial\Phi}{\partial\varphi_0} - u_0\,\frac{\partial\Phi}{\partial x} \qquad , \tag{30}$$

mit der Umkehrung

$$\Phi = -\frac{1}{u_0\rho}\int_{-\infty}^{x} p\left(x', r, \varphi, \varphi_0 + \frac{\omega}{u_0}(x-x')\right) dx' . \tag{31}$$

In diesem Fall genügt auch das Druckfeld p der Laplaceschen Dgl. $\Delta p = 0$ Das von einer mit einem Drucksprung $\partial p$ belasteten Propellertragfläche induzierte Druckfeld läßt sich dann nach einem aus der Theorie der Flugzeugtragflügel seit Jahrzehnten bekannten Verfahren durch eine Dipolbelegung des Flügels darstellen. Die Dipole mit Achsenrichtung normal zur tragenden Fläche liefern den charakteristischen Drucksprung $\partial p$ [8]) am Flügelblatt und sind Elementar-

---

8) Für den Beweis ist natürlich nur der Summand n = 0 in Formel (32) zu betrachten, der allein am Aufpunkflügel unstetig ist.
An der Druckseite des Flügels bei

$$x = k_0\chi^* + \epsilon r\,(r^2 + k_0^2)^{-1/2} \;,\; \varphi = \varphi_0 + \chi^* - \epsilon\frac{k_0}{r}\,(r^2 + k_0^2)^{-1/2} \;\text{ mit } k_0 = \frac{u_0}{\omega}$$

ergibt sich für $\epsilon \to 0$ außer dem Mittelwert

$$\frac{1}{4\pi}\int_{R_i}^{R_0}\int_{x_V(s)}^{x_H(s)} \partial p\,(s,\chi,\varphi_0)\,\frac{[sk_0\,(\chi^*-\chi) - rk_0\,\sin(\chi^*-\chi)]\,d\chi ds}{\sqrt{(\chi^*-\chi)^2\,k_0^2 + (r-s)^2 + 2rs\,(1-\cos(\chi^*-\chi))}^{\,3}}$$

noch der Anteil

$$\lim_{\epsilon\to 0}\frac{1}{4\pi}\int_{R_i}^{R_0}\int_{x_V(s)}^{x_H(s)} \partial p\,(s,\chi,\varphi_0)\,[sr + k_0^2\,\cos(\chi^*-\chi)]\,\epsilon[r^2 + k_0^2]^{-1/2}\cdot$$

lösungen der Laplaceschen Dgl. $\Delta p = 0$. Man erhält so für das von dünnen mit einem Drucksprung $\partial p(s, \chi, \varphi_n)$ belasteten Propellerflügeln[9] $(n = 0, 1, \ldots N-1)$ induzierte Druckfeld

$$p\partial p = -\frac{1}{4\pi} \sum_{n=0}^{N-1} \int_{s=R_i}^{R_0} \int_{x_V(s)}^{x_H(s)} \partial p\,(s, \chi, \varphi_n) \left(s\frac{\partial}{\partial x} - \frac{u_0}{\omega s}\frac{\partial}{\partial\varphi}\right) \cdot \tag{32}$$

$$\cdot\ [(x - \frac{u_0}{\omega}\chi)^2 + r^2 + s^2 - 2rs\cos(\varphi - \varphi_n - \chi)]^{-1/2}\,d\chi ds \quad ;$$

das zu (32) gehörende Geschwindigkeitsfeld ergibt sich aus der Relation (31).

Wie man sich leicht überlegt, ist in der linearisierten Flügeltheorie mit $k_1 = u_0/\omega$ die Differentiation normal zum Flügelblatt tatsächlich durch den Operator

$$\frac{s}{\sqrt{s^2 + u_0^2/\omega^2}}\frac{\partial}{\partial x} - \frac{u_0}{\omega}\frac{1}{\sqrt{s^2 + u_0^2/\omega^2}}\frac{1}{s}\frac{\partial}{\partial\varphi}$$

gegeben. Aus Formel (32) ergibt sich mit der aus (28) im Rahmen der linearisierten Flügeltheorie folgende Beziehung[10]

$$\cdot\ \left[(k_0\chi^* - k_0\chi - \frac{\epsilon r}{\sqrt{\ldots}})^2 + (r - s)^2 + 2rs\,(1 - \cos(\chi^* - \chi - \frac{\epsilon}{r}\frac{k_0}{\sqrt{\phantom{x}}}))\right]^{-3/2} \cdot$$

$$\cdot\ d\chi ds = \lim_{\epsilon \to 0}\frac{1}{4\pi}\int_{R_i}^{R_0}\int_{x^*-\Delta x}^{x^*+\Delta x} \partial p\,(s, \chi, \varphi_0)\,[sr + k_0^2\,(1 - \frac{1}{2}(x^* - \chi)^2)] \cdot$$

$$\cdot\ \epsilon(r^2 + k_0^2)^{-1/2}\,[(k_0\chi^* - k_0\chi - \frac{\epsilon r}{\sqrt{\ldots}})^2 + (r - s)^2 + rs\,(\chi^* - \chi - \frac{\epsilon}{r}\frac{k_0}{\sqrt{\phantom{x}}})^2]^{-3/2} \cdot$$

$$\cdot\ d\chi ds = \frac{1}{4\pi}\partial p\,(r, \chi^*, \varphi_0)\int_{-\infty}^{\infty}\int_{-\infty}^{\infty}[\tau^2 + \sigma^2 + 1]^{-3/2}\,d\tau d\sigma = \frac{1}{2}\partial p\,(r, \chi^*, \varphi_0)$$

9) Vgl. z. B.: S. Tsakonas, W. R. Jacobs, P. H. Rank: Unsteady propeller lifting-surface theory with finite number of chordwise modes; Journ. of Ship Research 12 (1968) Heft 1.

10) Wenn über den Drucksprung $\partial p$ integriert wird, um das Feld $p_{\partial p}$ oder auch um die von $\partial p$ induzierten Geschwindigkeiten zu bestimmen, kann der Riegelsfaktor zur Vereinfachung weggelassen werden. Denn $\gamma$ hat an der Flügelvorderkante höchstens eine Wurzelsingularität, ist also ohne den Riegelsfaktor integrabel.

$$\partial p \approx \rho \sqrt{u_0^2 + \omega^2 s^2}\; \gamma \tag{33}$$

beim Übergang zur Traglinientheorie genau Formel (2) auf S. 103 Band 1.

Die Bedeutung der hier zuletzt erörterten linearisierten Theorie besteht einmal darin, daß sich mit ihr ausreichend genau der vom Propeller auf mehr als 10% des Propellerdurchmessers entfernte Schiffbauteile ausgeübte Druck berechnen läßt. Diese Probleme wurden bereits in Kap. III A von Band 1 erörtert.

Die linearisierte Theorie hat ausserdem besondere Bedeutung für die Hydroakustik, d. h. für die Berechnung des von einem Propeller abgestrahlten akustischen Druckfeldes. Hierbei sind in der Regel Aufpunkte in großem Abstand vom Propeller von Interesse. Auf diese Probleme werden wir in Kapitel II Abschnitt E noch ausführlich zurückkommen.

## B. Berechnung des Druckfeldes am Flügelblatt und in dessen unmittelbaren Umgebung

### 1. Die allgemeine Integralgleichung für die Wirbelbelegung der Propellerflügel

Für die Berechnung des Druckfeldes an den Propellerflügeln und in deren Umgebung ist es notwendig, zuvor die Wirbeldichte $\gamma\,(s, \chi, \varphi_n)$ aus der Strömungsrandbedingung an den Flügelblättern zu bestimmen; diese besagt, daß die Geschwindigkeitskomponente normal zur Skelettlinie der Flügelprofile verschwinden muß.

Wir bezeichnen mit $\delta_0\,(r, \chi^*)$ im Zylinderschnitt $r = $ const. den Winkel zwischen Flügelskelettlinie und $r\varphi$-Achse. Die Richtung der Profilsehnen (also auch diejenige der gebundenen Wirbelschraubenflächen ist durch den Winkel $\delta\,(r)$ mit $r\,\mathrm{tg}\delta = k_1 = $ const. gegeben. (Abb. 6). Damit lautet die Strömungsrandbedingung für den Flügel $n = 0$:

$$\mathrm{tg}\delta_0\;(r, \chi^*) = \frac{u_0 + u_0\Lambda_X + u_\gamma + u_Q + u_L + u_q}{\omega r + u_0\Lambda_\varphi + V_\gamma + V_Q + V_L + V_q}\quad ; \tag{34}$$

[für $x = k_1\chi^*$ ; $\varphi = \varphi_0 + \chi^*$ ; $0 \leqslant \varphi_0 \leqslant 2\pi$ ; $R_i < r < R_0$ ;
; $\chi_V(r) < \chi^* < \chi_H(r)$] .

Unter der Voraussetzung, daß alle Propellerflügel geometrisch gleiche Form haben und ein relativ zum Schiffsrumpf stationäres Nachstromfeld[11])

$$u_0\Lambda_X\,(x, r, \varphi)\,\mathcal{W}_x + u_0\Lambda_\varphi(x, r, \varphi)\,\mathcal{W}_\varphi + u_0\Lambda_r(x, r, \varphi)\,\mathcal{W}_r \tag{35}$$

vorliegt, unterscheidet sich die Randbedingung an den übrigen Flügeln von Gl. (34) nur durch eine Phasenverschiebung $2\pi n/N$ $(n = 1, \ldots N - 1)$ bezüglich der Winkelkoordinate $\varphi_0$.

Setzen wir in (34) die vom Wirbelsystem des Propellers induzierten Geschwindigkeiten gemäß Formel (3), (8), (9), (17) ein und berücksichtigen außerdem mit (21) den Einfluß der Profildicke, so ergibt sich zur Berechnung der Wirbeldichte im allgemeinen Fall die folgende Integralgleichung:

$$[\omega r + u_0 \Lambda_\varphi (k_1 \chi^*, r, \varphi_0 + \chi^*)] \, \mathrm{tg}\delta_0 \, (r, \chi^*) - u_0 - u_0 \Lambda_\chi (k_1 \chi^*, r, \varphi_0 + \chi^*) -$$

$$-\frac{1}{4\pi} \sum_{n=0}^{N-1} \int_{R_i}^{R_0} \int_{\chi_V(s)}^{\chi_H(s)} q(s,\chi) \frac{k_1 (\chi^* - \chi) - \mathrm{tg}\delta_0 \cdot s \sin (\chi^* - \chi - 2\pi n/N)}{\sqrt{k_1^2 (\chi^* - \chi)^2 + r^2 + s^2 - 2rs \cos (\chi^* - \chi - 2\pi n/N)}^{\,3}}$$

$$\cdot \sqrt{k_1^2 + s^2} \; d\chi ds = \frac{1}{4\pi} \sum_{n=0}^{N-1} \int_{R_i}^{R_0} \int_{\chi_V(s)}^{\chi_H(s)} \gamma^* (s, \chi, \varphi_n) \cdot$$

$$\cdot \frac{r \sin (\chi^* - \chi - 2\pi n/N) + \mathrm{tg}\delta_0 \cdot k_1 (\chi^* - \chi) \cos (\chi^* - \chi - 2\pi n/N)}{\sqrt{k_1^2 (\chi^* - \chi)^2 + r^2 + s^2 - 2rs \cos (\chi^* - \chi - 2\pi n/N)}^{\,3}} \; d\chi ds +$$

$$+ \frac{1}{4\pi} \sum_{n=0}^{N-1} \int_{R_i}^{R_0} \int_{\chi_V(s)}^{\chi_H(s)} \int_0^\infty \frac{\partial \gamma^* (s, \chi, \varphi_n + \psi)}{\partial \psi} [(k_1 \chi^* - k_1 \chi - k)^2 + r^2 + f^2 -$$

$$- 2rf \cos (\chi^* - \chi - \frac{2\pi n}{N} - \Psi)]^{-3/2} \left\{ r \frac{\partial f}{\partial s} \sin (\chi^* - \chi - \frac{2\pi n}{N} - \Psi) - \right.$$

$$- \mathrm{tg}\delta_0 \, [ \frac{\partial k}{\partial s} r - \frac{\partial k}{\partial s} f \cos (\chi^* - \chi - \frac{2\pi n}{N} - \Psi) -$$

$$- (k_1 \chi^* - k_1 \chi - k) \frac{\partial f}{\partial s} \cos (\chi^* - \chi - \frac{2\pi n}{N} - \Psi)] + \tag{36}$$

---

11) Wenn es sich bei (35) um das experimentell ermittelte Nachstromfeld in realer Strömung handelt, setzen wir voraus, daß dieses näherungsweise durch eine Potentialströmung approximiert werden kann; z. B. durch Einbeziehung der Veränderungsdicke der Grenzschicht in die geometrische Form des Schiffsrumpfes. Diese Voraussetzung ist notwendig, um die in Abschnitt A abgeleiteten Formeln für das Druckfeld verwenden zu können.

$$+ (f^2 - rf \cos (\chi^* - \chi - \frac{2\pi n}{N} - \Psi)) \frac{\partial \Psi}{\partial s} +$$

$$+ \operatorname{tg}\delta_0 \, [(k_1 \chi^* - k_1 \chi - k) f \sin (\chi^* - \chi - \frac{2\pi n}{N} - \Psi)] \frac{\partial \Psi}{\partial s} \bigg\} d\psi d\chi ds \, +$$

$$+ \frac{1}{4\pi} \sum_{n=0}^{N-1} \int\limits_{R_i}^{R_0} \int\limits_{\chi_V(s)}^{\chi_H(s)} \int\limits_0^\infty \frac{\partial \gamma^* \, (s, \chi, \varphi_n + \psi)}{\partial s} [(k_1 \chi^* - k_1 \chi - k)^2 + r^2 + f^2 -$$

$$- 2rf \cos (\chi^* - \chi - \frac{2\pi n}{N} - \Psi)]^{-3/2} \bigg\{ (rf \cos (\chi^* - \chi - \frac{2\pi n}{N} - \Psi) - f^2) \frac{\partial \Psi}{\partial \psi} -$$

$$- \frac{\partial f}{\partial \psi} \, r \sin (\chi^* - \chi - \frac{2\pi n}{N} - \Psi) -$$

$$- \operatorname{tg}\delta_0 \, [(k_1 \chi^* - k_1 \chi - k) \frac{\partial f}{\partial \psi} \cos (\chi^* - \chi - \frac{2\pi n}{N} - \Psi) +$$

$$+ \frac{\partial \Psi}{\partial \psi} (k_1 \chi^* - k_1 \chi - k) f \sin (\chi^* - \chi - \frac{2\pi n}{N} - \Psi) -$$

$$- \frac{\partial k}{\partial \psi} \left( r - f \cos (\chi^* - \chi - \frac{2\pi n}{N} - \Psi) \right) ]\bigg\} d\psi d\chi ds \, - \tag{36}$$

$$- \frac{1}{4\pi} \sum_{n=0}^{N-1} \int\limits_{R_i}^{R_0} \int\limits_0^\infty \gamma^* \, (s, \chi_V(s), \varphi_n + \psi)[(k_1 \chi^* - k_1 \chi_V - k)^2 + r^2 + f^2 -$$

$$- 2rf \cos (\chi^* - \chi_V - \frac{2\pi n}{N} - \Psi)]^{-3/2} \bigg\{ (rf \cos (\chi^* - \chi_V - \frac{2\pi n}{N} - \Psi) -$$

$$- f^2) \frac{\partial \Psi}{\partial \psi} - \frac{\partial f}{\partial \psi} r \sin (\chi^* - \chi_V - \frac{2\pi n}{N} - \Psi) -$$

$$- \operatorname{tg}\delta_0 \, [(k_1 \chi^* - k_1 \chi_V - k) \frac{\partial f}{\partial \psi} \cos (\chi^* - \chi_V - \frac{2\pi n}{N} - \Psi) +$$

$$+ \frac{\partial \Psi}{\partial \psi} (k_1 \chi^* - k_1 \chi_V - k) f \sin (\chi^* - \chi_V - \frac{2\pi n}{N} - \Psi) -$$

$$- \frac{\partial k}{\partial \psi} \left( r - f \cos \left( \chi^* - \chi_V - \frac{2\pi n}{N} - \Psi \right) \right] \right\} \chi'_V(s) \, d\psi ds \ .$$

Dabei ist in den Dreifachintegralen $f(s, \psi, \varphi_n, \chi)$ , $k(s, \psi, \varphi_n, \chi)$ und $\Psi(s, \psi, \varphi_n, \chi)$ im letzten Doppelintegral $f(s, \psi, \varphi_n, \chi_V)$, $k(s, \psi, \varphi_n, \chi_V)$, $\Psi(s, \psi, \varphi_n, \chi_V)$ einzusetzen.

Die Integralgleichung (36) enthält den Einfluß der Strahlkontraktion: über die geometrische Gestalt der freien Wirbelflächen sind keinerlei einschränkende Voraussetzungen getroffen; es ist lediglich bereits berücksichtigt, daß die Lösung $\gamma^*(s, \chi, \varphi_n)$ in der Regel die Kuttasche Abflußbedingung an der Flügelhinterkante $\gamma^*(s, \chi_H(s), \varphi_n) = 0$ erfüllen muß. Andernfalls wäre in (36) gemäß Gl. (17) noch ein zu $\chi_V(s)$ analoger Doppelintegralterm mit $\chi_H(s)$ mit umgekehrten Vorzeichen aufgetreten.

Die auf der linken Seite von (36) stehende Funktion $q(s, \chi)$ kann als durch die geometrische Profildicke bekannt angesehen werden. (vgl. Formel (19)).

In der Integralgleichung (36) sind die induzierten Geschwindigkeiten des Propellerwirbelsystems in der Form enthalten, wie sie sich aus dem Biot-Savartschen Gesetz ergeben. Man könnte in die Randbedingung (34) für die induzierten Geschwindigkeiten auch die Ableitungen des Potentials $\Phi_\gamma$ nach Gl. (11) einsetzen; die dabei entstehende an sich mit (36) äquivalente Integralgleichung enthält nur die Wirbelbelegung $\gamma^*(s, \chi, \varphi_n)$ nicht aber deren Ableitungen nach s und $\psi$ und außerdem keinen Randwirbelanteil von $\chi_V$. Dafür sind aber die Singularitäten der Kerne[12]) von höherer Ordnung als bei Gl. (36); diese ist somit die für numerische Rechnungen relativ besser geeignete, und daher hier allein angegeben worden.

Auch die Lösung der Integralgleichung (36) ist bisher nur in wesentlich vereinfachten Sonderfällen gelungen, die wir nachfolgend in Ziff. 2 bis 4 besprechen werden. In der allgemeinen Form (36) läßt sich nämlich kaum eine Übersicht über die Struktur und die Singularitäten der Kerne gewinnen, die erheblich von der Form der freien Wirbelflächen und damit wieder vom Schiffsnachstrom abhängen. So müssen bei einer Untersuchung der Kerne Voraussetzungen über den Charakter der Funktionen f, $\Psi$ und k getroffen werden, deren Richtigkeit erst nach Ermittlung der Lösung $\gamma^*$ nachgeprüft werden könnte. Offenbar ist nur mit sehr aufwendigen Iterationsverfahren ein genauerer Überblick zu gewinnen.

---

12) Aus der einfachen Tragflügeltheorie ist ja bekannt, daß die Ableitungen des Geschwindigkeitspotentials in der Randbedingung zu einer Integralgleichung mit divergenten Kernintegralen führen , die erst durch partielle Integration als Cauchysche Hauptwerte interpretiert und ausgewertet werden können. Mit dem Biot-Savartschen Gesetz ergeben sich diese auswertbaren Ausdrücke direkt.

Eine weitere Schwierigkeit bei der Lösung der allgemeinen Integralgleichung
(36) besteht darin, daß die Abhängigkeit der Kerne von der momentanen
Flügelstellung $\varphi_0$ nur umständlich abgespalten werden kann; denn die Funktionen f, $\Psi$ und k, welche die Geometrie der freien Wirbelflächen beschreiben
(vgl, Gl. (4)), enthalten $\varphi_0$.

Da die Belastung der Flügelblätter und der gesamte Randbedingungsausdruck
(34) in $\varphi_0$ mit $2\pi$ periodisch ist, kann $\gamma^*$ in der Form

$$\gamma^*\,(s, \chi, \varphi_0) = \sum_{\mu = -M}^{M} \gamma_\mu^*\,(s, \chi)\, e^{i\mu\varphi_0} \qquad (\gamma_{-\mu}^* = \overline{\gamma_\mu^*}) \qquad (37)$$

angesetzt werden. Dabei sind die einzelnen Funktionen $\gamma_\mu^*\,(s, \chi)$ ihrerseits in
Reihen von geeigneten Funktionensystemen mit unbekannten Koeffizienten
zu entwickeln; welche Systeme von Funktionen dabei zweckmäßig sind,
hängt wesentlich von der geometrischen Form der Propellerflügel ab; hierauf
kommen wir noch ausführlich zurück. (vgl. Ziff. 2 und 3).

Zur Abspaltung der $\varphi_0$-Abhängigkeit in (36) ist es notwendig, für jedes einzelne Glied des Lösungsansatzes (37) die Integralgleichungskerne durch harmonische Analyse in Fourier-Reihen bezüglich $\varphi_0$ zu entwickeln. Man erhält
dann durch Koeffizientenvergleich in $\varphi_0$ gekoppelte Gleichungssysteme für
die Funktionen $\gamma_\mu^*$ bzw. für die unbekannten Koeffizienten ihrer Reihenentwicklungen.[13])

Wie diese Gleichungssysteme am zweckmäßigsten gewonnen werden und

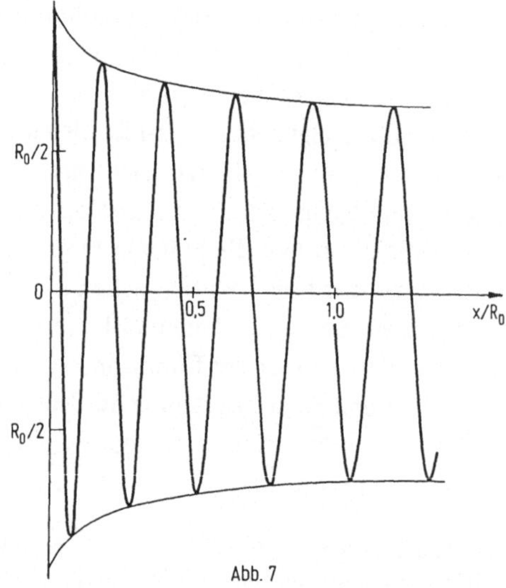


Abb. 7

---

13) Eine genaue theoretische Erläuterung dieses Verfahrens findet man in Kapitel IV für
den Voith-Schneider-Propeller.

welche Aufpunkte r und $\chi^*$ auf dem Flügelblatt zu wählen sind, um konvergente Lösungen zu erhalten, ist für die allgemeine Integralgleichung (36) noch nicht erforscht.

Somit ist es verständlich, daß in den bisher wirklich numerisch behandelten Sonderfällen der Gl. (36) sich die Vereinfachungen in erster Linie auf die Geometrie der freien Wirbelflächen beziehen. So wird in der Regel die Strahlkontraktion vernachlässigt; die Funktion f nimmt in diesem Fall die einfache Form

$$f(s, \psi, \varphi_n, \chi) \equiv s \tag{38}$$

an.

Eine iterative Berechnung der Strahlkontraktion für einen stationär angeströmten (frei fahrenden) Propeller mit den Methoden der Traglinientheorie haben *Erickson* und *Ordway* durchgeführt.[14]) Abb. 7 zeigt an einem Beispiel die kontrahierte Form des Propellerstrahls und der von den Flügelspitzen abgehenden freien Querwirbel eines dreiflügeligen Propellers beim Fortschrittsgrad Null.

Die bisher wirklich durchgeführten Berechnungen in der Propellertragflächentheorie, bei denen auch numerische Ergebnisse vorliegen, enthalten ferner vereinfachende Annahmen über die Steigungsfunktion k $(s, \psi, \varphi_n, \chi)$ der freien Wirbelflächen sowie über $\Psi$ $(s, \psi, \varphi_n, \chi)$. Hierauf gehen wir im folgenden bei der Besprechung der einzelnen Fälle ein.

## 2. Druckverteilungsberechnungen für frei fahrende Propeller

Bei einem frei fahrenden (d.h. mit der konstanten Geschwindigkeit $u_0$ in positiver x-Richtung angeströmten) und mäßig belasteten Propeller ist es keine unzulässige Vereinfachung, für eine physikalische realistische Ermittlung der Druckverteilung davon auszugehen, daß die freien Wirbelflächen reguläre Schraubenflächen mit dem Steigungsparameter $k_0 = $ const. sind; es gilt also Gleichung (5). Außerdem treten keine freien Längswirbel auf; die Integralgleichung (36) vereinfacht sich somit ganz erheblich.

Die Lösungsreihe (37) reduziert sich auf das Glied $\mu = 0$, für welches wir einfach $\gamma^*$ $(s, \chi)$ schreiben. Ein Ansatz der Form

$$\gamma^*(s, \chi) = \sum_{\lambda=1}^{Z_\lambda} \sum_{\nu=1}^{Z_\nu} A_{\nu\lambda} \left( \frac{\chi_H(s) - \chi}{\chi_H(s) - \chi_V(s)} \right)^\nu \sin \lambda\sigma \tag{39}$$

$$\text{mit} \quad s = \frac{1}{2}(R_0 + R_i) - \frac{1}{2}(R_0 - R_i)\cos\sigma \quad,$$

---

14) J. C. Erickson, D. E. Ordway: A theory for static propeller performance; Therm Advanced Resarch Inc. Rep. June 1966. Symposium Aerodynamic problems associated with V/Stol Aircraft, Buffalo, June 1966.

genügt den Relationen (18) und der Kuttaschen Abflußbedingung an der Hinterkante $\chi_H(s)$ ; er legt aber den Wert der Wirbelbelegung entlang der Vorderkante $\chi_V(s)$ nicht von vorn herein fest; dieses ist für Flügel allgemeiner Form wesentlich.[15])

Wir wollen nun kurz darstellen, wie sich die Auflösung der Integralgleichung (36) in dem vorliegenden Fall zweckmäßig durchführen läßt. Dieses erscheint um so mehr angebracht, als die angegebene Methode als typisch angesehen werden kann und sich auch auf kompliziertere Fälle übertragen läßt.

Gl. (36) nimmt, wenn bei den Anteilen der induzierten Geschwindigkeiten näherungsweise $\mathrm{tg}\,\delta_0 \approx k_1/r$ gesetzt wird, für einen frei fahrenden Propeller die folgende Form an:

$$\omega\,\mathrm{rtg}\delta_0\,(r,\chi^*)-u_0-I_q\,(r,\chi^*)=I\gamma\,(r,\chi^*)+I_Q\,(r,\chi^*)+I_{Q_V}(r,\chi^*)\ . \qquad (40)$$

Dabei bedeuten die in (40) verwendeten Integralabkürzungen:

$$I_q(r,\chi^*)=\frac{1}{4\pi r}\int_{R_i}^{R_0}\int_{\chi_V(s)}^{\chi_H(s)}q(s,\chi)\sum_{n=0}^{N-1}\cdot$$

$$\qquad (41)$$

$$\cdot\frac{k_1\,[r\,(\chi^*-\chi)-s\sin(\chi^*-\chi-2\pi n/N)]\sqrt{k_1^2+s^2}}{\sqrt{k_1^2\,(\chi^*-\chi)^2+r^2+s^2-2rs\cos\,(\chi^*-\chi-2\pi n/N)}^{\ 3}}\,d\chi ds\ ;$$

$$I_\gamma(r,\chi^*)=\frac{1}{4\pi r}\sum_{n=0}^{N-1}\int_{R_i}^{R_0}\int_{\chi_V(s)}^{\chi_H(s)}\gamma^*\,(s,\chi)\cdot$$

$$\qquad (42)$$

$$\cdot\frac{r^2\sin\,(\chi^*-\chi-2\pi n/N)+k_1^2\,(\chi^*-\chi)\cos(\chi^*-\chi-2\pi n/N)}{\sqrt{k_1^2\,(\chi^*-\chi)^2+r^2+s^2-2rs\cos\,(\chi^*-\chi-2\pi n/N)}^{\ 3}}\,d\chi ds\ ;$$

$$I_Q\,(r,\chi^*)=\frac{1}{4\pi r}\sum_{n=0}^{N-1}\int_{R_i}^{R_0}\int_{\chi_V(s)}^{\chi_H(s)}\frac{\partial\gamma^*\,(s,\chi)}{\partial s}\int_0^{\infty}[(k_1\chi^*-k_1\chi-k_0\psi)^2+r^2+$$

---

15) Der in (39) weggelassene Lösungsanteil $v=0$ allein würde dem bei technischen Auslegungen bedeutsamen Fall der sog. Gleichdruckmittellinie entsprechen; für sie ist die Zirkulationsdichte und damit nach Gl. (33) näherungsweise auch die Druckdifferenz am Blatt in Flügeltiefenrichtung konstant; damit ist aber die Kuttasche Abflußbedingung verletzt. Hierauf kommen wir in Abschnitt C noch zurück.

$$\cdots s^2 - 2rs \cos\left(\chi^* - \chi - \frac{2\pi n}{N} - \psi\right)\Big]^{-3/2} \cdot \Big\{ r^2 s \cos\left(\chi^* - \chi - \frac{2\pi n}{N} - \psi\right) - rs^2 + $$

$$+ k_0 k_1 \, r - k_0 k_1 \, s \cos\left(\chi^* - \chi - \frac{2\pi n}{N} - \psi\right) - \tag{43}$$

$$- k_1 \, s \, (k_1 \chi^* - k_1 \chi - k_0 \psi) \sin\left(\chi^* - \chi - \frac{2\pi n}{N} - \psi\right) \Big\} d\psi \, d\chi \, ds \quad ,$$

$$Q_V(r, \chi^*) = -\frac{1}{4\pi r} \sum_{n=0}^{N-1} \int_{R_i}^{R_0} \gamma^* \, (s, \chi_V(s)) \, \chi_V'(s) \int_0^\infty \big[ (k_1 \chi^* - k_1 \chi_V - k_0 \psi)^2 + $$

$$+ r^2 + s^2 - 2rs \cos\left(\chi^* - \chi - \frac{2\pi n}{N} - \psi\right)\big]^{-3/2} \cdot \tag{44}$$

$$\cdot \Big\{ r^2 s \cos\left(\chi^* - \chi_V - \frac{2\pi n}{N} - \psi\right) - rs^2 + k_0 k_1 \, r - k_0 k_1 \, s \cos\left(\chi^* - \chi_V - \frac{2\pi n}{N} - \psi\right) - $$

$$- k_1 \, s \, (k_1 \chi^* - k_1 \chi_V - k_0 \psi) \sin\left(\chi^* - \chi_V - \frac{2\pi n}{N} - \psi\right) \Big\} d\psi \, ds \quad .$$

Der zunächst noch nicht bekannte Steigungsparameter $k_0$ der freien Wirbelflächen (die hydrodynamische Steigung des Propellers) muß vor Auflösung der Integralgleichung (40) näherungsweise festgelegt werden. Hierfür bestehen mehrere Möglichkeiten. Wenn der Schubbelastungsgrad oder induzierte Wirkungsgrad bekannt ist, so läßt sich $k_0$ in guter Näherung aus dem Kramerdiagramm (vgl. Band 1, S. 40) entnehmen; bei einiger Übung ist es auch leicht möglich, für $k_0$ einen ungefähr zutreffenden Wert zu schätzen, da ja die geometrische Steigung $k_1$ und die Profilform sowie der Fortschrittsgrad $u_0/\omega R_0$ ohnehin bekannt sind; schließlich können bereits durchgeführte Rechnungen nach der Traglinientheorie eine Näherung für $k_0$ liefern.

Nach der Auflösung der Integralgleichung muß der verwendete $k_0$-Wert aus der Relation[16]

$$\frac{1}{r} k_0^{(1)} = \frac{u_0 + u_Q}{\omega r + V_Q} \bigg| \quad x = 0, \varphi = \varphi_0 \tag{45}$$

---

16) Dabei dürfte sich herausstellen, daß $k_0^{(1)}$ etwas von $r$ abhängt, also die freien Wirbel keine reguläre Schraubenfläche bilden; auf die genaue Berücksichtigung dieser Tatsache kann in der Theorie des frei fahrenden Propellers verzichtet werden; für $k_0^{(1)}$ ist ein Mittel der in den einzelnen Schnitten $r$ = const. erhaltenen Werte zu nehmen. (vgl. Einleitung zu Ziff. 2).

neu berechnet und überprüft werden. Bei größeren Unterschieden zwischen $k^{(1)}$ und dem Ausgangswert muß man die Auflösung der Gl. (40) mit dem verbesserten $k_0^{(1)}$ wiederholen, bis eine genügende Übereinstimmung erreicht ist.(Die Abweichungen zwischen Ausgangswert und aus Gl. (45) reproduziertem $k_0^{(1)}$-Wert sollen nicht mehr als 5 bis 8% betragen). Allgemein setzen wir in folgenden $k_0 < k_1$ voraus.[17])

Die Auflösung der Integralgleichung (40) macht es in jedem Fall notwendig, die Mehrfachintegrale (41) bis (44) für die einzelnen Glieder des Lösungsansatzes (39) an bestimmten Punkten $(r, \chi^*)$ auf dem Flügelblatt numerisch auszuwerten, und hierfür müssen die Singularitäten der Integranden untersucht und wenn nötig abgespalten werden.

Wir beginnen mit $I_Q$, also Formel (43).

Für $\chi^* \neq \chi$ wäre eine Singularität des Integranden nur möglich, wenn $r = s$ und außerdem

$$\psi = \frac{k_1}{k_0}(\chi^* - \chi) \quad \text{sowie} \quad \chi^* - \chi - \frac{2\pi n}{N} - \psi = M.\,2\pi, \,(M = 0, \pm 1, \pm 2, \ldots)$$

sein würde; daraus folgt zur Vermeidung einer Singularität die Bedingung

$$\left(\frac{k_1}{k_0} - 1\right)|\chi^* - \chi| < \frac{2\pi}{N} \quad , \tag{46}$$

die für alle praktisch vorkommenden Propeller (bei homogener Zuströmung) als erfüllt angesehen werden kann. Der Integrand $I_Q$ ist also für $\chi \neq \chi^*$ stetig. Wegen (46) haben die Summanden $n \geq 1$ von $I_Q$ auch für $\chi = \chi^*$ stetige Integranden, so daß nur der Anteil des Aufpunktflügels (Summand $n = 0$ in Formel (43)) zu diskutieren bleibt. Dessen Integrand ist nur dann singulär, wenn zugleich

$$s = r \quad ; \quad \chi = \chi^* \quad ; \quad \psi = 0 \tag{47}$$

wird. Nun liegen die bei der Erfüllung der Strömungsrandbedingungen vorkommenden Aufpunkte $(r, \chi^*)$ stets im Innern des Flügelblattes; infolgedessen läßt sich das zu untersuchende Integral in der Form

---

17) Die in Wirklichkeit nicht zutreffende aber dennoch in der Literatur häufig verwendete Annahme $k_0 = k_1$ entspricht der bezüglich des Anstellwinkels linearisierten Tragflächentheorie; sie liefert für Propellerflügel wegen deren kleinen Seitenverhältnis eine zu große induzierte Geschwindigkeit der freien Wirbel am Blatt und demzufolge einen zu kleinen Auftrieb. Auch für die Berechnung des Druckfeldes am Flügel ist die linearisierte Theorie mit $k_0 = k_1$ weniger gut geeignet. (vgl. Fußnote 25).

$$\text{Teil } I_Q_{n=0} = \int_{R_i}^{R_0} ds \int_{x_V(s)}^{x_H(s)} dx \int_0^\infty d\psi = \int_{R_i}^{r-\epsilon_s} ds \int_{x_V(s)}^{x_H(s)} dx \int_0^\infty d\psi + \int_{r+\epsilon_s}^{R_0} ds \int_{x_V(s)}^{x_H(s)} dx \int_0^\infty d\psi +$$

$$+ \int_{r-\epsilon_s}^{r+\epsilon_s} ds \int_{x^*-\epsilon_x}^{x^*-\epsilon_x} dx \int_0^\infty d\psi + \int_{r-\epsilon_s}^{r+\epsilon_s} ds \int_{x^*+\epsilon_x}^{x_H(s)} dx \int_0^\infty d\psi + \int_{r-\epsilon_s}^{r+\epsilon_s} ds \int_{x^*-\epsilon_x}^{x^*+\epsilon_x} dx \int_0^\infty d\psi \quad , \tag{48}$$

mit $\epsilon_s > 0, \epsilon_x > 0$[18]) in fünf Teilintegrale zerlegen, von denen nur das letzte
einen singulären Integranden hat. Mit der Transformation

$$\psi = \vartheta + \chi^* - \chi \tag{49}$$

und der Abkürzung $k_2 = k_1 - k_0$ erhalten wir

$$\frac{1}{4\pi r} \int_{r-\epsilon_s}^{r+\epsilon_s} \int_{x^*-\epsilon_x}^{x^*+\epsilon_x} \frac{\partial \gamma^*(s,\chi)}{\partial s} \int_{x-x^*}^{\infty} [(k_2\chi^* - k_2\chi - k_0\vartheta)^2 + (r-s)^2 +$$

$$+ 2rs(1 - \cos\vartheta)]^{-3/2} \cdot [r^2 s \cos\vartheta - rs^2 + k_0 k_1 r - k_0 k_1 s \cos\vartheta + \tag{50}$$

$$+ k_1 s (k_2\chi^* - k_2\chi - k_0\vartheta) \sin\vartheta] \, d\vartheta \, d\chi \, ds = J_1 + J_2 + J_3 + J_4 \quad ;$$

mit

$$J_1 = \frac{1}{4\pi r} \int_{r-\epsilon_s}^{r+\epsilon_s} \int_{x^*-\epsilon_x}^{x^*+\epsilon_x} \frac{\partial \gamma^*(s,\chi)}{\partial s} \int_{x-x^*}^{\epsilon_x} \cdot$$

$$\cdot \frac{[k_1 k_2 s (\chi^* - \chi)\vartheta - 1/2 \, s \cdot (r^2 + k_1 k_0)\vartheta^2] \, d\vartheta \, d\chi \, ds}{\sqrt{(rs + k_0^2)\vartheta^2 + 2k_0 k_2 (\chi - \chi^*)\vartheta + k_2^2 (\chi - \chi^*)^2 + (r-s)^2}^3} \quad ;$$

$$J_2 = \frac{1}{4\pi r} \int_{r-\epsilon_s}^{r+\epsilon_s} \int_{x^*-\epsilon_x}^{x^*+\epsilon_x} \frac{\partial \gamma^*(s,\chi)}{\partial s} \int_{\epsilon_x}^{\infty} \cdot$$

---

18) Bei der zweckmäßigen Wahl von $\epsilon_s$ und $\epsilon_x$ ist einerseits zu bedenken, daß aus integrationstechnischen Gründen ein genügender Abstand von der singulären Stelle (47) gehalten werden muß; andererseits müssen $\epsilon_s$, $\epsilon_x$ klein genug sein, um Funktionen in der Umgebung der singulären Stelle (47) durch wenige Reihenglieder ausreichend genau darstellen zu können.

$$\bullet \quad \frac{(r^2 s - k_0 k_1 s)(\cos\vartheta - 1) + k_1 s (k_2 \chi^* - k_2 \chi - k_0 \vartheta) \sin\vartheta}{\sqrt{(k_2 \chi^* - k_2 \chi - k_0 \vartheta)^2 + (r - s)^2 + 2rs(1 - \cos\vartheta)}^{\,3}} \, d\vartheta \, d\chi \, ds$$

$$J_3 = \frac{1}{4\pi r} \int\limits_{r - \epsilon_s}^{r + \epsilon_s} \int\limits_{\chi^* - \epsilon_\chi}^{\chi^* + \epsilon_\chi} \frac{\partial\gamma^*(s, \chi)}{\partial s} \int\limits_{\chi - \chi^*}^{\infty} \bullet$$

$$\bullet \quad \frac{(k_0 k_1 + rs)(r - s) \, d\vartheta \, d\chi \, ds}{\sqrt{(rs + k_0^2)\vartheta^2 + 2 k_0 k_2 (\chi - \chi^*)\vartheta + k_2^2 (\chi - \chi^*)^2 + (r - s)^2}^{\,3}} \quad ;$$

$$J_4 = \frac{1}{4\pi r} \int\limits_{r - \epsilon_s}^{r + \epsilon_s} \int\limits_{\chi^* - \epsilon_\chi}^{\chi^* + \epsilon_\chi} \frac{\partial\gamma^*(s, \chi)}{\partial s} \int\limits_{\epsilon_\chi}^{\infty} \bullet$$

$$\bullet \left[ \frac{(k_0 k_1 + rs)(r - s)}{\sqrt{(k_2 \chi^* - k_2 \chi - k_0 \vartheta)^2 + (r - s)^2 + 2rs(1 - \cos\vartheta)}^{\,3}} - \right.$$

$$\left. - \frac{(k_0 k_1 + rs)(r - s)}{\sqrt{(rs + k_0^2)\vartheta^2 + 2 k_0 k_2 (\chi - \chi^*)\vartheta + k_2^2 (\chi - \chi^*)^2 + (r - s)^2}^{\,3}} \right] d\vartheta \, d\chi \, ds \ .$$

Für die gewählte Aufspaltung des Integrals (50) in die vier Teile $J_1$ bis $J_4$ sind mathematische Gesichtspunkte maßgebend, die als typisch für die Auswertung singulärer Mehrfachintegrale in der Propellertragflächentheorie gelten können und daher an dem hier vorliegenden Beispiel kurz erläutert werden sollen.

Der Nenner von (50) verschwindet an der Stelle (47) von dritter Ordnung; es müssen somit alle Terme im Zähler, die von weniger als dritter Ordnung verschwinden, diskutiert werden.

In dem Integral $J_1$ sind die von zweiter Ordnung verschwindenden Anteile des Zählers in der Umgebung von $\vartheta = 0$ zusammengefaßt. Unter Verwendung einer Reihe bekannter Grundintegrale[19]) sowie mit der Reihenentwicklung für $|\chi - \chi^*| \leqslant \epsilon_\chi$

$$\frac{\partial\gamma^*(s, \chi)}{\partial s} = \frac{\partial\gamma^*(s, \chi^*)}{\partial s} + \frac{\partial^2\gamma^*(s, \chi^*)}{\partial s \, \partial\chi^*} (\chi - \chi^*) + \dots \tag{51}$$

läßt sich zeigen, daß $J_1$ existiert und wie $\epsilon^2 \ln \epsilon$ klein wird. Das Integral $J_2$ hat einen stetigen Integranden und ist mit numerischen Quadraturverfahren auswertbar.

Die Integrale $J_3$ und $J_4$ enthalten den nur von erster Ordnung verschwindenden Anteil $(k_0 k_1 + rs)(r - s)$ des Zählers von (50). Hier erweist sich eine einfache Aufteilung, wie sie bei $J_1$ und $J_2$ durchgeführt wurde, als nicht ausreichend; denn für $\vartheta = \epsilon_\chi$ würde der zwar stetige Integrand eines $J_2$ entsprechenden Integrals noch so groß, daß eine genaue Berechnung auf große Schwierigkeiten stieße; es ist in solchen Fällen notwendig, nicht nur singuläre sondern auch stetige, aber sehr große Werte annehmende Integranden abzuspalten, [20]) und die abgespaltenen Anteile geschlossen zu integrieren. Im vorliegenden Fall ist der Integrand von $J_4$ durch eine solche Umformung nicht nur stetig sondern auch gut integrabel; für $\vartheta = \epsilon_\chi$ verschwindet er. Das Integral $J_3$ ist über $\vartheta$ und $\chi$ geschlossen auswertbar; man erhält mit den genannten Grundintegralen[19]) und (51) das Ergebnis:

$$J_3 = \frac{1}{2\pi r} \int\limits_{r-\epsilon_s}^{r+\epsilon_s} \frac{\partial \gamma^*(s,\chi^*)}{\partial s} \; \frac{k_1 k_0 + rs}{k_2 \sqrt{rs}} \; \mathrm{arctg}\!\left(\frac{k_2 \sqrt{rs}\; \epsilon_\chi}{(r-s)\sqrt{k_0^2 + rs}}\right) ds \; -$$

---

19)

$$\int \frac{d\vartheta}{\sqrt{A\vartheta^2 + 2B\vartheta + C}^{\,3}} = \frac{A\vartheta + B}{(AC - B^2)\sqrt{A\vartheta^2 + 2B\vartheta + C}} \; ;$$

$$\int \frac{\vartheta d\vartheta}{\sqrt{A\vartheta^2 + 2B\vartheta + C}^{\,3}} = \frac{-B\vartheta - C}{(AC - B^2)\sqrt{A\vartheta^2 + 2B\vartheta + C}} \; ;$$

$$\int \frac{\vartheta^2 d\vartheta}{\sqrt{A\vartheta^2 + 2B\vartheta + C}^{\,3}} = \frac{(2B^2 - AC)\,\vartheta + BC}{A\,(AC - B^2 \sqrt{A\vartheta^2 + 2B\vartheta + C}} \; +$$

$$+ \frac{1}{\sqrt{A}^{\,3}} \; \ell n \; |A\vartheta + B + \sqrt{A}\,\sqrt{A\vartheta^2 + 2B\vartheta + C}\,| \; ;$$

$$\int \frac{d\chi}{[\chi^2 + (\frac{a}{\cos\beta})^2]\sqrt{\chi^2 + a^2}} = \frac{1}{2a^2}\,\frac{\cos^2\beta}{\sin\beta}\;\ell n \; \left|\frac{\sqrt{\chi^2 + a^2} + \chi\sin\beta}{\sqrt{\chi^2 + a^2} - \chi\sin\beta}\right| \; ;$$

$$\int \frac{\chi^2 d\chi}{[\chi^2 + (\frac{a}{\cos\beta})^2]\sqrt{\chi^2 + a^2}} = \frac{1}{2}\,\ell n \; \left|\frac{\sqrt{\chi^2 + a^2} + \chi}{\sqrt{\chi^2 + a^2} - \chi}\right| \; -$$

$$- \frac{1}{2\sin\beta}\,\ell n \; \left|\frac{\sqrt{\chi^2 + a^2} + \chi\sin\beta}{\sqrt{\chi^2 + a^2} - \chi\sin\beta}\right| \; ;$$

20) Ein solches Vorgehen kann auch bei dem dritten Integral der Zerlegung (48) eine Erhöhung der Auswertungsgenauigkeit bringen.

$$- \frac{1}{2\pi r} \int\limits_{r - \epsilon_s}^{r + \epsilon_s} \frac{\partial^2 \, \gamma^* \, (s, \chi^*)}{\partial s \, \partial \chi^*} \; \frac{(k_1 k_0 + rs)^2}{\sqrt{k_1^2 + rs}} \; \frac{r - s}{rs \, k_2^2} \cdot$$

$$\cdot \left[ \ln \frac{\sqrt{(r - s)^2 + (k_1^2 + rs) \, \epsilon_\chi^2} + \sqrt{k_1^2 + rs} \; \epsilon_\chi}{|r - s|} - \right. \tag{52}$$

$$- \frac{\sqrt{(k_0^2 + rs) \, (k_1^2 + rs)}}{2 \, (k_0 k_1 + rs)} \cdot$$

$$\left. \cdot \ln \frac{\sqrt{(r - s)^2 + (k_1^2 + rs) \, \epsilon_\chi^2} + (k_0 k_1 + rs) \, (k_0^2 + rs)^{-1/2} \cdot \epsilon_\chi}{\sqrt{(r - s)^2 + (k_1^2 + rs) \, \epsilon_\chi^2} - (k_0 k_1 + rs) \, (k_0^2 + rs)^{-1/2} \cdot \epsilon_\chi} \right] ds \quad .$$

Die weitere Integration über s kann numerisch erfolgen.

Damit ist die Diskussion des Kernanteils $I_Q$ gemäß Formel (43) abgeschlossen. Bei den Kernanteilen $I_\gamma$ und $I_q$ hat nur der Summand n = 0 bei $\chi$ = $\chi^*$ und s = r einen singulären Integranden, wie ein Blick auf Formel (42) und (41) zeigt. Dessen Untersuchung gestaltet sich in analoger Weise, somit kann hier auf die Einzelheiten verzichtet werden. Schließlich hat der Kernanteil $I_{QV}$ bei den Aufpunkten im Innern des Flügelblattes nur stetige Integranden, deren numerische Auswertung keine Probleme mit sich bringt.

Die eigentlich Auflösung der Integralgleichung (40) mit einem $Z_\lambda \, Z_\nu$-gliedrigen Ansatz der Form (39) erfolgt durch ihre Überführung in ein lineares Gleichungssystem für die $Z_\lambda \, Z_\nu$ unbekannten Koeffizienten $A_{\nu \, \lambda}$. Hierfür ist es zunächst denkbar, die Gl. (40) an genau $Z_\lambda \, Z_\nu$ ausgewählten Aufpunkten $(r, \chi^*)$ auf dem Flügelblatt exakt zu erfüllen. Dieser Weg hat sich jedoch als unzweckmäßig für normale Propellerflügelformen erwiesen[22]), da hier die Auswahl weniger geeigneter Aufpunkte (entsprechend einem Ansatz mit nicht zu vielen Gliedern) problematisch wird. Zum Beispiel ist die aus der normalen Tragflügeltheorie bekannte Aufteilung des Blattes in mehrere Teilflügel, bei denen die Aufpunkte jeweils auf den 3/4-Linien angeordnet sind, nur für kreissektorförmige Propellerflügel gut geeignet.[21])

Bei allgemeiner der technischen Praxis entsprechenden Blattform ist es zweckmäßiger, die Integralgleichung (40) mit einem Fehlerquadratverfahren zu lösen.[22][23]) Wir schreiben (40) symbolisch Li $(r, \chi^*)$ = Re $(r, \chi^*)$, (linke und rechte Seite), und verlagen, daß

---

21)  Dieses wurde von Brunnstein nachgewiesen; vgl. Ziff. 3, sowie die in Fußnote[35]) genannte Arbeit.

22)  W. H. Isay, R. Armonat: Zur Berechnung der potentialtheoretischen Druckverteilung am Flügelblatt eines Propellers; Schiffstechnik 13 (1966) 75.

23)  R. Armonat: Untersuchung der Druckverteilung eines Propellers unter Berücksichtigung grenzschichtbedingter Maßstabseffekte; Schiffstechnik 16 (1969) 41.

$$\sum_{(r,\chi^*)} [Li\,(r,\chi^*) - Re\,(r,\chi^*)]^2 = Minimum \tag{53}$$

wird. Dabei ist die Summe über mindestens etwa die dreifache Anzahl von Aufpunkten zu erstrecken, wie Reihenglieder bzw Koeffizienten $A_{\nu\lambda}$ in dem Ansatz (39) mitgenommen werden. Man erhält dadurch ein relativ stabiles und von der speziellen Wahl der Aufpunkte $(r,\chi^*)$ unabhängiges Gleichungssystem mit symmetrischer Matrix für die Lösungskoeffizienten $A_{\nu\lambda}$. Weitere Methoden zur Lösung der Integralgleichung der Propellertragflächentheorie werden wir in Ziff. 3 besprechen.

Einige Eigenschaften der Lösung $\gamma^*\,(s,\chi)$ mögen hier noch kurz erwähnt werden. Aus der Relation

$$\sin\sigma = \frac{2}{R_0 - R_i}\,\sqrt{(R_0 - s)\,(s - R_i)} \tag{54}$$

folgt unter der Voraussetzung

$$\lim_{s \to R_0}\ (\chi_H(s) - \chi)\,/\,(\chi_H(s) - \chi_V(s)) = \frac{1}{2}\,,\ \text{daß gilt}$$

$$\lim_{s \to R_0}\ \gamma^*\,(s,\chi) \sim \sqrt{R_0 - s}\ \ . \tag{55}$$

Für normale Propellerflügel können die Konturfunktionen $\chi_V(s)$ und $\chi_H(s)$ in der Umgebung der Flügelspitze in der Form $(C_H > 0\ ,\ C_V > 0)$

$$\chi_V(s) = -\,C_V\,(R_0 - s)^\rho \quad , \quad \chi_H(s) = +\,C_H\,(R_0 - s)^\rho \tag{56}$$

mit $0 < \rho < 1$ dargestellt werden. Durch elementare Rechnung folgt dann daß

$$\lim_{s \to R_0}\ \frac{\partial\gamma^*\,(s,\chi)}{\partial s} \sim \frac{1}{\sqrt{R_0 - s}}\quad , \tag{57}$$

also bei $s = R_0$ integrabel ist. Das gleiche gilt für

$$\lim_{s \to R_0}\ \gamma^*\,(s,\chi_V(s))\,\chi_V'(s) \sim (R_0 - s)^{\rho - 1/2}\ \ . \tag{58}$$

Aus dem Ansatz (39) ergibt sich die Flügelzirkulation $\Gamma(s)$ in der Form

$$\Gamma\,(s) = \sum_{\lambda=1}^{Z_\lambda} \sum_{\nu=1}^{Z_\nu} \frac{\chi_H(s) - \chi_V(s)}{\nu + 1}\,A_{\nu\lambda}\,\sin\lambda\sigma\ . \tag{59}$$

Nach der Ermittlung der Wirbeldichte $\gamma\,(s, \chi)$ als Lösung der Integralgleichung kann die eigentlich gesuchte Druckverteilung am Flügelblatt des Propellers berechnet werden. Die theoretischen Grundlagen und Formeln zur Lösung dieser Aufgabe haben wir bereits in Ziff. 2 des Abschnitt A bereitgestellt. Die sich im vorliegenden Fall des frei fahrenden Propellers mit freien Wirbelflächen als regulären Schraubenflächen ergebenden Vereinfachungen (Gl. (5), $w_L \equiv 0$; $\partial\gamma^*/\partial\varphi_0 \equiv 0$ ; usw) sind leicht zu übersehen, so daß wir auf ein erneutes Anschreiben der Formeln verzichten. Lediglich einige Bemerkungen über die Auswertung der Integrale der induzierten Geschwindigkeiten sind hier noch angebracht.

Die Aufpunkte $(r, \chi^*)$, an denen diese Geschwindigkeiten zu bestimmen sind, liegen nicht nur im Innern sondern auch auf dem Rande des Flügelblattes. Für die Berechnung der mittleren Tangentialgeschwindigkeit $(u_\gamma\,k_1/r + V_\gamma)$ und der Radialgeschwindigkeit der gebundenen Wirbel sowie der Tangentialgeschwindigkeit $(u_Q\,k_1/r + V_Q)^{24})$ der freien Querwirbel werden die bei der Lösung der Integralgleichung angegebenen Methoden verwendet; es ergeben sich auch am Blattrand keine Schwierigkeiten, da die auftretenden Singularitäten höchstens von erster Ordnung sind. Etwas weitergehende Untersuchungen bedingt die Auswertung der von der Quellen-Senkenverteilung $q\,(s, \chi)$ induzierten Geschwindigkeiten; Einzelheiten entnehme man der Originalliteratur[23]. Eine Sonderstellung bei der Berechnung des Druckfeldes am Flügelblatt nimmt die von den freien Querwirbeln induzierte Radialgeschwindigkeit $W_Q$ ein. Diese ist entscheidend für die Druckverteilung in der Nähe des Außenradius, während sie in mittleren Bereichen des Flügels kaum Bedeutung hat. Es zeigt sich, daß der für das Druckminimum wesentliche Maximalwert von $W_Q$ im Bereich der von der Flügelspitze abgehenden freien Wirbel nicht auf dem Flügelblatt selbst, sondern auf der Saugseite etwas oberhalb des Flügels angenommen wird; infolgedessen ist es erforderlich, $W_Q$ auch für Aufpunkte in einigem Abstand vom Flügelblatt auszurechnen. Wir schreiben diese Punkte (vgl. Abb. 8) in der Form $x = k_1\chi^*$ ; $\varphi = \varphi_0 + \varphi^* + \chi^*$ .[25][22] Der Wert $\varphi^*=0$ entspricht genau dem Flügel. Damit wird

---

24) Hierbei ist es zweckmäßig und ausreichend genau, zur linearisierten Flügeltheorie überzugehen, also $k_0 = k_1$ zu setzen. Durch elementare Umformungen läßt sich dann die Darstellung gewinnen[22]

$$u_Q\,\frac{k_1}{r} + V_Q = -\frac{1}{4\pi r}\sum_{n=0}^{N-1}\int_{R_i}^{R_0}\int_{x_V(s)}^{x_H(s)}\frac{\partial\gamma^*\,(s, \chi)}{\partial s}\,\cdot$$

$$\cdot\,\frac{k_1\,(\chi^* - \chi)\,d\chi ds}{\sqrt{k_1^2\,(\chi^* - \chi)^2 + r^2 + s^2 - 2rs\cos(\chi^* - \chi - 2\pi n/N)}}\,\cdot$$

$$W_Q = \frac{1}{4\pi} \sum_{n=0}^{N-1} \int_{R_i}^{R_0} \int_{\chi_V(s)}^{\chi_H(s)} \frac{\partial\gamma^*(s,\chi)}{\partial s} \int_0^\infty [(k_1\chi^* - k_1\chi - k_0\psi)^2 + r^2 + s^2 -$$

$$\tag{60}$$

$$- 2\,rs\,\cos\left(\chi^* + \varphi^* - \chi - \frac{2\pi n}{N} - \psi\right)]^{-3/2} [sk_0 \sin\left(\chi^* + \varphi^* - \chi - \frac{2\pi n}{N} - \psi\right) -$$

$$- s(k_1\chi^* - k_1\chi - k_0\psi)\cos\left(\chi^* + \varphi^* - \chi - \frac{2\pi n}{N} - \psi\right)]\,d\psi\,d\chi\,ds + W_Q^{(V)},$$

wobei wir unter $W_Q^{(V)}$ das entsprechende Randintegral des Vorderkantenwirbels verstehen. (vgl. Gl. (17)).

Der Integrand von (60) ist für $s \neq r$ stetig; für $s = r$ sind die Anteile $n \geqslant 1$ ebenfalls stetig; somit bleibt wieder nur der Summand $n = 0$ zu untersuchen. Man betrachtet zweckmäßig zunächst das innerste Integral; mit der Substitution $\psi = \vartheta + \varphi^* + \chi^* - \chi$ ergibt sich, daß nur für

$$s = r \quad ; \quad \vartheta = 0 \quad ; \quad \chi = \chi^* - \frac{k_0}{k_2}\varphi^*$$

eine Singularität vorliegen kann. Im Zähler stehen Ausdrücke $\sim \vartheta^3$ und $\sim \vartheta^2 (k_2\chi^* - k_2\chi - k_0\varphi^*)$ sowie $\sim (k_2\chi^* - k_2\chi - k_0\varphi^*)$. Die beiden ersten sind in der Umgebung der singulären Stelle des Nenners ebenfalls von dritter Ordnung klein und geben daher zusammen mit dem Nenner höchstens eine Unstetigkeit des Integranden.

Wir schreiben das innerste Integral des Summanden $n = 0$ von (60) in der Form

$$-\int_{\chi - \chi^* - \varphi^*}^\infty \frac{k_0 s \sin\vartheta + s(k_2\chi^* - k_2\chi - k_0\varphi^* - k_0\vartheta)\cos\vartheta}{\sqrt{(k_2\chi^* - k_2\chi - k_0\varphi^* - k_0\vartheta)^2 + (r-s)^2 + 2rs(1-\cos\vartheta)}^{\,3}}\, d\vartheta =$$

$$= -\int_{\chi - \chi^* - \varphi^*}^\infty \left[ \frac{k_0 s \sin\vartheta - k_0 s \vartheta \cos\vartheta + s(k_2\chi^* - k_2\chi - k_0\varphi^*)\cos\vartheta}{\sqrt{(k_2\chi^* - k_2\chi - k_0\varphi^* - k_0\vartheta)^2 + (r-s)^2 + 2rs(1-\cos\vartheta)}^{\,3}} - \right.$$

$$\left. - \frac{s(k_2\chi^* - k_2\chi - k_0\varphi^*)}{\sqrt{(k_0^2 + rs)\vartheta^2 - 2k_0\vartheta(k_2\chi^* - k_2\chi - k_0\varphi^*) + (r-s)^2 + (k_2\chi^* - k_2\chi - k_0\varphi^*)^2}^{\,3}} \right] d\vartheta -$$

---

25) Diese Feinheiten der örtlichen Struktur des Druckfeldes lassen sich mit der linearisierten Flügeltheorie, also mit $k_0 = k_1$, nicht erfassen.

$$- \frac{s \, (k_2 \chi^* - k_2 \chi - k_0 \varphi^*)}{(k_0^2 + rs) \, (r - s)^2 + rs \, (k_2 \chi^* - k_2 \chi - k_0 \varphi^*)^2} \left\{ \sqrt{k_0^2 + rs} \quad + \right. \tag{61}$$

$$\left. + \frac{(k_0^2 + rs) \, (\varphi^* + \chi^* - \chi) + k_0 \, (k_2 \chi^* - k_2 \chi - k_0 \varphi^*)}{\sqrt{k_1^2 \, (\chi^* - \chi)^2 + rs \, (\varphi^* + \chi^* - \chi)^2 + (r - s)^2}} \right\} \; .$$

Dem Integrand auf der rechten Seite von (61) ist an der Stelle $s = r$, $\vartheta = 0$ und $\chi = \chi^* - k_0/k_2 \cdot \varphi^*$ der Wert Null zuzuordnen; das Integral ist also ohne weiteres auswertbar. Es bleibt der integralfreie Term in (61) zu diskutieren. Für dessen weitere Integration über $\chi$ und $s$ kann wieder von den bekannten Grundintegralen[19], der Reihe (51) und der Zerlegung (48) bezüglich der Stelle $\chi = \chi^* - k_0/k_2 \cdot \varphi^*$ und $s = r$ Gebrauch gemacht werden, wenn diese

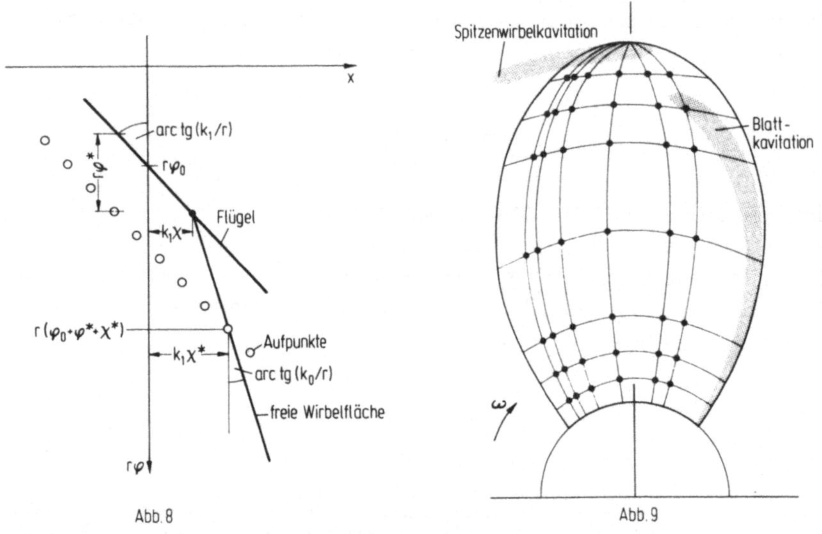


Abb. 8                                                 Abb. 9

Werte im Integrationsbereich liegen. Andernfalls sind die Integranden ja ohnehin stetig. Es ist im übrigen zweckmäßig, die Fälle $\varphi^* = 0$ und $\varphi^* \neq 0$ getrennt zu behandeln, da der Typ der Integrale dabei verschieden ist.

In analoger Weise, nur einfacher, gestaltet sich die Diskussion des Geschwindigkeitsanteils $W_Q^{(v)}$ aus (60). Für Aufpunkte in der Umgebung der Flügelspitze sind die Relationen (55) bis (58) dabei zu beachten.

Systematische Druckverteilungsberechnungen wurden von *Armonat*[23] durchgeführt. Wir geben im folgenden einen Einblick in diese Ergebnisse[26]

---

26) Andere von Armonat ebenfalls behandelte Propeller haben Druckverteilungen, die sich nur quantitativ nicht aber in ihren wesentlichen physikalischen Merkmalen von dem hier wiedergegebenen Beispiel unterscheiden.

am Beispiel eines Propellers mit ungewölbten Profilen, dessen Blattform dem HSVA-Propeller 1151 entspricht. (Abb. 9). An Stelle der nicht berücksichtigten Profilwölbung legt *Armonat* bei der Zirkulationsberechnung[27]) aus der Integralgleichung eine überhöhte geometrische Steigung $k_{11}$ zugrunde, welche der Neigung der wirklichen Profilskelettlinien am Radius $r/R_0 = 0{,}7$ entspricht. Die übrigen Daten sind: $N = 4$ ; $R_i/R_0 = 0{,}2$ ; $\chi_1 = -0{,}6981$ ; $\chi_2 = 0{,}7854$ ; $u_0/\omega R_0 = 0{,}24$ ; $k_0/R_0 = 0{,}30$ ; $k_1/R_0 = 0{,}32$ ; $k_{11}/R_0 = 0{,}37$ ; $C_S = 0{,}72$. Der Einfluß der Profildicke wird vernachläßigt.

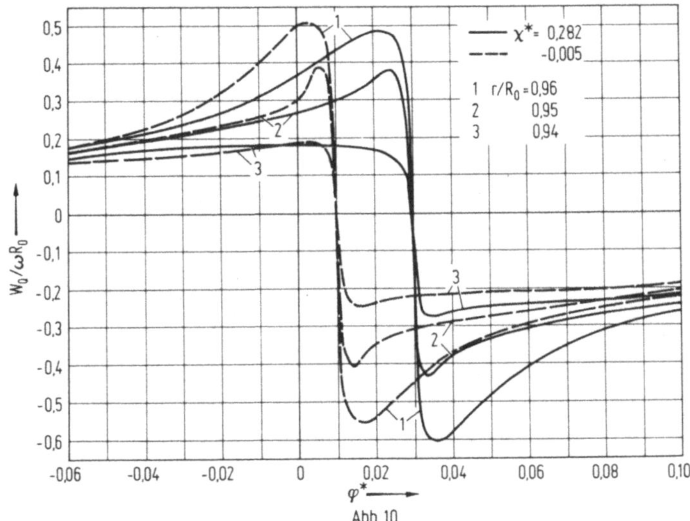


Abb. 10

In Abb. 10 ist der Verlauf der induzierten Geschwindigkeit $W_Q$ in der Umgebung der Flügelspitze dargestellt; diese ist dort von entscheidender Bedeutung für das örtliche Druckfeld. Man erkennt, daß die Maxima von $|W_Q|$, welche den Druckminima entsprechen, zur Flügelhinterkante hin in wachsendem Abstand vom Blatt (d.h. bei größeren $\varphi^*$) auftreten. Die Abb. 10 zeigt deutlich den Vorzeichenwechsel von $W_Q$ im Kernbereich des vom Propellerflügel abgehenden freien Wirbelbandes. Dieser Kernbereich hat verständlicher-

---

27) Bei der Lösung der Integralgleichung wird das erwähnte Fehlerquadratverfahren Gl. (53) mit 42 Aufpunkten bei einem Lösungsansatz für $\gamma^*$ von 9 Gliedern ($Z_\lambda = Z_\nu = 3$) verwendet. Allerdings legt Armonat die Darstellung (1), Abb. 2, für die Geometrie und die Wirbelbelegung des Flügelblattes zugrunde. Diese bedingt wie gesagt die einschränkende Voraussetzung, daß $\gamma^*$ längs der ganzen Vorderkante des Blattes verschwinden muß. Die Lösung $\gamma^*$ ist dementsprechend in einer gegenüber (39) modifizierten Form anzusetzen. Für die Einzelheiten vergleiche man die Originalarbeit.[22]) Wie weitere Untersuchungen gezeigt haben, ist infolgedessen die Konvergenz der $\gamma^*$-Reihe in Tiefenrichtung ($x$-Richtung) relativ schlecht. Dennoch geben die erhaltenen Ergebnisse einen guten Einblick in den prinzipiellen Charakter der Druckverteilung an Propellerflügeln. (vgl. auch Fußnote[45]) für Konvergenzuntersuchungen)

weise in der Nähe der Hinterkante schon einen größeren Abstand vom Flügelblatt.

In Abb. 11 und 12 ist die örtliche Druckverteilung an der Saug- und Druckseite des Flügelblattes für mittlere Radien dargestellt. Erwartungsgemäß nimmt der Druckgradient in der Nähe der Vorderkante mit wachsendem Radius ab. Für $r/R_0 \gtrsim 0,93$ zeigt Abb. 13 den Verlauf des Druckfeldes an der

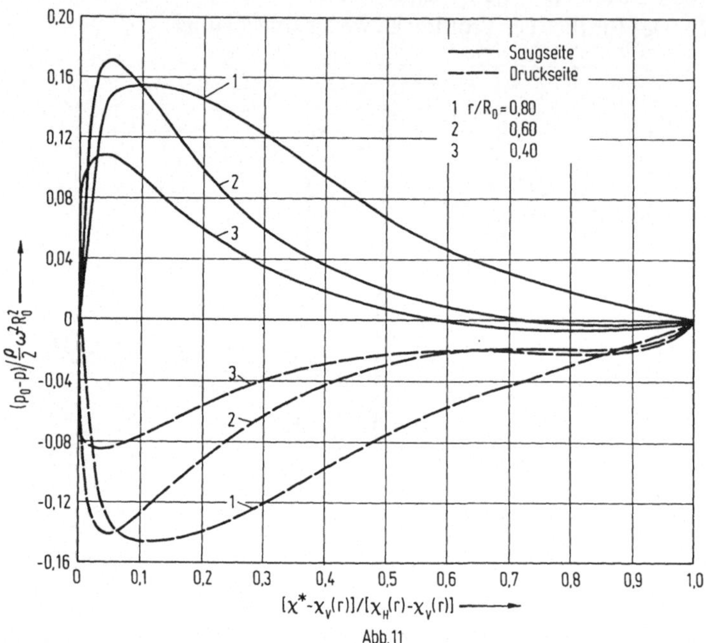


Abb. 11

Flügelsaugseite, und die sich hier ergebenden Druckminima entsprechen weitgehend den Maxima von $W_Q$ aus Abb. 10. In der Flügelskizze (Abb. 9) sind getönt noch die Bereiche niedrigen Druckes (Kavitationsgebiete) eingezeichnet, wie diese sich aus der Theorie ergeben; dabei sind das Nabengebiet und der Nabenwirbel nicht berücksichtigt; letztere ließen sich aber ganz analog behandeln. Das erhaltene Ergebnis entspricht durchaus den Beobachtungen, die bei Experimenten im Kavitationstank oder auch in der Großausführung gemacht werden[28]).

Die wesentlichen Eigenschaften des Druckfeldes an Propellerflügeln mit den Druckminima (Kavitationsgebieten) in den freien Spitzen- und Nabenwirbeln sowie an der Profilsaugseite in der Nähe der Vorderkante lassen sich mit einer rein potentialtheoretischen Rechnung gut erfassen.

---

28) K. Albrecht, S. Heinzel: Kavitationsbeobachtungen am Propeller des Forschungsschiffes Meteor; Jahrb. Schiffbautechn. Ges. 59, 1965. Berlin/Heidelberg/New York Springer 1966.

In den in Abb. 11 bis 13 dargestellten Ergebnissen ist der Einfluß der Profildicke auf das örtliche Druckfeld noch nicht berücksichtigt. Letzterer ist[29])
erheblich und wirkt im Sinne einer Absenkung des Druckes mit zunehmender
Profildicke. *Armonat*[23]) hat den Dickeneinfluß nur bei Propellern mit kreissektorförmigen Flügeln numerisch untersucht; die Durchführung der Rech-

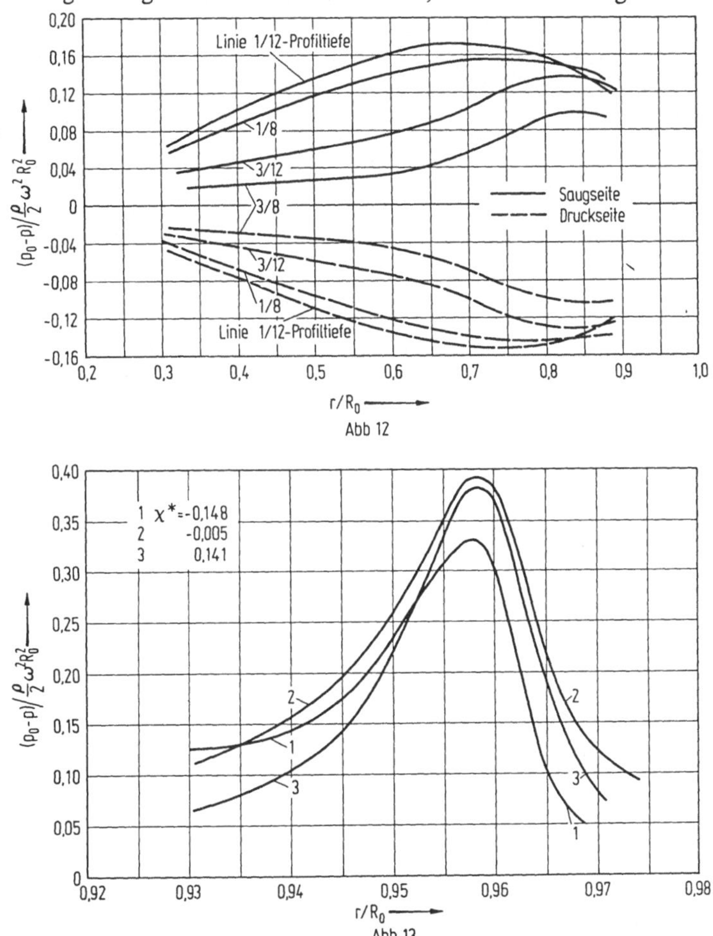


nungen gestaltet sich hier etwas weniger aufwendig. Abb. 14 zeigt das Ergebnis für die Linie 1/8-Profiltiefe, Abb. 15 für die Linie 5/8-Profiltiefe bei einem
solchen Propeller. ($N = 3$, $\chi_2 - \chi_1 = 0{,}8$ ; $u_0/\omega R_0 = 0{,}25$ ; $k_1/R_0 = 0{,}32$ ;
$k_0/R_0 = 0{,}30$ ; $C_s = 0{,}43$).

---

29) Auf die Zirkulationsdichte $\gamma$ sowie auf die Druckdifferenz $\partial p$ (s, $\chi$) (vgl. Gl. (28))
　　zwischen Druck- und Saugseite und damit auch auf die Flügelkraft hat die Profildicke
　　nur einen geringen Einfluß. Dieses gilt jedenfalls für die bei Propellerflügeln verwende-
　　ten kleinen relativen Profildicken.

Man erkennt, daß der Einfluß der Profildicke in der Nähe der Hinterkante
relativ stärker ist als in der Umgebung der Vorderkante, wo die Druckminima
des Profils ohne Berücksichtigung der Dicke liegen. [Die angegebenen $D_{max}/\ell$
Werte beziehen sich auf den Radius $r/R_0 = 0{,}6$].

Während *Armonat* das örtliche Druckfeld bestimmte, haben andere Autoren sich auf die Berechnung der Wirbeldichte $\gamma$ oder auch des Drucksprunges
$\partial p$ am Propellerflügel beschränkt.

*Sugai*[31]) berechnet die Wirbelbelegung der Flügel eines frei fahrenden
Propellers unter Voraussetzung der Relation (5). In der Strömungsrandbedingung ermittelt er die induzierten Geschwindigkeiten durch Differentiation
des Potentials, so daß der Kern der Integralgleichung eine divergente Singulari-

---

30) Wie in der Theorie des Einzelflügels wird mit der trigonometrischen Transformation

$$s = \frac{1}{2}(R_0 + R_i) - \frac{1}{2}(R_0 - R_i)\cos\sigma \,;\; \chi = \frac{\chi_H(s) + \chi_V(s)}{2} -$$

$$- \frac{\chi_H(s) - \chi_V(s)}{2}\cos\tau \,, \qquad\qquad (0 \leq \sigma \leq \pi \,;\, 0 \leq \tau \leq \pi)$$

die Quellensenkenverteilung in der bereits der Schließungsbedingung (20) genügenden
Form angesetzt:

$$q(s, \chi) = \frac{2\omega R_0}{\sqrt{1 + (k_1/s)^2}} \left[ B_0 \left(\operatorname{ctg}\frac{\tau}{2} - 2\sin\tau\right) + B_1 \left(\operatorname{tg}\frac{\tau}{2} - 2\sin\tau\right) + \right.$$

$$\left. + B_2 \sin 2\tau + \dots \right] \cdot \left[ \frac{2D_i}{D_i + D_a} - \frac{D_i - D_a}{D_i + D_a}(1 - \cos\sigma)\right] \,;$$

($D_i$, $D_a$, sind Konstante).

Dabei ist meist ein in s linearer Verlauf der Profildicke zwischen Nabe und Außenradi-
us anzunehmen. Aus (19) folgtdann mit $\ell(s) = \sqrt{s^2 + k_1^2} \cdot (\chi_H(s) - \chi_V(s))$ als örtlicher
Profiltiefe für die Dicke $D(s, \chi)$:

$$\frac{D(s, \chi)}{\ell(s)} = \frac{\omega R_0}{\sqrt{u_0^2 + \omega^2 s^2}\,\sqrt{1 + (k_1/s)^2}} \left[ B_0 \left(\sin\tau + \frac{1}{2}\sin 2\tau\right) + \right.$$

$$\left. + B_1 \left(-\sin\tau + \frac{1}{2}\sin 2\tau\right) + \frac{1}{6} B_2 (3\sin\tau - \sin 3\tau) + \dots \right]$$

$$\left[\frac{2D_i}{D_i + D_a} - \frac{D_i - D_a}{D_i + D_a}(1 - \cos\sigma)\right]$$

Durch den Koeffizienten $B_1$ wird eine abgerundete Profilhinterkante erfaßt. Die Koeff
zienten $B_n$ hängen bei allgemeiner Flügelform von s ab; bei kreissektorförmigen
Flügeln können sie etwa als Konstante angesehen werden.

ät zweiter Ordnung für s = r enthält. Letztere muß durch eine (mittels partieller Integration und durch einen Cauchyschen Hauptwert zu gewinnende) geeignete Integralformel interpretiert werden. (vgl. auch Fußnote[39]). Für die Wirbelbelegung $\gamma^*$ wird ein Ansatz verwendet, der als multiplikativen Faktor den Ausdruck

$$\gamma^* \sim \sqrt{(\chi_H - \chi)/(\chi - \chi_V)} \; ,$$

also die erste Birnbaumsche Normalverteilung enthält. Die sich ergebenden Lösungen für $\gamma^*$ sind dementsprechend insofern unrealistisch, als sie auch in der Nähe der Flügelspitze bei $s \approx R_0$ noch eine Saugkante mit $\gamma^* \to \infty$ aufweisen, deren Auswirkung auf die Druckverteilung sich dort kaum durch einen Riegelsfaktor beheben läßt. (Bei normaler Flügelform).

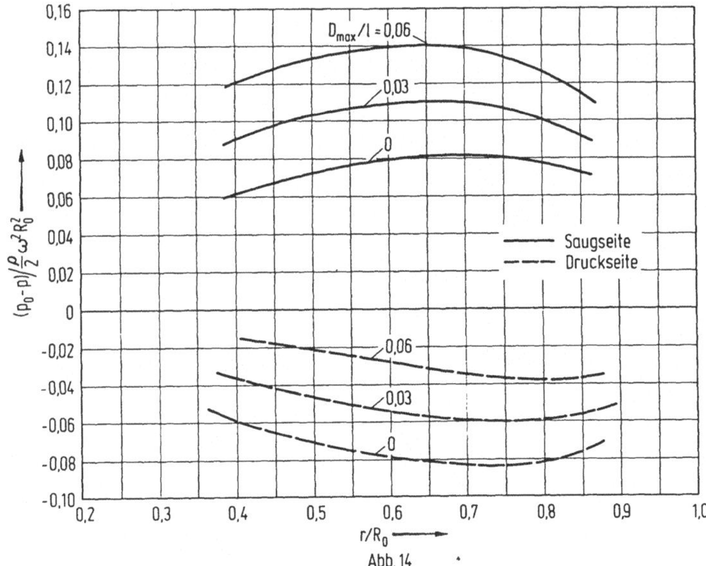


*Pien* und *Strom-Tejsen*[32]) verwenden eine Methode, die mit dem Begriff des Beschleunigungspotentials arbeitet; sie stellt eine Erweiterung der bereits in Abschnitt A, Formel (30) bis (32) diskutierten Theorie unter Berücksichtigung nicht linearer Anteile der induzierten Geschwindigkeit dar.

Da die Flügelblätter mit Druckdipolen und nicht mit einer gebundenen

---


31) K. Sugai: Hydrodynamics of screw propellers based on a new lifting surface theory; Journal of Zosen Kiokai 119 (1966) 1, sowie: Report of Ship Research Institute Vol. 5, Nr. 7, December 1968.

32) P. C. Pien, J. Strom-Tejsen: A general theory for marine propellers; 7th Symposium on Naval Hydrodynamics, Rome August 1968.

Wirbeldichte belegt werden (deren Achsenrichtung eine Rolle spielt), ist es ohne zusätzlichen Aufwand möglich, auch Flügel von nicht schraubenflächenförmiger Gestalt zu behandeln. Die aus der Strömungsrandbedingung folgende Integralgleichung enthält für s = r eine Singularität zweiter Ordnung (vgl. Fußnote[39]). Die Auswertung der Kernanteile für die gewählten Aufpunkte auf dem Flügelblatt erfolgt mit ähnlichen Methoden, wie sie oben bei der Diskussion der Integralgleichung (40) besprochen wurden. Als Lösungsansatz

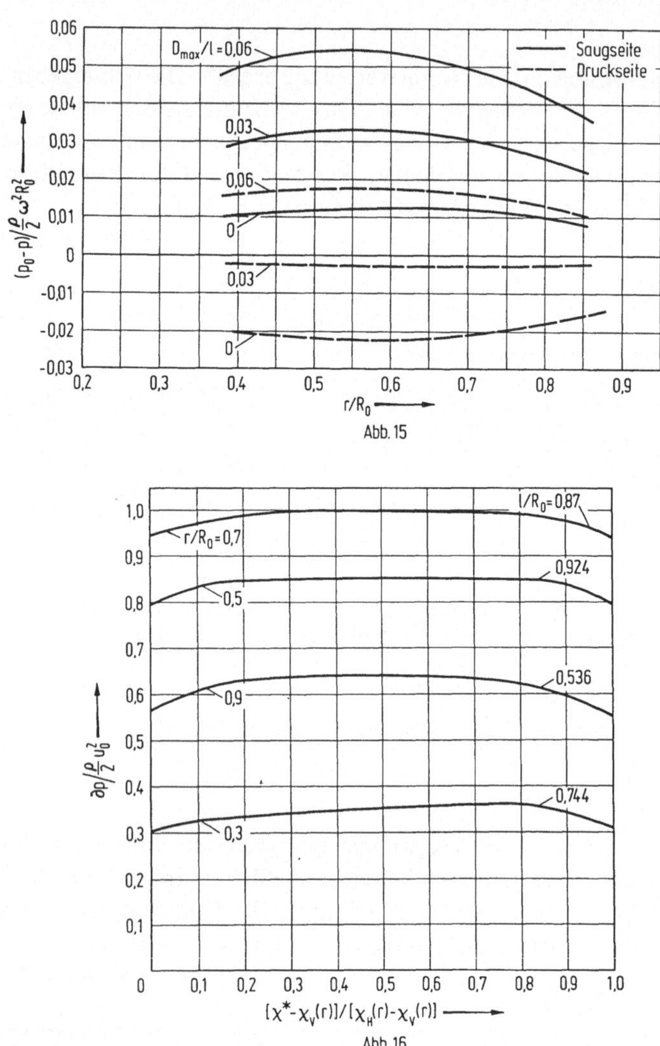


Abb. 15

Abb. 16

---

33) T. Nishiyama, T. Sasajima: Induced curved-flow effect in the lifting-surface theory of the widely bladed propellers; Journ. of. Ship Research 11 (1967) Heft 1.

verwendet *Pien* für den Drucksprung am Propellerflügel:

$$\partial p\,(s,\chi) = \sum_{\lambda=0}^{Z\lambda}\ \sum_{\nu=0}^{Z\nu}\ A_{\nu\lambda}\left(\frac{\chi-\chi_V(s)}{\chi_H(s)-\chi_V(s)}\right)^{\nu}\ \cos\lambda\sigma\ \ \text{mit}\ \ \cos\sigma = \frac{R_0+R_i-2s}{R_0-R_i}$$

Die Theorie wird am Beispiel eines relativ schwach belasteten Propellers erprobt, für den die Linearisierung der Gleichungen (30) bis (32) noch ohne weiteres zuläßig sind. Seine Daten sind;
$N = 5$; $R_i/R_0 = 0{,}2$ ; $u_0/\omega R_0 = 0{,}27$ ; $C_s = 0{,}564$ ; $k_0/R_0 = 0{,}339$ .
Die Flügelblätter haben eine von $k_1/R_0 = 0{,}28$ an der Spitze bis auf $k_1/R_0 = 0{,}375$ an der Nabe zunehmende geometrische Steigung, stellen also keine regulären Schraubenflächen dar.

Abb. 16 zeigt den berechneten Drucksprung $\partial p(s,\chi)$ bezogen auf den Wert $\partial p(0{,}70\,R_0,\chi_m)$. Die örtliche Flügeltiefe

$$\sqrt{s^2 + k_1^2}\ \ \frac{1}{R_0}\ (\chi_H(s) - \chi_V(s)) = \frac{\ell}{R_0}$$

ist in Abb. 16 gleichfalls angegeben. Man erkennt, daß der Drucksprung praktisch über die Flügeltiefe konstant ist; letzteres liegt daran, daß die Wölbung der Profilskelettlinien im Sinne von Abschnitt C, Ziff. 1 als Gleichdruckmittellinien berechnet wurde. (vgl. Abb. 35, Abschnitt C).

*Nishiyama* und *Sasajima*[33]) ersetzen den Propellerflügel durch zwei gebundene Wirbellinien der Stärke $\Gamma_1$ längs der Linie 1/8- und $\Gamma_2$ längs der Linie 5/8-Flügeltiefe und erfüllen die Strömungsrandbedingung auf der 3/8- und 7/8-Linie. Für die Wirbeldichte $\gamma$ wird ein zweigliedriger Ansatz in Tiefenrichtung (entsprechend den ersten beiden Birnbaumschen Normalverteilungen) gemacht. Dessen beide Koeffizienten werden aus der Bedingung bestimmt, daß Flügelzirkulation

$$\Gamma = \int \gamma^*\,(\chi)\,d\chi \qquad \text{und Moment} \qquad M = \int \chi \cdot \gamma^*\,(\chi)\,d\chi$$

der kontinuierlichen Wirbeldichte $\gamma$ mit den sich aus den beiden Einzelwirbellinien $\Gamma_1\ \Gamma_2$ ergebenden Werten für $\Gamma$ und $M$ übereinstimmen müssen.

Eine Diskussion des Formelsystems der stationären Propellertragflächentheorie unter Berücksichtigung der endlichen Profildicke findet man bei *Murray*[34]) Dabei wird auch eine in radialer Richtung veränderliche Steigung $k_0(r)$ der freien Wirbelflächen zugelassen; allerdings unter der weniger sinnvollen Annahme einer linearen Flügeltheorie, bei der dann auch die Flügel-

---

34) M. T. Murray: Propeller design and analysis by lifting surface theory; Intern. Shipbuilding Progr. 14 (1967) 433.

blattfläche der gebundenen Wirbel die gleiche Steigung $k_0$ (r) hat. Mit der Theorie lassen sich näherungsweise auch Gegenlaufpropeller behandeln, indem für das vom vorderen Propeller am Ort des hinteren induzierte Geschwindigkeitsfeld ein stationärer Mittelwert verwendet wird.

## 3. Vereinfachte Theorien für Propeller im Schiffsnachstrom

In Anbetracht der großen Schwierigkeiten, die einer effektiven Berechnung der zeitabhängigen Wirbelbelegung für einen Propeller im Schiffsnachstrom aus der allgemeinen Integralgleichung (36) sowie der anschließenden Ermittlung des Druckfeldes am Flügel (nach der Theorie aus Ziff. 2, Abschnitt A) entgegenstehen, ist es verständlich, daß numerische Untersuchungen zunächst unter wesentlich vereinfachten Annahmen durchgeführt wurden; diese Vereinfachungen betreffen in erster Linie die Geometrie der freien Wirbelflächen. Berechnet werden die Wirbeldichte $\gamma$ oder der Drucksprung $\partial p$ am Flügel, teilweise aber auch nur die Flügelzirkulation $\Gamma$ und die Flügelkräfte; im letzteren Fall können solche Untersuchungen im strengen Sinne nur als eine erweiterte Traglinientheorie, nicht aber als Tragflächentheorie bezeichnet werden.

Numerische Ergebnisse über das örtliche Druckfeld an den Flügeln oder in deren unmittelbaren Umgebung liegen dagegen für Propeller im Schiffsnachstrom noch nicht vor; es wäre auch wenig realistisch, sie aufgrund solcher bezüglich der Geometrie der freien Wirbelflächen vereinfachten Theorien berechnen zu wollen.

Im folgenden geben wir einen Überblick über verschiedene Näherungstheorien, die in den letzten Jahren veröffentlicht wurden.

### a)

*Brunnstein*[35]) verwendet die bereits in Band 1 (S. 19 und S. 45/55) behandelte räumlich kontinuierliche Verteilung der freien Wirbel, wobei die Relation (5) ohnehin als Ausgangsbasis dient. Er baut die aus Band 1 (S. 45/55) bekannte Traglinientheorie zur Tragflächentheorie aus und legt für die Geometrie und Wirbelbelegung der Flügelblätter die Darstellung (1) (Abb. 2) zugrunde. Allerdings werden numerische Rechnungen von *Brunnstein* ausschließlich für Propeller mit kreissektorförmigen Flügeln durchgeführt, und für diese Flügelform sind die Darstellungen (1) und (14) identisch.

Die Flügeldicke wird vernachläßigt und die Wirbelbelegung $\gamma^*$ (s, $\chi$, $\varphi_0$) in der Form (37) mit (M = 6)

$$\gamma_{\bar{\mu}}^* (s, \chi) = \sum_{\lambda=1}^{Z_\lambda} \sum_{\nu=1}^{Z_\nu} A_{\nu\lambda}^{(\mu)} \frac{\cos \nu\tau - (-1)^\nu}{\sin \tau} \cdot s \cdot \sin \lambda \, \sigma \quad , \tag{62}$$

$$[s = \frac{1}{2}(R_0 + R_i) - \frac{1}{2}(R_0 - R_i)\cos\sigma \; ; \; \chi = \frac{1}{2}(\chi_H + \chi_V) - \frac{1}{2}(\chi_H - \chi_V)\cos\tau]$$

angesetzt. Für die Randbedingungsintegralgleichung und die Diskussion ihrer Kernanteile kann hier auf die Originalarbeit[35]) verwiesen werden, da metho-

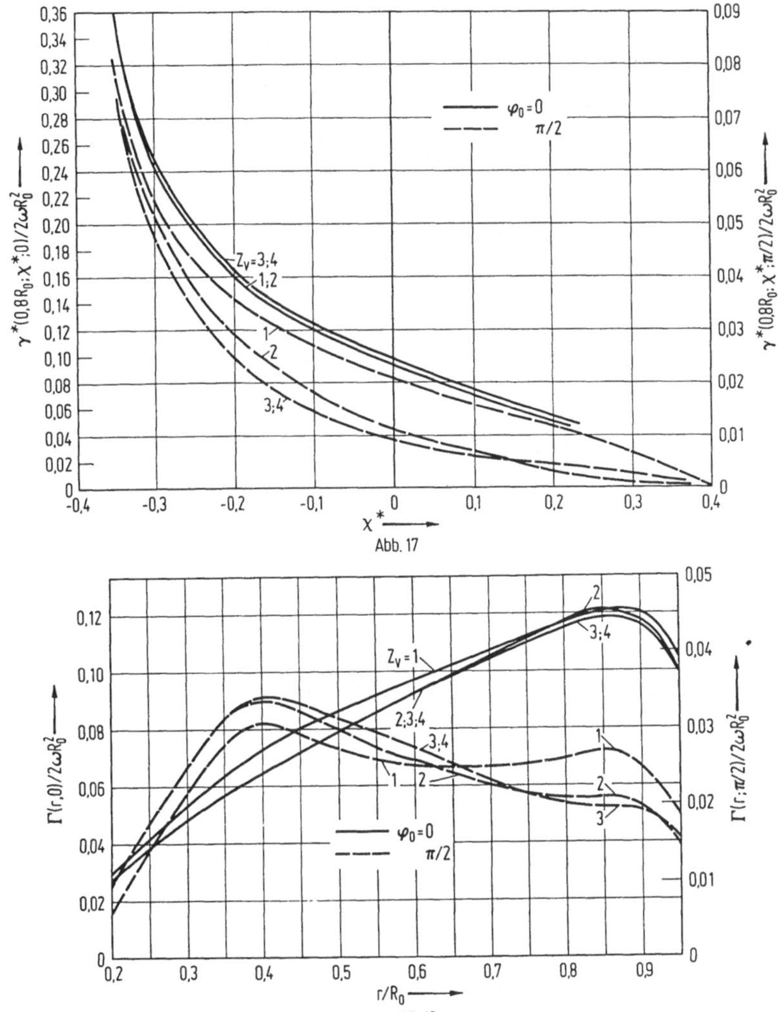


disch eine weitgehende Analogie zu der in Band 1 S. 45/52 behandelten erweiterten Traglinientheorie besteht. Bei allen berechneten Beispielen wurde die

35) K. Brunnstein: Wechselwirkung zwischen Schiffsnachstrom, Schraubenpropeller und Schiffsruder; Diss. Universität Hamburg Mai 1968, sowie Bericht Nr. 210 des Instituts für Schiffbau Universität Hamburg.

ebenfalls aus Band 1, S. 50 bekannte Nachstromverteilung eines Einschrauben-schiffes und ein Propeller mit drei kreissektorförmigen ungewölbten Flügeln $(\chi_H = \chi_2 = -\chi_V = -\chi_1 = 0{,}4 \; ; \; R_i/R_0 = 0{,}04)$ zugrunde gelegt.

Für das Beispiel $k_1 = 0{,}32 \; ; \; k_0 = 0{,}28$ und $u_0/\omega R_0 = 0{,}25$ hat *Brunnstein* die Konvergenz der Reihenentwicklungen (62) genau untersucht. Dazu erfüllte er die Strömungsrandbedingungen nacheinander auf den Linien 3/4-Profiltiefe $(Z_\nu = 1)$, 3/8-, 7/8-Profiltiefe $(Z_\nu = 2)$, 3/12-, 7/12-, 11/12-Profil-tiefe $(Z_\nu = 3)$ und 3/16-, 7/16-, 11/16-, 15/16-Profiltiefe $(Z_\nu = 4)$. In allen Fällen wurden in radialer Richtung auf dem Blatt fünf Aufpunkte berücksich-tigt, $(r/R_0 = 0{,}104 \; ; \; 0{,}28 \; ; \; 0{,}52 \; ; \; 0{,}76 \; ; \; 0{,}936)$ und fünf Reihenglieder mitgenommen $(Z_\lambda = 5)$. Die Abb. 17 und 18 vermitteln einen Einblick in die Ergebnisse; sie zeigen bei den Flügelstellungen $\varphi_0 = 0$ und $\varphi_0 = \pi/2$ die Wirbel-

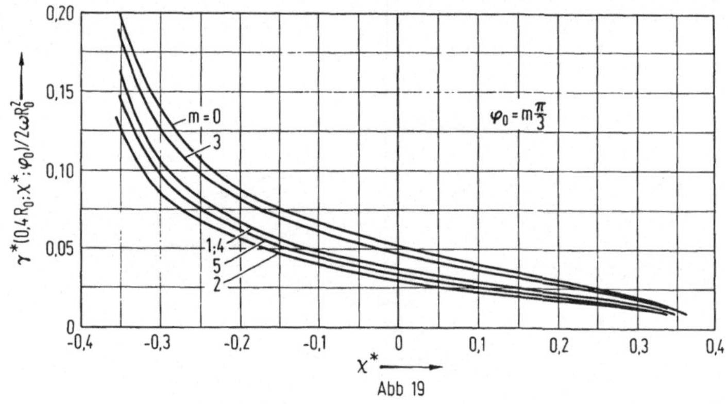


Abb 19

belegung und die Flügelzirkulation $\gamma^*(s, \chi, \varphi_0)$ und $\Gamma(s, \varphi_0)$ für die verschie-denen $Z_\nu$-Werte der Lösungsreihe. Man erkennt eine sehr gute Konvergenz.[36])

In Abb. 19 bis 22 ist für das Beispiel $k_1 = 0{,}32 \; ; \; k_0 = 0{,}28 \; ; \; u_0/\omega R_0 =$

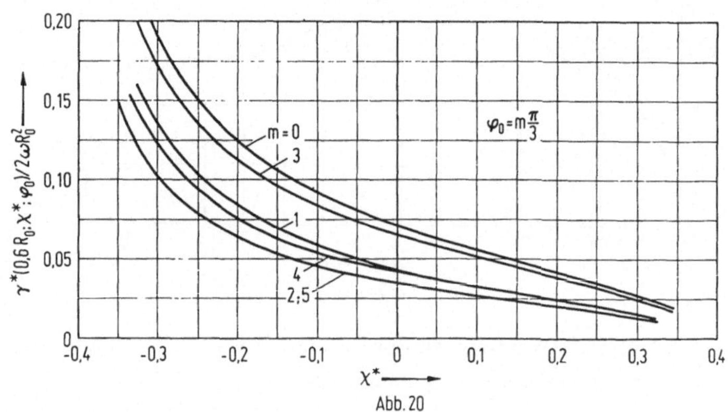


Abb. 20

---

36) Hier wurde die Integralgleichung also an ebensovielen Aufpunkten erfüllt, wie Reihen-glieder der Lösung angesetzt waren. (vgl.Fußnote 21).

0,15 die Wirbelbelegung $\gamma^*$ (s, $\chi$, $\varphi_0$) der Flügel dargestellt; infolge deren Kreis-Sektorform ergibt sich stets eine ausgeprägte Saugkante bei $\chi = \chi_\nu$. Die Abb. 23 bis 28 zeigen den Verlauf der Flügelzirkulation $\Gamma$ (s, $\varphi_0$) sowie der Flügelkräfte $K_\chi$ (r, $\varphi_0$) und $K_\varphi$ (r, $\varphi_0$) in axialer und Umfangsrichtung für zwei Beispiele mit $u_0/\omega R_0$ = 0,15 und 0,25. (in beiden Fällen ist $k_1$ = 0,32 und $k_0$ = 0,28).

Man erkennt, daß die durch den gleichen Schiffsnachstrom bedingten Zirkulations- und Kraftschwankungen bei der größeren Propellerbelastung kleiner sind ($u_0/\omega R_0$ = 0,15). Dieser Effekt beruht auf der stabilisierenden und glättenden Wirkung der von den freien Wirbeln induzierten Geschwindigkeiten (die natürlich mit steigender Belastung an Bedeutung gewinnen) gegenüber dem Nachstromgeschwindigkeitsfeld.

Die bei diesen Rechnungen zugrunde gelegte hydrodynamische Steigung $k_0$ =0,28= konst. wurde zunächst geschätzt. Nach Ermittlung der Wirbelbelegung $\gamma^*$ läßt sich aus Formel (7) in erster Näherung die wirkliche Funktion

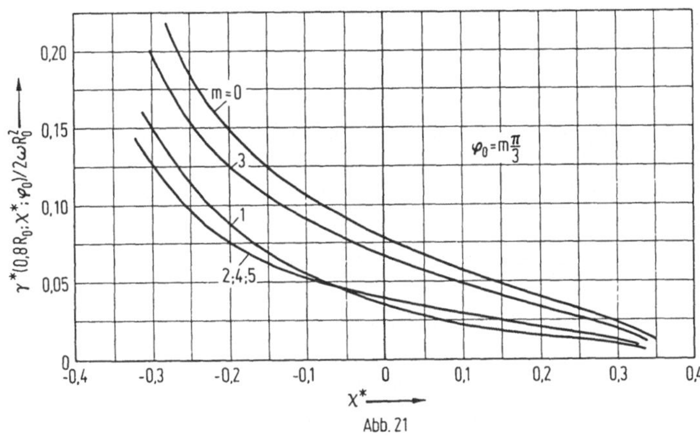


Abb. 21

$k_p$ (r, $\varphi_0$), aus der sich die Deformation der freien Wirbelflächen ergibt, berechnen. Das Ergebnis zeigt die Abb. 29. Man erkennt wieder, daß die Schwankungen besonders in Umfangsrichtung bei stärkerer Belastung ($u_0/\omega R_0$ = 0,15) kleiner sind. Aus Abb. 29 geht ferner hervor, daß die Gradienten $\partial k_p/\partial r$ und $\partial k_p/\partial \varphi_0$ beachtliche Werte annehmen. Diese Tatsache zeigt, wie wenig realistisch es ist, die Druckverteilung an Propellerflügeln im Schiffsnachstrom unter der vereinfachenden Annahme zu berechnen, daß die freien Wirbelflächen regulären Schraubenflächen bilden; es ist vielmehr notwendig, deren Geometrie genauer zu erfassen. Die in Abb. 29 dargestellten $k_p$ (r, $\varphi_0$)-Verteilungen könnten hierbei als erste Näherung für die Lösung der Integralgleichung (36) dienen, die dann iterativ weiter verbessert werden müßte.

Bei der Untersuchung des stationären Druckfeldes am frei fahrenden Propellerflügel in Ziff. 2 hat sich ja bereits gezeigt, wie sehr dieses durch die

Struktur der freien Wirbelflächen beeinflußt wird.

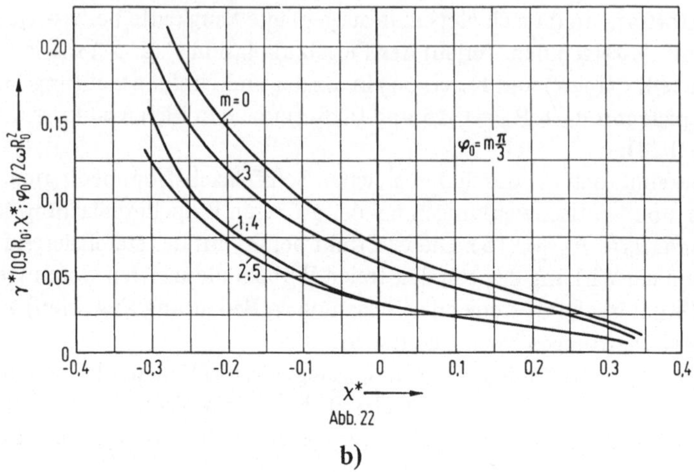

Abb. 22

**b)**

In drei neueren Arbeiten hat *Yamazaki*[37]) ausgehend vom Geschwindigkeitspotential die allgemeinen Grundlagen der Propellertragflächentheorie (ähnlich wie in Abschnitt A. Ziff. 1) entwickelt.

Für die Aufstellung und Diskussion der Randbedingungs-Integralgleichung setzt er vereinfachend voraus, daß die gebundenen und freien Wirbel auf der gleichen regulären Schraubenfläche konstanter Steigung angeordnet sind. [f = s , $\Psi = \psi$ gesetzt] .

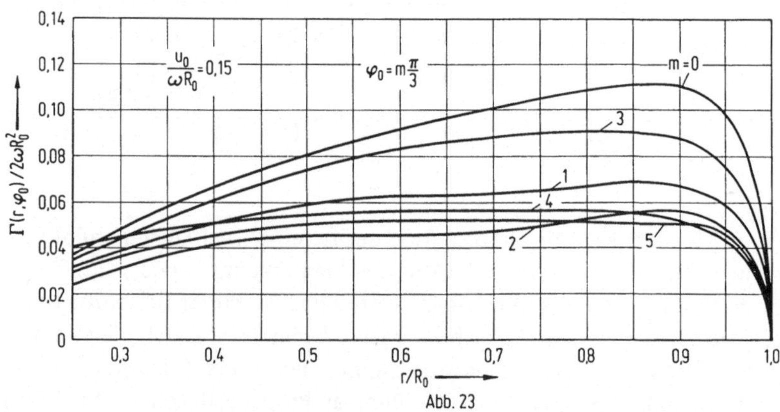

Abb. 23

Für deren Wert $k_*$ wird ein arithmetisches Mittel aus dem wirklichen Stei-

---

37) R. Yamazaki: On the theory of screw propellers in non-uniform flows; Mem. Faculty Engineering Kyushu University 25 (1966). 107.
On the theory of unsteady propeller forces; Mem. Faculty Engineering Kyushu University 28 (1969) 157.
On the propulsion theory of ships on still water; Mem. Faculty Engineering Kyushu University 27 (1968) 187.

gungsparameter $k_1$ der gebundenen Wirbelfläche und einer sowohl über Umfangswinkel $\psi$ als auch über Profiltiefe gemittelten Steigungsfunktion der freien Wirbelflächen genommen (vgl. (7)):

$$k_* = \frac{k_1}{2} + \left(\frac{\hat{s}}{2} \int\limits_0^{2\pi} \int\limits_{\chi_V}^{\chi_H} \sqrt{\frac{\chi_H - \chi}{\chi - \chi_V}} \left[ u_0 + u_0 \Lambda_X (\hat{s}, \chi + \psi) + u_L (\hat{s}, \chi + \psi) + \right.\right.$$

$$\left. + u_Q (\hat{s}, \chi + \psi)\right] d\chi d\psi \Big)\Big/\left(\int\limits_0^{2\pi} \int\limits_{\chi_V}^{\chi_H} \sqrt{\frac{\chi_H - \chi}{\chi - \chi_V}} \left[\omega\hat{s} + u_0 \Lambda_\varphi (\hat{s}, \chi + \psi) + \right.\right. \tag{63}$$

$$\left.\left. + V_L (\hat{s}, \chi + \psi) + V_Q (\hat{s}, \chi + \psi)\right] d\chi d\psi \right) .$$

z.B. ist $\hat{s} = 0{,}7\, R_0$. Bei der Mittelung über Profiltiefe ($\chi$-Richtung) wird der Gewichtsoperator $\quad (a = +1\,;\,-1)[\chi = \dfrac{\chi_H + \chi_V}{2} - \dfrac{\chi_H - \chi_V}{2} \cos \tau]$

$$\frac{2}{\pi} \frac{1}{\chi_H(s) - \chi_V(s)} \int\limits_{\chi_V(s)}^{\chi_H(s)} \sqrt{\frac{\chi_H(s) - \chi}{\chi - \chi_V(s)}}^{\,a} d\chi = 1 \tag{64}$$

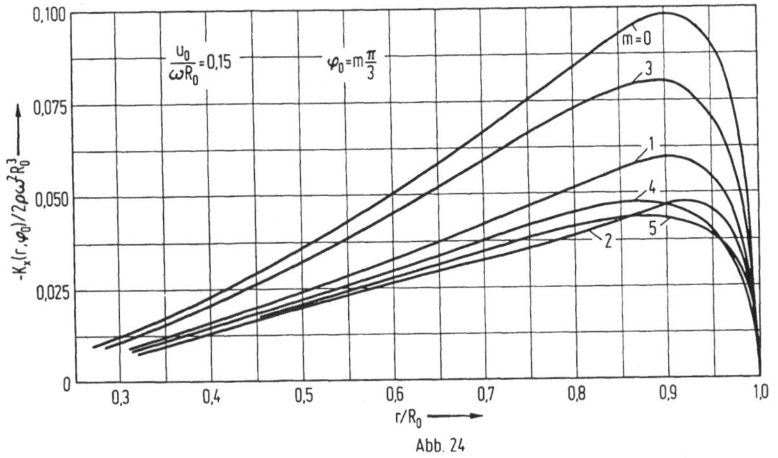


Abb. 24

verwendet, der mit der ersten Birnbaumschen Normalverteilung der Wirbeldichte zusammenhängt. In einigen Fällen wird diese Mittelung auch weggelassen, außerdem die zunächst unbekannten induzierten Geschwindigkeiten in (63) vernachläßigt.

Bei konstanter Steigung $k_*$ der freien Wirbelflächen läßt sich die $\varphi_0$-Abhängigkeit mit dem Lösungsansatz (37) leicht aus der Integralgleichung abspalten. Die Nachstromverteilungen $\Lambda_X$, $\Lambda_\varphi$ können ja ohnehin stets in Fourier-reihen bezüglich $\varphi_0$ entwickelt werden. (vgl. Band 1, S. 45). Für die Funktionen $\gamma_\mu^*$ (s, $\chi$) ergeben sich Integralgleichungen, die wir abgekürzt

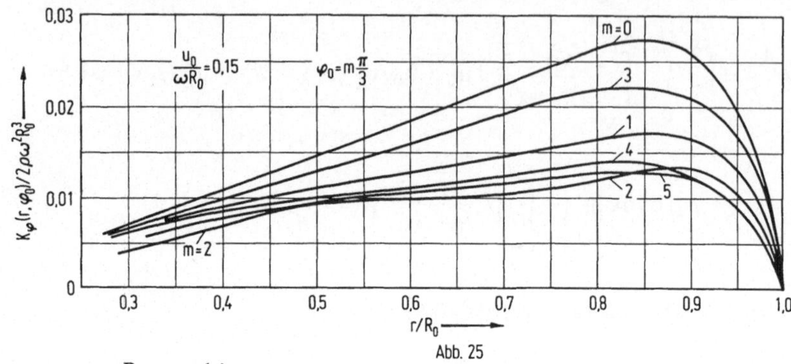

Abb. 25

$$G_\mu (r, \chi^*) = \int\limits_{R_i}^{R_0} \int\limits_{\chi_V(s)}^{\chi_H(s)} \gamma_\mu^* (s, \chi)\, K_\mu (r, s\,;\, \chi^*, \chi)\, d\chi ds \qquad (65)$$

schreiben; ihre Kerne enthalten für s = r eine Singularität zweiter Ordnung,[38]) die durch eine spezielle Integralformel interpretiert werden muß.[39]) *Yamazaki* setzt die Lösung $\gamma_\mu^*$ in sehr spezieller Form an, er verwendet in Tiefenrichtung nur die erste Birnbaumsche Normalverteilung

$$\gamma_\mu^* (s, \chi) = \frac{2}{\pi}\, \frac{\Gamma_\mu(s)}{\chi_H(s) - \chi_V(s)} \sqrt{\frac{\chi_H(s) - \chi}{\chi - \chi_V(s)}} \qquad . \qquad (66)$$

---

38) Dieses ist immer der Fall, wenn vom Geschwindigkeitspotential und nicht vom Biot-Savartschen Gesetz ausgegangen wird. Vgl. Band 1, S. 62

39) Es gilt für eine stetige bei $\sigma^* = \pm 1$ verschwindende Funktion F:

$$+\frac{1}{\pi} \int\limits_{-1}^{+1} F(\sigma^*, \sigma_i)\, \frac{d\sigma^*}{(\sigma^* - \sigma_i)^2} = \sum_{j=1}^{m} \Theta_{ij}\, F(\sigma_j, \sigma_i)\;\; ;\; (m = 7, 15, \ldots)$$

$$\Theta_{ij} = \frac{1 - (-1)^{i+j}}{m+1}\, \frac{\sqrt{1 - \sigma_j^2}}{(\sigma_j - \sigma_i)^2}\; \text{für } i \neq j, \text{ und } \Theta_{ii} = -\frac{m+1}{2}\, \frac{1}{\sqrt{1 - \sigma_i^2}} \; .$$

$(-1 < \sigma < 1)$ .

Zum Beweis wird mit $\sigma_j = -\cos\vartheta_j$, $\vartheta_j = j\pi/(m+1)$ die Funktion F in eine Fourier-Sinusreihe entwickelt und das Integral mit partieller Integration umgeformt. Vgl. Yamazaki (1966).

Dieser Ansatz kann kaum noch als Tragflächentheorie angesehen werden, da er die Form der Wirbelbelegung in Tiefenrichtung willkürlich festlegt. Abgesehen davon ergeben sich bei normaler Flügelform aus (66) ohnehin keine realistischen Druckverteilungen; denn bei (66) wird stillschweigend vorausge-

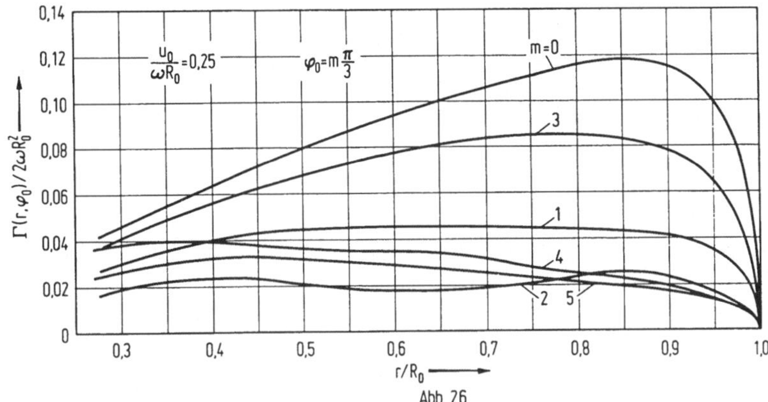

Abb. 26

setzt, daß entlang der gesamten Vorderkante des Flügels bis zum Außenradius $s = R_0$ hin eine Saugkante mit $\gamma_\mu^*(s, \chi_V) = \infty$ besteht. Letzteres ist aber nur bei kreissektorförmigen Flügeln der Fall, und offensichtlich ist bei nicht kreissektorförmigen Flügeln die Verwendung des Riegelsfaktors in der Nähe des Außenradius $(s \lesssim R_0)$ kaum sinnvoll.

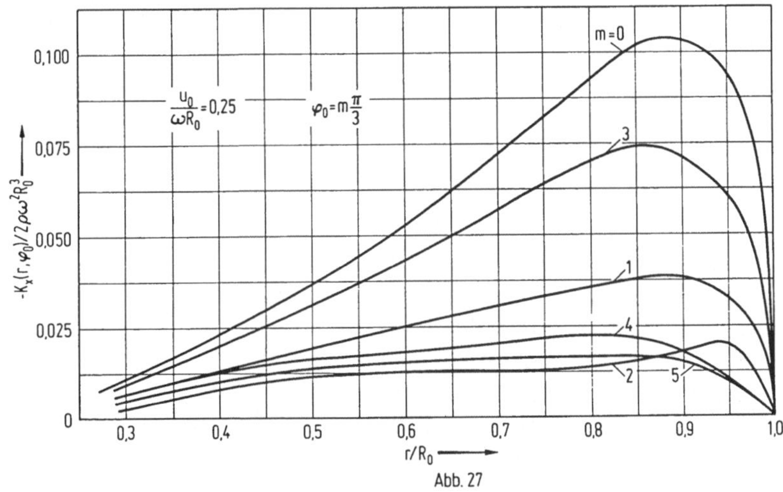

Abb. 27

Nachdem durch den Ansatz (66) bereits über die funktionale Abhängigkeit der Lösung $\gamma_\mu^*$ in $\chi$-Richtung verfügt ist, darf Gl. (65) nur noch als eindimensionale Integralgleichung zur Berechnung von $\Gamma_\mu(s)$ angesehen werden. *Yamazaki* unterwirft Gl. (65) dazu dem Gewichtsoperator (64) bezüglich der Variablen $\chi^*$ und erhält so

$$\hat{G}_\mu(r) = \int_{R_i}^{R_0} \Gamma_\mu(s)\,\hat{K}_\mu(r, s)\,ds \;,$$

mit

$$\hat{K}_\mu(r, s) = \frac{4}{\pi^2} \int_{\chi_V(r)}^{\chi_H(r)} d\chi^* \int_{\chi_V(s)}^{\chi_H(s)} \sqrt{\frac{\chi^* - \chi_V(r)}{\chi_H(r) - \chi^*}}\; \sqrt{\frac{\chi_H(s) - \chi}{\chi - \chi_V(s)}} \qquad (67)$$

$$\cdot \; \frac{K_\mu(r, s, ;\; \chi^*, \chi)\,d\chi}{(\chi_H(r) - \chi_V(r))(\chi_H(s) - \chi_V(s))} \;,$$

und entsprechend $\hat{G}_\mu(r)$. Der Kern von (67) hat ebenfalls für $s = r$ eine Singularität zweiter Ordnung.[38]

*Yamazaki*[37] hat aus Gl. (67) die Flügelzirkulation $\Gamma(s, \varphi_0)$ und

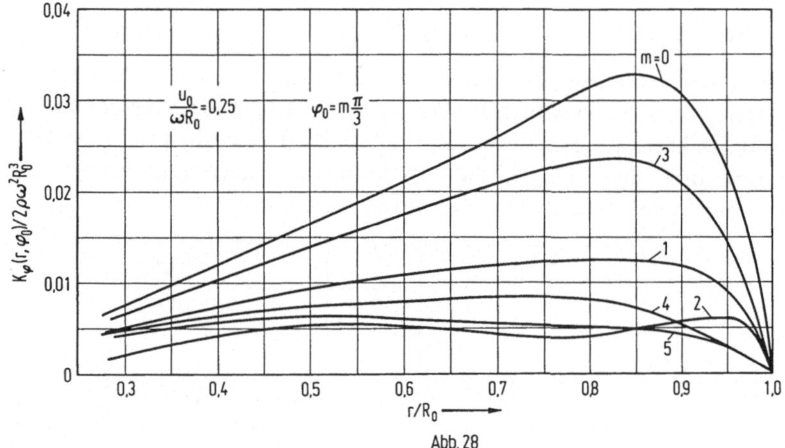


Abb. 28

anschließend die Flügelkräfte für verschiedene Propeller im Nachstrom eines Einschraubenschiffes berechnet. Die erhaltenen Ergebnisse gleichen prinzipiell den in Abb. 23 bis 28 dargestellten. Insbesondere ergibt sich wieder, daß die Zirkulations- und Kraftschwankungen mit steigender Propellerbelastung abnehmen. Eine Untersuchung des Einflußes der Flügelzahl zeigt (vgl. Band 1. S. 56), daß die Schwankungen der Axialkraft in der Reihenfolge N = 4, 6, 3, 5 abnehmen, während bei der Umfangskraft diese Reihenfolge N = 3, 5, 4, 6 ist.

c)

*Tsakonas* und *Breslin* sowie ihre Mitarbeiter [40][41][42][43][44] gehen bei ihren

40) S. Tsakonas, W. R. Jacobs: Unsteady lifting-surface theory for a marine propeller of low pitch angle with chordwise loading distribution; Journ. of Ship Resarch 9 (1965/66) Heft 2.

Untersuchungen in der instationären Propellertragflächentheorie grundsätzlich von der bezüglich der induzierten Geschwindigkeiten linearisierten

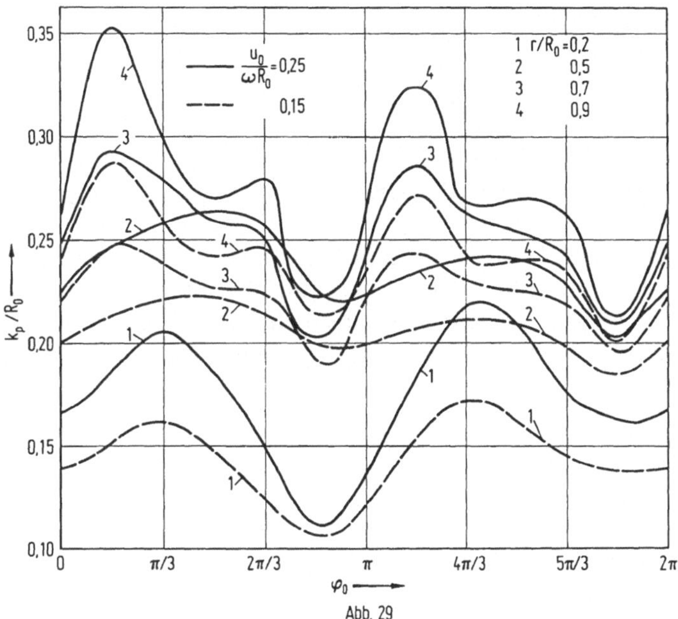



Abb. 29

Theorie aus; (vgl. Formel (30) bis (33)). Die Normalkomponente der induzierten Geschwindigkeit am Flügelblatt ist durch

$$\left( \frac{r}{\sqrt{r^2 + k_1^2}} \frac{\partial}{\partial x} - \frac{k_1}{\sqrt{r^2 + k_1^2}} \frac{1}{r} \frac{\partial}{\partial \varphi} \right) \Phi_{\partial p} =$$

$$= \frac{1}{4\pi\rho} \frac{1}{\omega} \sum_{n=0}^{N-1} \int_{R_i}^{R_0} \int_{\chi_V(s)}^{\chi_H(s)} \int_{\psi=0}^{\infty} \frac{\partial p(s, \chi, \varphi_n + \psi)}{\sqrt{r^2 + k_1^2}} \cdot$$

$$\cdot \left( r \frac{\partial}{\partial x} - \frac{k_1}{r} \frac{\partial}{\partial \varphi} \right) \left( s \frac{\partial}{\partial x} - \frac{k_1}{s} \frac{\partial}{\partial \varphi} \right) \cdot$$

$$\cdot \frac{d\psi\, d\chi\, ds}{\sqrt{(x - k_1\chi - k_1\psi)^2 + r^2 + s^2 - 2rs \cos(\varphi - \varphi_n - \chi - \psi)}}$$

$$(68)$$


41) S. Tsakonas, C. Y. Chen, W. R. Jacobs: Exact treatment of helicoidal wake in the
    propeller lifting-surface theory; Journ. of Ship Research 11 (1967) Heft 3.
42) S. Tsakonas, J. Breslin, M. Miller: Correlation and application of unsteady flow theory
    for propeller forces; Trans. Soc. Naval Arch. Marine Engin. 75 (1967) 158.
43) S. Tsakonas, W. R. Jacobs, P. H. Rank: Unsteady propeller lifting-surface theory with
    finite number of chordwise modes; Journ. of. Ship Research 12 (1968) Heft 1.
44) S. Tsakonas, W. R. Jacobs: Propeller loading distributions; Journ. of Ship Research 13
    (1969) Heft 4.

gegeben mit $k_1 = u_0/\omega$ . In der aus (68) entstehenden Integralgleichung zur Berechnung des Drucksprunges am Flügel kann die $\varphi_0$ -Abhängigkeit mit dem Ansatz

$$\partial p\,(s, \chi, \varphi_0) = \sum_{\mu = -M}^{M} \partial p_\mu\,(s, \chi)\, e^{\,i\mu\varphi_0}$$

leicht abgespalten werden. Man erhält für $\partial p_\mu$ Integralgleichungen des Typs (65).

Um die Durchführung der inneren Integration über $\psi$ auf den Schraubenlinien im Kern dieser Integralgleichungen zu erleichtern, haben *Tsakonas* und Mitarbeiter bei der Mehrzahl ihrer numerischen Rechnungen die Ableitung normal zur Schraubenfläche näherungsweise durch die Ableitungen in axialer Richtung ersetzt, also

$$\frac{r}{\sqrt{r^2 + k_1^2}}\,\frac{\partial}{\partial x} - \frac{k_1}{\sqrt{r^2 + k_1^2}}\,\frac{1}{r}\,\frac{\partial}{\partial \varphi} \approx \frac{\partial}{\partial x}\,, \tag{69}$$

und den Integrationsweg über $\psi$ dementsprechend (folgerichtig) in unendlich viele Abschnitte parallel zur Propellerebene $x = 0$ aufgeteilt. Dieses würde an sich nur einem Propeller mit sehr kleiner ($k_1 \to 0$) geometrischen und hydrodynamischen Steigung entsprechen. In einer besonderen Untersuchung wird gezeigt[41]), daß durch diese Vereinfachung (69) auch sonst keine allzu großen Ungenauigkeiten bei der Auswertung der Integralgleichungskerne bedingt sind. Dabei werden kreissektorförmige Flügel zugrunde gelegt und für $\partial p_\mu\,(s, \chi)$ in Tiefenrichtung wie in Gl. (66) nur die erste Birnbaumsche Normalverteilung berücksichtigt. Bei der Auflösung der Integralgleichung wird der Operator (64) verwendet. (mit $a = -1$).

Diese Integraloperator-Methode läßt sich auf den Fall verallgemeinern, daß in einem Ansatz für $\partial p_\mu\,(s, \chi)$ weitere Reihenglieder in Tiefenrichtung berücksichtigt werden sollen, etwa[43])[44])

$$\partial p_\mu\,(s, \chi) = \Pi_{\mu 0}\,(s)\, \mathrm{ctg}\frac{\tau}{2} + \sum_{v=1}^{Z_v} \Pi_{\mu v}(s)\, \sin\,v\tau \tag{70}$$

mit $\chi = \frac{1}{2}\,(\chi_H + \chi_V) - \frac{1}{2}\,(\chi_H - \chi_V)\,\cos\tau\,.$

Man hat dann die (65) entsprechenden Gleichungen nacheinander mit $Z_v + 1$ linear unabhängigen Funktionen zu multiplizieren und über $\chi^*$ zu integrieren[43]). Dadurch geht die zweidimensionale Integralgleichung (65) über in ein System von $Z_v + 1$ eindimensionalen Integralgleichungen zur Berechnung der Funktionen $\mathrm{II}_\mu\nu$ (s) ($\nu = 0, 1, \ldots Z_\nu$). Für deren Auflösung mit einer Kollokationsmethode wird das Flügelblatt in radialer Richtung in eine Anzahl von Streifen aufgeteilt, und die Belastungsfunktionen in diesen Streifen jeweils als konstant angenommen, d. h. $\mathrm{II}_\mu\nu$ (s$_j$) = konst. im Streifen s$_j$.

*Tsakonas* und Mitarbeiter[43][44] haben mit dieser Methode mehrere Propeller verschiedener Flügelzahl N und unterschiedlichen Flächenverhältnisses numerisch behandelt und dabei insbesondere die Konvergenz der Reihe (70) mit wachsendem $Z_\nu$ (bis $Z_\nu = 10$) diskutiert. Letztere wird allerdings nur dann befriedigend, wenn die Summation in dem Ansatz (70) im Cesaroschen Sinne[45] interpretiert wird.

Es werden jedoch nur die Funktionen $\partial p_\mu$ (s, $\chi$) für $\mu = 0$ und $\mu = N$ berechnet, welche in erster Näherung die Belastung des Gesamtpropellers nicht aber diejenige der einzelnen Flügel charakterisieren. Auch hier zeigt sich, daß die relativen Kraftschwankungen des Propellers mit steigendem Fortschrittsgrad (abnehmender Belastung) wachsen.

Das örtliche Druckfeld in der unmittelbaren Umgebung der einzelnen Flügel kann wegen der Linearisierungen und sonstigen Approximationen bei der Geometrie der freien Wirbelflächen mit dieser Theorie prinzipiell nicht erfaßt werden.

Auch die bereits erwähnte nicht linearisierte Theorie von *Pien* und *Strom-Tejsen*[32] läßt sich prinzipiell zur Berechnung des Drucksprunges eines Propellerflügels im Schiffsnachstrom verwenden.

*Hanaoka*[56] hat seine bereits in Band 1 (S. 58–62) behandelte instationäre linearisierte Tragflächentheorie weiter ausgebaut, um damit numerische Rechnungen durchführen zu können. Dabei unterzog er insbesondere den Integralgleichungskern mit seiner divergenten Singularität zweiter Ordnung einer genauen Untersuchung [vgl. auch Fußnote 39].

---

45) Dieses Vorgehen wird durch die von den Autoren gemachte Beobachtung nahegelegt, daß für große $\nu$-Werte $\mathrm{II}_{\mu\nu} \approx \mathrm{II}_\mu^*$ unabhängig von $\nu$ wird und somit die Reihe (70) bei normaler Summation divergiert. Bedenkt man aber, daß nach Cesaro

$$\sum_{\nu=1}^{\infty} \sin \nu\tau = \frac{1}{2}\, \mathrm{ctg}\, \frac{\tau}{2} \qquad (0 < \tau < \pi)$$

ist, so kann mit $\mathrm{II}_{\mu Z\nu} \approx \mathrm{II}_\mu^*$ die Lösung (70) in die wesentlich besser konvergente Form

$$\partial p_\mu \,(s, \chi) \approx [\mathrm{II}_{\mu 0}(s) + \frac{1}{2}\,\mathrm{II}_\mu^*(s)]\,\mathrm{ctg}\,\frac{\tau}{2} + \sum_{\nu=1}^{Z_\nu - 1} (\mathrm{II}_{\mu\nu}(s) - \mathrm{II}_\mu^*(s)]\,\sin \nu\tau$$

gebracht werden. Für weitere Einzelheiten vgl. man die Originalarbeiten.[43][44]

## 4. Ansätze zur strengen Behandlung des instationären Problems

Wie wir bereits ausgeführt haben, erfordert eine auf physikalisch realistischer Grundlage durchzuführende Berechnung der Druckverteilung an Propellerflügeln im Schiffsnachstrom die Berücksichtigung der durch die inhomogene Zuströmung bedingten Deformation der freien Wirbelflächen. (vgl. Abb. 29). Voraussetzung für die Ermittlung des Druckfeldes ist die Lösung der Integralgleichung (36).

Wenn auch bisher numerische Lösungen von Gl. (36) für den Fall einer allgemeineren Geometrie der freien Wirbelflächen nicht vorliegen, so wurden doch von *Klingsporn*[46]) bereits mathematische Untersuchungen über die Struktur der Kerne der Integralgleichungen (36) durchgeführt. In diese wollen wir hier einen kurzen Einblick geben.

*Klingsporn* vernachläßigt die Strahlkontraktion, setzt also f = s und $\Psi = \psi$ (vgl. (5)) und führt die hydrodynamische Steigungsfunktion k in der vereinfachten Form (7) ein.

Für die Kernanteile der gebundenen Wirbel sowie das Integral der Quellen-Senkenverteilung gelten die in Ziff. 2 getroffenen Feststellungen nach wie vor unverändert.

Bei den Kernanteilen der freien Wirbel sind die Singularitäten jetzt nicht mehr auf den Summanden n = 0 (Anteil des Aufpunktflügels) beschränkt; vielmehr kann insbesondere der Summand n = N − 1 (Vgl. Abb. 30), welcher dem vorausfahrenden Flügel entspricht, einen singulären Kernanteil haben, nämlich immer dann, wenn die Aufpunkte am Flügel n = 0 von freien Wirbelflächen des Flügels n = N − 1 getroffen werden. Die Bedingung (46) braucht jetzt nicht mehr erfüllt sein. Prinzipiell würde dieses auch für den Flügel n = N − 2 usw gelten; jedoch wird die Wahrscheinlichkeit mit zunehmendem Abstand vom Aufpunktflügel immer geringer, so daß die folgende Diskussion (neben der natürlich in erster Linie wesentlichen Untersuchung des Summanden n = 0) auf den Flügel n = N − 1 beschränkt werden soll.

Eine Singularität bei den durch die freien Quer- und Längswirbel in Gl. (36) bedingten Kernanteilen kann nur vorliegen, wenn zugleich

$$s = r \;\; ; \;\; k_1(\chi^* - \chi) = \psi \cdot k_p\,(s, \varphi_n + \chi + \psi) \;\; ; \;\; \cos(\chi^* - \chi - \frac{2\pi n}{N} - \psi) = 1 \quad (71)$$

ist. (71) enthält natürlich die frühere (vgl. Ziff. 2) für einen frei fahrenden Propeller gültige Bedingung

$$n = 0 \;\; ; \;\; s = r \;\; ; \;\; \psi = 0 \;\; ; \;\; \chi = \chi^* \;\; ; \;\; k_1 \neq k_p\,(r, \varphi_0 + \chi^*) \equiv k_{po} \;\; , \quad (72)$$

als einen der möglichen Fälle. Außerdem wird (71) erfüllt für

---

46) H. Klingsporn: Integralgleichungen der Propellertragflächentheorie; Ber. Nr. 248 Institut für Schiffbau der Universität Hamburg. September 1969.

$$n = 0 \; ; \; s = r \; ; \; \psi = \chi^* - \chi \geqslant 0 \; ; \; k_1 = k_p\,(r, \varphi_0 + \chi^*) \equiv k_{p0} \; , \qquad (73)$$

sowie für

$$n = N - 1 \; ; \; s = r \; ; \; \psi = \chi^* - \chi + \frac{2\pi}{N} \; ; \; k_1\,(\chi^* - \chi) = (\chi^* - \chi + \frac{2\pi}{N})\,k_p\,(r, \varphi_0 + \chi^*) \; .$$

$$\qquad (74)$$

Für eine bestimmte Aufpunktwinkelkoordinate $\varphi_0 + \chi^*$ kann am Flügel $n = 0$ nur entweder der Fall (72) oder (73) vorliegen. Welche der beiden Relationen $k_{p0} \neq k_1$ oder $k_{p0} = k_1$ erfüllt ist, wird jeweils vor Beginn der numerischen Rechnungen zu überprüfen sein, (aufgrund der vorgegebenen $k_p$-Verteilung); dabei ist die erstere natürlich die häufigere.

Bei der Diskussion der durch (72) gegebenen Singularität des Kernanteils der freien Wirbel und deren Abspaltung lassen sich die Methoden aus Ziff.2 weitgehend übernehmen. Wir verwenden die Aufteilung (48) des Integrationsbereiches; es kann damit für das Integral

$$J_{72} = \int\limits_{r - \epsilon_s}^{r + \epsilon_s} ds \int\limits_{\chi^* - \epsilon_\chi}^{\chi^* + \epsilon_\chi} d\chi \int\limits_{\chi - \chi^*}^{\epsilon_\chi} d\vartheta \qquad\qquad (\vartheta = \psi + \chi - \chi^*)$$

vorausgesetzt werden, daß sowohl $|r - s|$ als auch $|\chi - \chi^*|$ und $|\vartheta|$ hinreichend klein sind, um im Nenner

$$Ne = \Big\{[k_1\,(\chi^* - \chi) - k_p\,(s, \varphi_0 + \chi^* + \vartheta)\,(\chi^* - \chi + \vartheta)]^2 +$$

$$+ (r - s)^2 + 2rs\,(1 - \cos\vartheta)\Big\}^{3/2}$$

der Integralgleichungskerne der freien Wirbel bei $J_{72}$ Größen dritter Ordnung in $|r - s|$ , $|\chi - \chi^*|$ , $\vartheta$ vernachlässigen zu dürfen. Schreiben wir

$$k_p\,(s, \varphi_0 + \chi^* + \vartheta) = k_{p_0} + \frac{\partial k_p}{\partial r}\Big|_0 (s - r) + \frac{\partial k_p}{\partial \varphi_0}\Big|_0 \vartheta + \ldots \qquad (75)$$

so fallen unter dieser Voraussetzung die Ableitungen von $k_p\,(s, \varphi_0 + \chi^* + \vartheta)$ weg, und es wird bei $J_{72}$ formal wie früher

$$Ne = \Big\{(k_{p_0}^2 + rs)\,\vartheta^2 + 2\,(k_1 - k_{p_0})\,k_{p_0}\,(\chi - \chi^*)\,\vartheta +$$

$$\qquad (76)$$

$$+ (k_1 - k_{p_0})^2\,(\chi - \chi^*)^2 + (r - s)^2\Big\}^{3/2} \; .$$

Die Singularität hängt also nur von der Struktur der freien Wirbelflächen direkt am Aufpunkt $(r, \varphi_0 + \chi^*)$ d.h. aber auch von der momentanen Flügelstellung $\varphi_0$ ab. Im Zähler der Integranden treten allerdings auch die Ableitungen von $k_p$ auf.

Im Fall (73) ist es das Integral

$$J_{73} = \int\limits_{r-\epsilon_s}^{r+\epsilon_s} ds \int\limits_{x_V(s)}^{x^*+\epsilon_\chi} d\chi \int\limits_{x-x^*}^{\epsilon_\chi} d\vartheta \quad , \qquad (\vartheta = \psi + \chi - \chi^*)$$

welches einen singulären Integranden hat und genauer zu diskutieren ist. Der Nenner wird mit der Reihenentwicklung (75) und $k_{p_0} = k_1$ :

$$Ne = \left\{ [k_1\vartheta + \frac{\partial k_p}{\partial r}(\chi^* - \chi + \vartheta) \cdot (s-r) + \frac{\partial k_p}{\partial \varphi_0}(\chi^* - \chi + \vartheta)\vartheta]^2 + \right.$$

$$\left. + (r-s)^2 + rs\vartheta^2 \right\}^{3/2} = \left\{ [k_{p_0}\vartheta + \frac{\partial k_p}{\partial r}(\chi^* - \chi)(s-r) + \right.$$

$$\left. + \frac{\partial k_p}{\partial \varphi_0}(\chi^* - \chi)\vartheta]^2 + (r-s)^2 + rs\,\vartheta^2 \right\}^{3/2} \quad ,$$

wenn nur Glieder zweiter Ordnung in $|r - s|$ und $\vartheta$ berücksichtigt werden; denn $|\chi^* - \chi|$ braucht ja jetzt nicht mehr klein zu sein. Man hat also

$$Ne = \left\{ [rs + (k_{p_0} + \frac{\partial k_p}{\partial \varphi_0}(\chi^* - \chi))^2]\vartheta^2 + \right.$$

$$+ 2[k_{p_0}\frac{\partial k_p}{\partial r}(\chi^* - \chi) + \frac{\partial k_p}{\partial \varphi_0}\frac{\partial k_p}{\partial r}(\chi^* - \chi)^2](s-r)\vartheta + \tag{77}$$

$$\left. + (s-r)^2[1 + (\frac{\partial k_p}{\partial r})^2(\chi^* - \chi)^2]\right\}^{3/2} = \left\{A\vartheta^2 + 2B\vartheta + C\right\}^{3/2} \quad .$$

Die Diskriminante des Ausdruckes (77)

$$AC - B^2 = (r-s)^2[rs + (k_{p_0} + \frac{\partial k_p}{\partial \varphi_0}(\chi^* - \chi))^2 + rs(\chi^* - \chi)^2(\frac{\partial k_p}{\partial r})^2]$$

ist für $s \neq r$ positiv definit; man kann somit die Integration über $\vartheta$ mit Hilfe der Grundintegrale aus Ziff. 2 Fußnote 19) vollziehen.

Das Integral $J_{73}$ führt auch über Bereiche $|\chi - \chi^*|$, die nicht klein sein brauchen; in diesen stellt die in Formel (77) verwendete Approximation $\cos\vartheta = 1 - \vartheta^2/2$ keine gute Annäherung dar; die Singularität des Integranden liegt jedoch nur für $\vartheta = 0$ vor; man zerlegt daher zweckmäßig weiter

$$J_{73} = \int\limits_{r-\epsilon_s}^{r+\epsilon_s} ds \left\{ \int\limits_{\chi_V(s)}^{x^*-\epsilon_\chi} d\chi \int\limits_{x-x^*}^{-\epsilon_\chi} d\vartheta + \int\limits_{\chi_V(s)}^{x^*-\epsilon_\chi} d\chi \int\limits_{-\epsilon_\chi}^{\epsilon_\chi} d\vartheta + \int\limits_{x^*-\epsilon_\chi}^{x^*+\epsilon_\chi} d\chi \int\limits_{x-x^*}^{\epsilon_\chi} d\vartheta \right\}.$$

Hierbei hat nur das zweite und dritte Integral einen singulären Integranden, für den dann der Nenner in der Form (77) unmittelbar verwendet werden

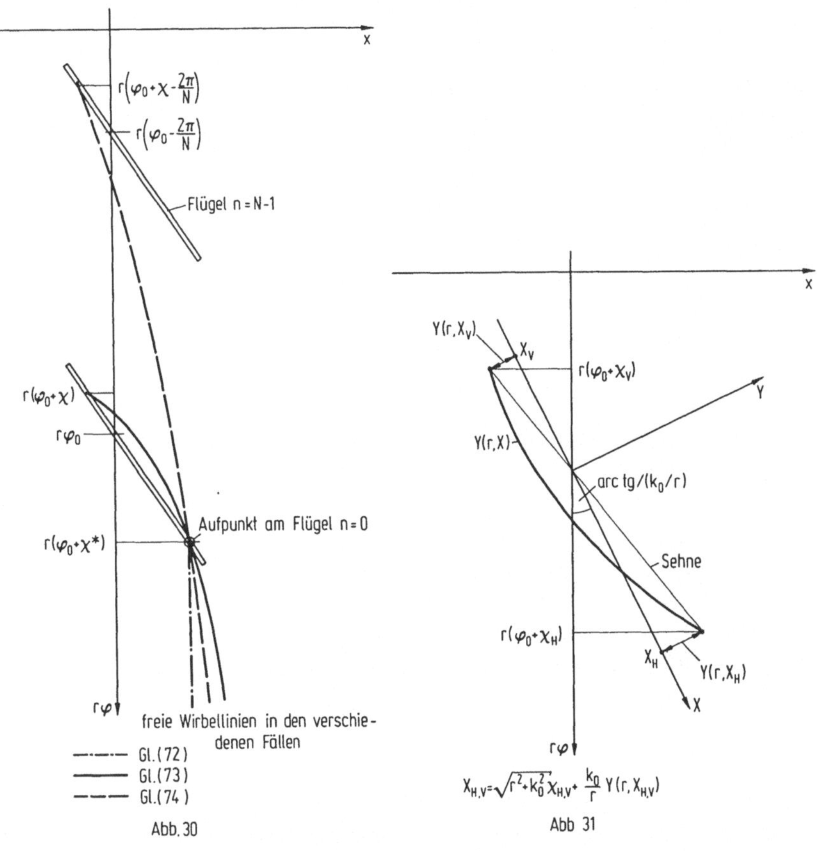


Abb. 30          Abb. 31

kann. Die Singularität hängt in diesem Fall von der Struktur der freien Wirbelflächen in einer größeren Umgebung des Aufpunktes $(r, \varphi_0 + \chi^*)$ ab, da in (77) im Gegensatz zu (76) auch die Ableitungen $\partial k_p/\partial r|_0$ und $\partial k_p/\partial \varphi_0|_0$ auftreten. Dieses ist auch anschaulich verständlich.

Wir kommen nun zur Behandlung der Singularität in den Integranden des Flügels $n = N - 1$ nach der Bedingung (74). Auch hier hat man für jeden Aufpunkt $(r, \varphi_0 + \chi^*)$ zu überprüfen, ob (74) erfüllt ist oder nicht.

Im letzteren Fall ist der Integrand stetig; im ersteren liefert die Transformation $\psi = \vartheta + \chi^* - \chi + 2\pi/N$ als Singularität bezüglich der innersten

Integration die Stelle $\vartheta = 0$. Eine elementare Rechnung zeigt, daß sich für den kritischen Nenner der Ausdruck (77) ergibt, in welchem lediglich $(\chi^* - \chi)$ zu ersetzen ist durch $(\chi^* - \chi + 2\pi/N)$. Das kritische Integral wird

$$J_{74} = \int_{r-\epsilon_s}^{r+\epsilon_s} ds \int_{x_V(s)}^{x_H(s)} d\chi \int_{x-x^*-\frac{2\pi}{N}}^{\epsilon_\chi} d\vartheta = \int_{r-\epsilon_s}^{r+\epsilon_s} ds \int_{x_V(s)}^{x_H(s)} d\chi \left\{ \int_{x-x^*-\frac{2\pi}{N}}^{-\epsilon_\chi} d\vartheta + \int_{-\epsilon_\chi}^{\epsilon_\chi} d\vartheta \right\},$$

und bei dieser Aufspaltung ist nur der Integrand des zweiten Integrals singulär. Er hat den Nenner (77) mit $(\chi^* - \chi + 2\pi/N)$; für die Integration über $\vartheta$ werden die bekannten Formeln (Fußnote 19) herangezogen. Ähnlich wie bei der Bedingung (73) wird auch hier wieder die Singularität durch die Form der freien Wirbelflächen in einer größeren Umgebung des Aufpunktes $(r, \varphi_0 + \chi^*)$ beeinflußt, da die Ableitungen von $k_p$ im Nenner auftreten.

Wie *Klingsporn*[46] zeigt, lassen sich auch die weiteren Integrationen über $\chi$ und $s$ mit ähnlichen Methoden und Abspaltungen durchführen, wie sie in Ziff. 2 am Beispiel des freifahrenden Propellers eingehend erläutert wurden. Das gleiche gilt für die hier nicht diskutierten Integralanteile, die (im Gegensatz zu $J_{72}$ $J_{73}$ und $J_{74}$) überall stetige Integranden besitzen. Die dabei auftretenden recht umfangreichen aber im Prinzip elementaren Formeln können hier nicht wiedergegeben werden; man entnehme sie der Originalarbeit[46]

Bei den Randanteilen der von den freien Querwirbeln induzierten Geschwindigkeiten gemäß Formel (17) ist $\chi = \chi_V(s)$. Da Aufpunkte $\chi^*$ nicht auf der Vorderkante liegen, also $\chi^* \neq \chi_V$ , können hier nur Singularitäten des Typs (73) und (74) auftreten. Die Integration über $\vartheta$ erfolgt in der oben behandelten Weise. Da stets $\chi^* - \chi_V > 0$ ist, enthält die weitere Integration über $s$ als stärkste Singularitäten Cauchysche Hauptwerte $\sim (r - s)^{-1}$, ist also ohne weiteres durchführbar.

## C. Berechnung der Flügelprofilkontur aus einer vorgegebenen Druckverteilung am Flügelblatt

In Abschitt B wurde die Aufgabe behandelt, für einen Propeller mit vorgegebener Flügelgeometrie die Druckverteilung in der unmittelbaren Umgebung der Flügelblätter sowie die Flügelkräfte zu berechnen. Nunmehr wollen wir uns dem umgekehrten Problem zuwenden, nämlich Profilformen so zu bestimmen, daß sie bei einem bestimmten Fahrzustand eine vorgegebene technisch (z. B. zur Vermeidung von Blattkavitation) wünschenswerte Druckverteilung aufweisen.

Grundsätzlich ist es einleuchtend, daß diese Aufgabe nur für einen frei
fahrenden oder jedenfalls in Umfangsrichtung homogen (also stationär) angeströmten Propellerflügel sinnvoll gelöst werden kann.

Wir beschränken die folgenden Betrachtungen auf Propeller in vollkommen
homogener Anströmung, und es gelte die Relation (5). Es lassen sich dann
zwei verschiedene Fälle unterscheiden, die wir nacheinander besprechen
werden.

## 1. Vorgegebener Drucksprung am Flügelblatt

Wie wir noch sehen werden, lassen sich die Profilskelettlinien berechnen.
Unter Vernachlässigung der induzierten Geschwindigkeiten besteht nach (28)
zwischen dem Drucksprung $\partial p$ und der Wirbeldichte $\gamma$ am Flügelblatt die
Relation (vgl. Fußnote 10 Abschnitt A.)

$$\partial p\,(s, \chi) = \rho\;\frac{u_0 k_1 + \omega s^2}{\sqrt{k_1^2 + s^2}}\;\gamma\,(s, \chi) \approx \rho\,\omega\,\sqrt{s^2 + k_0^2}\;\gamma\,(s, \chi)\;, \tag{78}$$

so daß aus $\partial p$ unmittelbar auch $\gamma$ folgt. ($k_1 \approx k_0 \approx u_0/\omega$ ges.) Teilweise beschränkt man sich auch darauf, nur die $\partial p$- bzw. $\gamma$-Verteilung in Tiefenrichtung vorzugeben, während $\Gamma$ mit der Traglinientheorie des Optimalpropellers (vgl. Band 1, S. 39/42) aus dem induzierten Wirkungsgrad $u_0/k_0\,\omega$, dem
Fortschrittsgrad und der Flügelzahl ermittelt wird. Die Werte $k_0$, $u_0/\omega R_0$, N
müssen ja ohnehin bekannt sein, desgleichen die Blattumrandung mit $\chi_V(s)$
und $\chi_H(s)$.

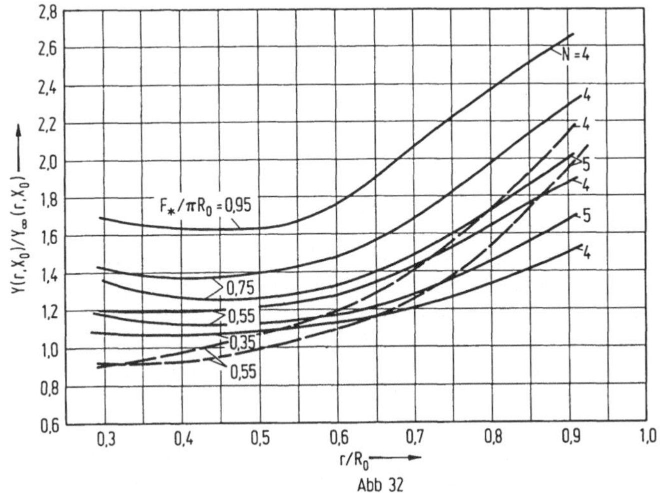


Abb 32

Für $\gamma = \gamma^*/\sqrt{s^2 + k_0^2}$ und $\Gamma$ werden zweckmäßigerweise die Reihenansätze
(39) und (59) verwendet; dabei ist zusätzlich der Summand $\nu = 0$ mit zu

berücksichtigen. Er allein genommen entspricht dem in der Literatur in erster Linie numerisch[47]) behandelten Fall der sogenannten Gleichdruckmittellinie; bei ihr ist $\partial p$ in Flügeltiefenrichtung konstant.[48])

Mit bekannter $\gamma$ -Verteilung gemäß (78) lassen sich die induzierten Geschwindigkeiten der gebundenen und der freien Querwirbel nach der in Abschnitt B, Ziff. 2 besprochenen Methode berechnen.[49])

Für die Bestimmung der gesuchten Profilskelettlinien $Y (r, X)$ ist es zweckmäßig, als Abszisse (X -Achse) des Koordinatensystems in den einzelnen Zylinderschnitten $r = $ const. jeweils die durch $\text{tg}\beta_i = k_0/r$ gegebene und bereits bekannte Richtung der freien Wirbelfläche zu nehmen (vgl. Abb. 31), welche die Propellerebene $x = 0$ an der Stelle der größten radialer Erstreckung des Flügelblattes schneidet. (Abb. 3). Es gilt dann offenbar mit

$$X = \sqrt{k_0^2 + r^2}\, \chi^* \ , \quad (X = 0 \stackrel{\triangle}{=} \varphi = \varphi_0)$$

$$\frac{\partial Y (r, X)}{\partial X} = \frac{U_n (r, X)}{U_t (r, X)} = \frac{U_n (r, \chi^*)}{U_t (r, \chi^*)} \ . \tag{79}$$

Dabei ist

$$U_n (r, \chi^*) = (u_0 + u_\gamma + u_Q) \cos \beta_i - (\omega r + V_\gamma + V_Q) \sin \beta_i$$

$$U_t (r, \chi^*) = (u_0 + u_\gamma + u_Q) \sin \beta_i + (\omega r + V_\gamma + V_Q) \cos \beta_i \tag{80}$$

berechnet für $x = k_0 \chi^*$ und $\varphi = \varphi_0 + \chi^*$.[50])
Damit wird die Skelettlinienkontur

$$Y (r, X) = \int\limits_{X_V}^{X} \frac{U_n (r,X)}{U_t (r, X)}\, dX + Y (r, X_V) \ . \tag{81}$$

$$\left( \begin{array}{c} X_V \approx \sqrt{k_0^2 + r^2}\, X_V \\ + \ Y (r, X_V)\, k_0/r \end{array} \right).$$

---

47) H. W. Lerbs, W. Alef, K. Albrecht: Numerische Auswertungen zur Theorie der tragenden Fläche von Propellern; Jahrb. d. Schiffbautechn. Ges. Bd. 58 1964, Berlin/Heidelberg/ New York; Springer 1965.

48) Natürlich ist dieses eine in Wirklichkeit nicht erreichbare Idealisierung; sie hat aber insofern reale Bedeutung, als dadurch Profile mit einem möglichst gleichmäßigen Drucksprung ohne ausgeprägte Druckminima gewonnen werden. (vgl. Abb. 34).

49) Hier wollen wir $Y (r, X_V)$ so festlegen, daß die Profilsehne die $r\varphi$-Achse im Punkt $X = 0$ schneidet. (Abb. 31). Dieses läßt sich nach Berechnung der Kontur $Y (r, X)$ in dem Bereich, dessen Projektion auf die $r\varphi$-Achse durch $x_V$ und $x_H$ begrenzt wird, stets erreichen:
$$\frac{1}{X_H}\, Y (r, X_H) = \frac{1}{X_V}\, Y (r, X_V) \ .$$

50) Natürlich kann man auch eine Profilsehnenrichtung $\text{tg}\delta = k_1/r$ mit $k_1 > k_0$ durch eine Vorausschätzung zugrunde legen; in diesem Fall steht in Gl. (80) $\delta$ und $k_1$ an Stelle von $\beta_i$ und $k_0$.

mit $Y(r, X_V)$ als einer frei verfügbaren Integrationskonstante, welche einer reinen Parallelverschiebung entspricht. Sie wird oft zu Null angenommen.[49]
Man kann ferner[51] $Y(r, X)$ noch durch die Umformung

$$Y(r, X) = Y_w(r, X) + a_Y(r)(X - X_V) + Y(r, X_V) \tag{82}$$

in einen Profilwölbungsanteil $Y_w$ mit $Y_w(r, X_V) = Y_w(r, X_H) = 0$ und einen Anstellwinkelanteil

$$a_Y(r) = \frac{Y(r, X_H) - Y(r, X_V)}{X_H - X_V} = \frac{1}{X_H - X_V} \int_{X_V}^{X_H} \frac{U_n(r, X)}{U_t(r, X)} \, dX$$

zerlegen.

In der Regel wird[47][51] die berechnete Skelettlinie $Y(r, X)$ des Propellerflügelprofils noch mit der Kontur $Y_\infty(r, X)$, die in zweidimensionaler homogener Anströmung mit der Richtung $\operatorname{arctg}(k_0/r)$ dieselbe $\partial p$-Verteilung liefern würde, verglichen. Das Verhältnis

$$Y(r, X) / Y_\infty(r, X) \tag{83}$$

bezeichnet man dann als Korrekturfaktor oder besser Korrekturfunktion. Oft betrachtet man dabei auch nur eine bestimmte Stelle $X = X_0$, z. B. diejenige

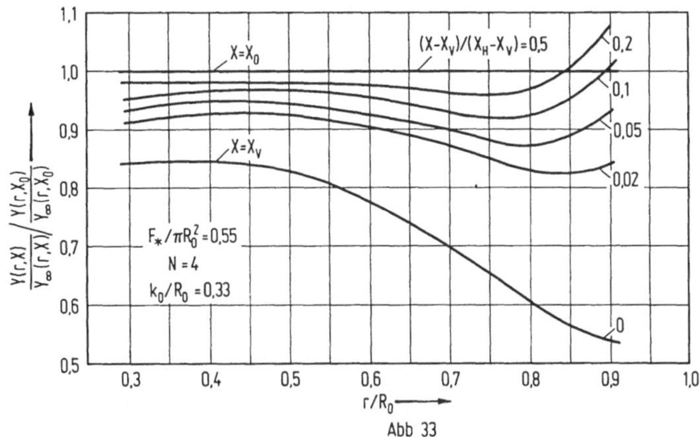

Abb 33

der halben Profiltiefe oder der maximalen Profilwölbung. Bei einer Zerlegung von Y in zwei Anteile gemäß (82) lassen sich auch zwei verschiedene Korrekturfaktoren für Anstellwinkel und Wölbung nämlich[51]

---

51) W. B. Morgan, V. Silovic, St. B. Denny: Propeller lifting-surface corrections; Trans. Soc. Nav. Arch. Marine Engin. 76 (1968) 309.

$$a_Y(r) \, / \, a_{\infty Y}(r) \quad , \quad Y_W(r, X) \, / \, Y_{\infty W}(r) \tag{84}$$

definieren. Dabei bezeichnet $a_{\infty Y}$ den Anstellwinkel und $Y_{\infty W}$ die maximale Wölbung des Profils der gesuchten Auftriebsverteilung bzw. $\partial p$-Verteilung in ebener homogener Anströmung. Der Wert $Y_{\infty W} \, / \, Y_W = \epsilon$ eff $/ \, \epsilon$ geom entspricht dem bereits in Band 1 (S. 36/38) erwähnten Wölbungsverhältnis.

Ausführliches Zahlenmaterial über solche Korrekturfaktoren findet man in den beiden genannten Veröffentlichungen und zwar sowohl für eine über Profiltiefe konstante[47]) Druckdifferenz (Gleichdruckmittellinie) als auch für die 0,8-Mittellinie.[51]) Bei letzterer ist $\partial p$ konstant von der Vorderkante bis zum Punkt 0,8-Profiltiefe und fällt dann zur Hinterkante auf Null ab.

Die Abb. 32 zeigt nach Ergebnissen von *Lerbs* und Mitarbeiter[47]) für die Gleichdruckmittellinie den Korrekturfaktor $Y(r, X_0) \, / \, Y_\infty(r, X_0)$ ($X_0$ ist der Punkt halber Profiltiefe) für $k_0/R_0 = 1/3$, $N = 4$ und $N = 5$ sowie verschiedene Verhältnisse $F_* \, / \, \pi R_0^2$ von Flügelfläche $F_*$ zur Propellerfläche. Die ausgezogenen Kurven beziehen sich auf einen symmetrischen Blattumriß mit $\chi_V = - \chi_H$.[52]) Die gestrichelten Kurven entsprechen einem Flügelumriß mit Spitzenrücklage von $0,18 \, R_0$.

Man erkennt, daß der Korrekturfaktor $Y/Y_\infty$ mit steigendem Flächenverhältnis und abnehmender Flügelzahl, also für einen Propeller mit wenigen sehr breiten Flügeln, besonders bedeutsam wird. Dieses ist auch anschaulich verständlich.

In Abb. 33 ist ebenfalls für die Gleichdruckmittellinie sowie bei symmetrischer Blattumrandung[47]) der Wert des Ausdruckes

$$[Y(r, X) \, / \, Y_\infty(r, X)] \, / \, [Y(r, X_0) \, / \, Y_\infty(r, X_0)]$$

dargestellt, der die Abhängigkeit der Korrekturfunktion von der Profilsehnenkoordinate X angibt. Wegen des symmetrischen Blattumrisses entsprechen die Werte für $X > X_0$ und $X < X_0$ einander. ($X_0 = 0$) Qualitativ analoge Ergebnisse wie die in Abb. 32 und 33 dargestellten erhielt auch *Morgan*[51]) für die $\partial p$-Verteilung der 0,8-Mittellinie. Bei der Aufteilung gemäß (84) zeigte sich, daß die Korrekturfaktoren für Anstellwinkel und Wölbung ungefähr von gleicher Größe sind.

Allgemein[47])[51]) ergab sich, daß die Steigung $k_0$ der freien Wirbelflächen nur einen sehr geringen Einfluß auf die Werte der verschiedenen Korrekturfaktoren hat; der hierbei untersuchte Bereich umfaßt alle technisch bedeutsamen Werte. $(0,15 \lesssim k_0/R_0 \lesssim 0,5)$.

---

52) Bei symmetrischem Blattumriß und Gleichdruckmittellinie ergibt sich keine Korrektur des Anstellwinkels, also $a_Y/a_{\infty Y} = 1$.

53) J. E. Kerwin, R. Leopold: A design theory for subcavitating propellers; Trans. Soc. Nav. Arch. Marine Engin. 72 (1964) 294.

*Morgan*[51]) sowie *Kerwin* und *Leopold*[53]) haben untersucht, welchen Einfluß die endliche Profildicke auf die gesuchte Profilskelettlinie hat. Es zeigte sich, daß letztere eine kleine von der Nabe nach der Spitze hin abneh-

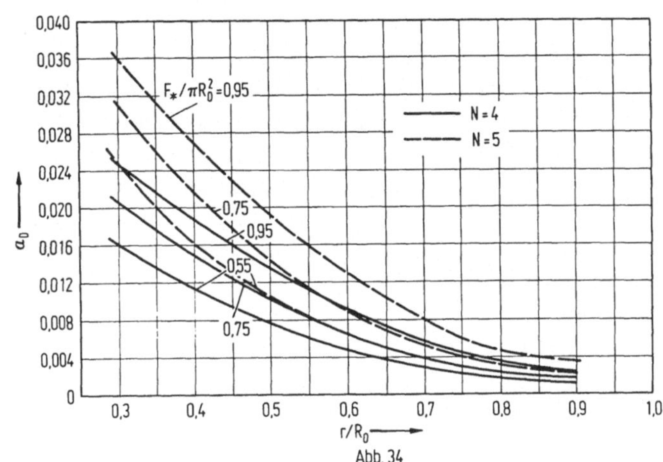

Abb. 34

mende positive Korrektur des Anstellwinkels bewirkt, hingegen die Wölbung der Skelettlinie kaum beeinflußt. Der zusätzliche Anstellwinkel $a_D$ ist gegeben durch

$$a_D(r) = \frac{1}{X_H - X_V} \int_{X_V}^{X_H} \frac{u_q(r, X) \cos \beta_i - V_q(r, X) \sin \beta_i}{U_t(r, X)} \, dX \ . \qquad (85)$$

In Gl. (85) kann für die Tangentialgeschwindigkeit $U_t$ der gleiche Ausdruck wie in (80), (81) verwendet werden, da die Anströmung bei weitem die indu-

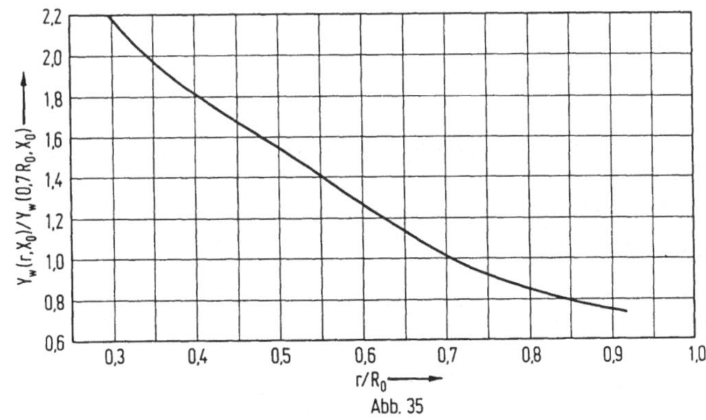

Abb. 35

zierten Geschwindigkeiten überwiegt.

In Abb. 34 ist nach Ergebnissen von *Morgan*[51]) $a_D$ für einen Propeller mit linear von der Nabe bis zur Spitze abnehmender Profildicke, symmetrischer

Blattform und dem Wert $(D_{max}/R_0)_{r=0,2R_0} = 0{,}065$ sowie $k_0/R_0 = 0{,}8/\pi$ dargestellt. Man erkennt wieder den Einfluß des Flächenverhältnisses und der Flügelzahl.

*Pien* und *Strom-Tejsen*[54]) haben in ihrer bereits in Abschnitt B, Ziff. 2 besprochenen Arbeit die Profilskelettlinien eines Propellers mit symmetrischer Blattform (für die einzelnen Daten des Propellers vgl. dort) nach der Bedingung der Gleichdruckmittellinie berechnet.

Es ergaben sich die in Abb. 35 dargestellten Profilwölbungen $Y_w\,(r, X_0)$ bezogen auf den Wert $Y_w\,(0{,}7\,R_0\,,\,X_0)$ . ($X_0$ Stelle der maximalen Wölbung).

Die genannten Autoren haben anschließend aus der Strömungsrandbedingung die diesen Skelettlinien entsprechende Druckdifferenz ermittelt. (vgl. Abb. 16). Man erkennt, daß tatsächlich in guter Näherung Gleichdruckmittellinien erhalten wurden.

## 2. Vorgegebene örtliche Druckverteilung am Flügelblatt

In diesem Fall lassen sich sowohl die Skelettlinie als auch die Dickenverteilung des Profils aus dem Druckfeld berechnen.

Das vorliegende Problem hat unter anderem Bedeutung bei der Ermittlung geeigneter Profilformen für superkavitierende Propeller; bei diesen erstreckt sich ein Kavitationsgebiet mit niedrigem Druck (etwa Dampfdruck) über die gesamte Saugseite des Flügelschnittes. Der Kavitationshohlraum fällt dann erst hinter dem Flügel zusammen, somit entsteht keine Blatterosion. Die Kavitationsschicht wird bei der theoretischen Behandlung mit in die geometrische Flügeldicke einbezogen und durch eine Quellen-Senkenbelegung dargestellt. Es gilt wieder Formel (19).

Es ist zweckmäßig, zunächst das vorgegebene örtliche Druckfeld $p_-$ und $p_+$ an der Druck- und Saugseite des Flügels zu zerlegen in den Drucksprung $\partial p = p_- - p_+$ und den mittleren Druck $p_m = 1/2\,p_- + 1/2\,p_+$ .

Wie in Ziff. 1 setzen wir voraus, daß die hydrodynamische Steigung $k_0$ sowie Flügelumriß, Fortschrittsgrad und Blattzahl des Propellers bekannt sind.

Aus Gl. (78) ergibt sich dann im Rahmen der erwähnten Linearisierungen die Wirbeldichte $\gamma\,(s, \chi)$ des Flügels, außerdem wie früher aus (81) die Profilskelettlinien $Y\,(r, X)$.

Addiert man Gl. (27) für Druck- und Saugseite, so folgt für einen frei fahrenden Propeller mit $k_1 \approx k_0$ :

$$\frac{2p_0}{\rho} - \frac{2p_m}{\rho} = \left\{ \left[ (u_0 + u_{\gamma/m} + u_Q + u_q)\, \frac{k_0}{\sqrt{k_0^2 + r^2}} + \right. \right.$$

$$\left. \left. + (\omega r + V_{\gamma/m} + V_Q + V_q)\, \frac{r}{\sqrt{k_0^2 + r^2}}\, \right]^2 + \frac{1}{4}\,\gamma^2 \right\} \frac{r^2 + k_1^2}{r^2 + k_1^2 + \frac{1}{4}\left(\frac{\partial D}{\partial \chi^*}\right)^2} + \tag{86}$$

---

54) P. C. Pien, J. Strom-Tejsen: A general theory for marine propellers; Proc. 7th Symposium on Naval Hydrodynamics, Rome August 1968.

$$+ (W_\gamma + W_Q + W_q)^2 - \omega^2 r^2 - u_0^2 \ .$$

Dabei sind wie in Formel (80) die induzierten Geschwindigkeiten für $x = k_0 \chi^*$ und $\varphi = \varphi_0 + \chi^*$ zu nehmen. Vernachlässigt man in (86) die vom Wirbelsystem induzierten Geschwindigkeiten, setzt ferner $u_0 = k_0 \omega$, so folgt aus (86) in einer ähnlichen Genauigkeit wie bei Gl. (78) (d. h. mit Linearisierung und Weglassung des Riegelfaktors);

$$\frac{p_0 - p_m\,(r, \chi^*)}{\rho\,\omega r} = \frac{1}{4\pi r} \sum_{n=0}^{N-1} \int_{R_i}^{R_0} \int_{x_V(s)}^{x_H(s)} q\,(s, \chi) \left\{ rs \sin\left(\chi^* - \chi - \frac{2\pi n}{N}\right) + \right.$$

$$\left. + k_0^2\,(\chi^* - \chi) \right\} \cdot \left[ k_0^2\,(\chi^* - \chi)^2 + r^2 + s^2 - 2rs \cos\left(\chi^* - \chi - \frac{2\pi n}{N}\right) \right]^{-3/2} \cdot \tag{87}$$

$$\sqrt{k_0^2 + s^2}\ d\chi ds \ .$$

(87) stellt eine Integralgleichung zur Berechnung der Quellen-Senkenverteilung $q\,(s, \chi)$ dar, deren Kern einen ähnlichen Typ aufweist wie der Kernanteil der gebundenen Wirbel in Gl. (40), Ziff. 2. Für die Diskussion der Singularität des Summanden $n = 0$ für $s = r$ und $\chi = \chi^*$ kann infolgedessen auf die früheren Ausführungen verwiesen werden. Damit läßt sich aus Formel (19) auch die gesuchte Flügeldicke $D\,(s, \chi)$ entnehmen.

Die eben dargestellte Rechnung basiert auf den Formeln einer voll linearisierten Profiltheorie; es ergeben sich dabei die Wirbeldichte $\gamma = \gamma^{(1)}$ und die Quellen-Senkenverteilung $q = q^{(1)}$ unabhängig voneinander. Es liegt nahe, ausgehend von diesen Resultaten mit einem Iterationsverfahren verbesserte Werte $\gamma^{(2)}$ und $q^{(2)}$ zu bestimmen, bei denen die Koppelung zwischen $\gamma$ und $q$ berücksichtigt wird. Hierfür kann man so vorgehen, daß die oben erhaltenen $\gamma^{(1)}$- und $q^{(1)}$-Verteilungen in die bei der Linearisierung zur Gewinnung der Gl. (78) und (87) vernachlässigten Glieder eingesetzt werden; die neuen Funktionen $\gamma^{(2)}$ und $q^{(2)}$ berechnen sich dann aus Gleichungen, in denen zusätzlich gegenüber (78) und (87) ein inhomogener von $\gamma^{(1)}$ und $q^{(1)}$ abhängiger Term steht. Ferner tritt $q^{(1)}$ im Riegelsfaktor auf.

Theoretische Ansätze zur Behandlung der instationären Strömung superkavitierender Propeller wurden von *Cox*[55]) angegeben. Er verwendet eine bezüglich der induzierten Geschwindigkeiten linearisierte Theorie entsprechend den Formeln (30) bis (32) in Abschnitt A.

---

55) G. G. Cox: Supercavitating propeller theory; the derivation of induced velocity; Proc. 7th Symposium on Naval Hydrodynamics, Rome 1968.

56) T. Hanaoka: Numerical lifting-surface theory of a screw propeller in non-uniform flow; Rep. of Ship Research Institute 6 (1969) 221

Auch der durch die endliche Profildicke bedingte Anteil $p_D$ des Druckfeldes genügt dann der Laplaceschen Gleichung. Für $p_D$ läßt sich in diesem Fall ein Ansatz der Form (21) machen; dabei tritt an Stelle von $q\,(s, \chi)$ die Belegungsfunktion

$$\mu\,(s, \chi) = \frac{1}{\sqrt{s^2 + k_0^2}} \left\{ \left(s \frac{\partial p_D}{\partial x} - \frac{k_0}{s} \frac{\partial p_D}{\partial \varphi}\right)_{\substack{\varphi = \varphi_0 + \chi \\ x = k_0 \chi + 0}} \right.$$

$$\left. - \left(s \frac{\partial p_D}{\partial x} - \frac{k_0}{s} \frac{\partial p_D}{\partial \varphi}\right)_{\substack{\varphi = \varphi_0 + \chi \\ x = k_0 \chi - 0}} \right\},$$

mit $p_D = p_D\,(x, s, \varphi, \varphi_0)$ $(+\,0$ Druckseite $-\,0$ Saugseite)

auf, welche die Diskontinuität der Normalableitung des Druckfeldes $p_D$ auf dem Flügelblatt darstellt. Das zu $p_D$ gehörende Geschwindigkeitspotential $\Phi_D$ ergibt sich aus Gl. (31). Es läßt sich zeigen, daß dieses mit $\Phi_q$ aus Gl. (21) äquivalent ist. Vom theoretischen Standpunkt erscheint die direkte Verwendung des Potentials (21) einfacher und übersichtlicher, zumal sie ja nicht an irgendwelche Linearisierungen gebunden ist.

Kapitel II

# Einzelprobleme der Theorie des Schraubenpropellers

## A. Wechselwirkung zwischen Propeller und Ruder

In der technischen Literatur ist schon seit längerer Zeit die Frage erörtert worden, inwieweit sich bei günstiger Ausbildung des Ruders ein Teil der Drallenergie des Schraubenstrahls als Vortrieb am Ruder zurückgewinnen läßt.[1]) Eine genauere Untersuchung der Wechselwirkung zwischen Ruder und Propeller unter Verwendung der Hilfsmittel der modernen Propeller- und Tragflügeltheorie wurde allerdings erst in den letzten Jahren durchgeführt.

Streng genommen handelt es sich dabei um ein simultanes Randwertproblem an den Propellerflügeln und am Ruder. Da das Ruder hinter dem Propeller angeordnet ist, wird man erwarten können, daß vor allem die Strömung am Ruder durch das Propellerfeld stark beeinflußt wird, während umgekehrt die Wirkung des Ruders auf die Strömung an den Propellerflügeln relativ unbedeutend ist. Durch diese wie sich gezeigt hat zutreffende Überlegung ist bereits eine iterative Lösung der simultanen Randwertaufgabe vorgezeichnet. Eine ganz allgemeine Formulierung des dreifachen simultanen Randwertproblems der Strömung am Schiffsrumpf, Propeller und Ruder wurde von *Yamazaki*[2]) angegeben. Auch der Einfluß der Wasseroberfläche wird dabei berücksichtigt. (vgl. Abschnitt C). Als Grundlage dient für Propeller und Ruder die allgemeine Wirbeltragflächentheorie, während das potentialtheoretische Strömungsfeld des Schiffsrumpfes durch dessen Belegung mit einer flächenhaften Quellen-Senkenverteilung erzeugt wird. Durch Überlagerung eines zusätzlichen nicht potentialtheoretischen Geschwindigkeitsfeldes erfaßt *Yamazaki* formal auch den zähigkeitsbedingten Anteil des Nachlaufes hinter dem Schiffsrumpf.

Numerische Ergebnisse dieser sehr aufwendigen Theorie liegen verständlicherweise noch nicht vor.

### 1. Die Berechnung des Ruders im Propellerstrahl

Ein hinter einem rotierenden Propeller angeordnetes Ruder befindet sich in einem komplizierten instationären Strömungsfeld; es wird periodisch von den freien Wirbelschichten des Propellers getroffen und dadurch instationär belastet. Eine strenge theoretische Behandlung dieses Problems wäre recht

---

1) Für eine Übersicht vergleiche man D. Weicker: Die Vortriebswirkung des Schiffsruders im Propellerstrahl; Schiffbauforschung 4 (1965) 193.
2) R. Yamazaki: On the propulsion theory of ships on still water; Memoirs Faculty of Engineering Kyushu University 27 (1968) 187.

schwierig und aufwendig im Hinblick auf die vom Propeller am Ruder induzierten Geschwindigkeiten; denn deren numerische Berechnung erfordert die Auswertung von Integralen mit Integranden, die mathematisch unübersichtliche und schwer abspaltbare Singularitäten enthalten. Eine sehr vereinfachte Untersuchung der instationären Ruderbelastungen wurde von *Sugai*[3]) durchgeführt. Im übrigen hat man sich bisher darauf beschränkt[4])[5])[6]), das vom Propeller am Ort des Ruders induzierte Geschwindigkeitsfeld aufgrund des Modelles der räumlich kontinuierlichenVerteilung der freien Wirbel zu ermitteln. (vgl. Band 1 S. 19, 46). Dabei wird auch der Anteil der gebundenen Wirbel des Propellers in diese Darstellung einbezogen.

Die numerische Auswertung der vom Propeller am Ruder induzierten Geschwindigkeiten wird so wesentlich einfacher, das Ruder liegt in einem stationären inhomogenen Anströmfeld. Diesen Vorteilen steht natürlich der Nachteil gegenüber, daß sich mit der erwähnten Methode die instationären Belastungsschwankungen des Ruders prinzipiell nicht erfassen lassen und auch der Einfluß der Flügelzahl des Propellers weitgehend ausgeschaltet wird.

Das Ruder wird als (meist rechteckiger) Tragflügel angenommen, sein Drehpunkt habe den Abstand $x_0$ von der Propellerebene. Die Ruderspannweite werde mit 2b, die Rudertiefe mit 2a bezeichnet; der Drehpunkt habe von der Mittellinie des Ruders den Abstand $\epsilon$, ferner sei $\delta$ der Ruderausschlagwinkel. (vgl. Abb.36).

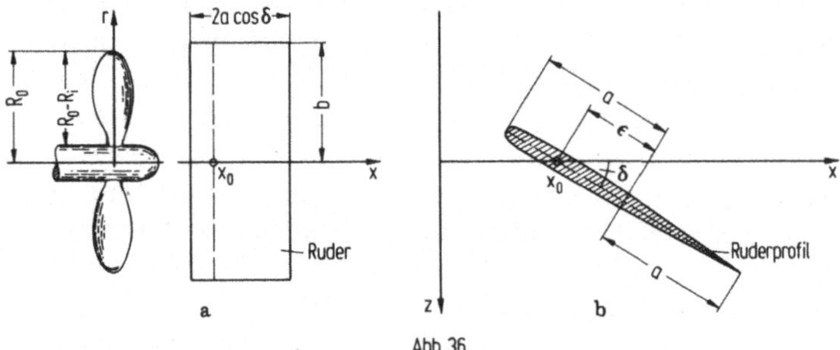


Abb. 36

Als mathematisches Modell für das Ruder als Tragflügel wird entweder die Traglinientheorie[4]) oder auch für Druckverteilungs- und Druckpunktuntersuchungen die Tragflächentheorie[5]) des Einzelflügels verwendet. Wir beschrän-

---

3) K. Sugai: On vibratory forces induced on the rudder behind a propeller; Proc. 11th International Towing Tank Conference, Tokyo October 1966.

4) W. H. Isay: Über die Wechselwirkung zwischen Schiffsruder und Schraubenpropeller; Schiffstechnik 12 (1965) 65.

5) K. Brunnstein: Wechselwirkung zwischen Schiffsnachstrom, Schraubenpropeller und Schiffsruder; Diss. Universität Hamburg Mai 1968. Ber. Nr. 210 Institut für Schiffbau Universität Hamburg.

6) M. Nakanishi, K. Ueda, R. Yamazaki: On the interaction between a propeller and a rudder; Journ. of Seibu Zosen Kai 36 (1968) 49; sowie 38 (1969) 9.

ken uns hier auf die Darstellung der Traglinientheorie, bei der das Ruder durch einen in seiner 1/4-Linie

$$\xi = x_0 - (\tfrac{a}{2} - \epsilon) \cos \delta \quad , \quad \zeta = - (\tfrac{a}{2} - \epsilon) \sin \delta$$

angeordneten gebundenen Stabwirbel der Zirkulation $\Gamma_R(\eta)$ ersetzt wird. Wenn man voraussetzt, daß die freien Wirbel des Ruders in x-Richtung als der mittleren Strömungsrichtung im Propellerstrahl abfließen, ergibt sich das von den gebundenen und freien Wirbeln des Ruders induzierte Geschwindigkeitsfeld in der Form[4] $\mathcal{W}_R = u_R \mathcal{W}_x + v_R \mathcal{W}_y + w_R \mathcal{W}_z$; mit

$$u_R = \frac{1}{4\pi} \int_{-b}^{b} \frac{z + (a/2 - \epsilon) \sin \delta}{\sqrt{\dots}^{\,3}} \, \Gamma_R(\eta) \, d\eta \quad ,$$

$$v_R = \frac{1}{4\pi} \int_{-b}^{b} \frac{d\Gamma_R(\eta)}{d\eta} \frac{z + (a/2 - \epsilon) \sin \delta}{(y - \eta)^2 + (z + (a/2 - \epsilon) \sin \delta)^2} \cdot$$

$$\left( 1 + \frac{x - x_0 + (a/2 - \epsilon) \cos \delta}{\sqrt{\dots}} \right) d\eta \quad ,$$

$$w_R = - \frac{1}{4\pi} \int_{-b}^{b} \frac{x - x_0 + (a/2 - \epsilon) \cos \delta}{\sqrt{\dots}^{\,3}} \, \Gamma_R(\eta) \, d\eta - \tag{88}$$

$$- \frac{1}{4\pi} \int_{-b}^{b} \frac{d\Gamma_R(\eta)}{d\eta} \frac{y - \eta}{(y - \eta)^2 + (z + (a/2 - \epsilon) \sin \delta)^2} \cdot$$

$$\left( 1 + \frac{x - x_0 + (a/2 - \epsilon) \cos \delta}{\sqrt{\dots}} \right) d\eta \quad .$$

In (88) ist

$$\sqrt{\dots} = \sqrt{(x - x_0 + (a/2 - \epsilon) \cos \delta)^2 + (y - \eta)^2 + (z + (a/2 - \epsilon) \sin \delta)^2} \quad .$$

Wie bereits gesagt liegt das Ruder in dem vom Wirbelsystem des Propellers induzierten Geschwindigkeitsfeld (Index p)[7]; daneben müssen noch die

Schiffsgeschwindigkeit $u_0$ sowie das Nachstromfeld (Index n) am Ort des Ruders[8]) berücksichtigt werden.

Die Randbedingung der erweiterten Traglinientheorie am Ruder lautet dann

$$[u_0 + u_n(y) + u_p(y) + u_R(y)]\,\mathrm{tg}\,\delta = w_n\,(y) + w_p\,(y) + w_R\,(y)\ .$$

$$(89)$$

für $\ x = x_0 + (a/2 + \epsilon)\cos\delta\ ,\ z = (a/2 + \epsilon)\sin\delta\ .$

Es sei hier darauf verzichtet, die vom Propeller aufgrund der räumlich kontinuierlichen Wirbelverteilung induzierten Geschwindigkeiten $u_p$ und $w_p$ noch extra aufzuschreiben, da man diese leicht aus den in Band 1, S. 46 entwickelten Formeln gewinnen kann. Aus der Randbedingung (89) erhält man so die Integralgleichung

$$w_n\,(y) - u_0\,\mathrm{tg}\delta - u_n(y)\,\mathrm{tg}\delta + \frac{N}{8\pi^2}\int\limits_{s=R_i}^{R_0}\int\limits_{\psi=0}^{2\pi}\left(\frac{s}{k_0}\,\frac{\partial\Gamma_p(s,\,\psi)}{\partial s}\,\sin\psi\,+\right.$$

$$\left.+\,\frac{1}{k_0}\,\frac{\partial\Gamma_p\,(s,\,\psi)}{\partial\psi}\,\cos\psi\right)\frac{d\psi ds}{\sqrt{(x_0 + a\cos\delta)^2 + (y - s\cos\psi)^2 + (a\sin\delta - s\sin\psi)^2}}$$

$$-\,\frac{N}{8\pi^2}\int\limits_{s=R_i}^{R_0}\int\limits_{\psi=0}^{2\pi}\Gamma_p\,(s,\,\psi)\,\cdot$$

$$\cdot\,\frac{(x_0 + a\cos\delta)\cos\psi + \mathrm{tg}\,\delta\,(a\sin\delta\,\cos\psi - y\sin\psi)}{\sqrt{(x_0 + a\cos\delta)^2 + (y - s\cos\psi)^2 + (a\sin\delta - s\sin\psi)^2}^{\,3}}\,d\psi ds\,-$$

$$(90)$$

$$-\,\frac{N}{8\pi^2}\int\limits_{s=R_i}^{R_0}\int\limits_{\psi=0}^{2\pi}\left\{[(y - s\cos\psi) + \frac{s}{k_0}\,\mathrm{tg}\delta\,(y\cos\psi + a\sin\delta\sin\psi - s)]\frac{\partial\Gamma_p\,(s,\,\psi)}{\partial s}\,+\right.$$

---

7) Der Abstand zwischen Propeller und Ruder ist stets so groß, daß das Strömungsfeld des Propellers am Ruder mit der Traglinientheorie berechnet werden kann.

8) Hier besteht für numerische Rechnungen insofern eine Schwierigkeit, als es Nachstrommessungen hinter der Propellerebene im Bereich des Ruders bisher noch kaum gibt. So wurde in der Arbeit von K. Brunnstein ein physikalisch natürlich recht unsicheres Extrapolationsverfahren ausgehend von der Nachstromverteilung in der Propellerebene angewendet.

$$+ \frac{1}{k_0} \, \text{tg} \, \delta \, (a \sin \delta \cos \psi - y \sin \psi) \, \frac{\partial \Gamma_p (s, \psi)}{\partial \psi} \Bigg\} \Bigg\{ 1 +$$

$$+ \frac{x_0 + a \cos \delta}{\sqrt{(x_0 + a \cos\delta)^2 + (y - s \cos \psi)^2 + (a \sin \delta - s \sin \psi)^2}} \Bigg\} \cdot$$

$$\cdot \frac{d\psi \, ds}{(y - s \cos \psi)^2 + (a \sin \delta - s \sin \psi)^2} =$$

$$= \frac{1}{4\pi} \int\limits_{-b}^{b} \frac{\partial \Gamma_R (\eta)}{d\eta} \, \frac{y - \eta}{(y - \eta)^2 + a^2 \sin^2 \delta} \left( 1 + \frac{1}{\cos \delta} \sqrt{1 + \left(\frac{y - \eta}{a}\right)^2} \right) d\eta \ .$$

$k_0$ ist die hydrodynamische Steigung des Propellers (vgl. Band 1, S. 3).

Im Sinne des eingangs erwähnten Iterationsverfahrens wird man zunächst davon ausgehen können, daß die Zirkulation $\Gamma_p$ (s, $\psi$) aus einer normalen Propellerberechnung ohne Berücksichtigung des Ruders bekannt ist. Damit wird aus (90) eine Integralgleichung zur Bestimmung der Ruderzirkulation

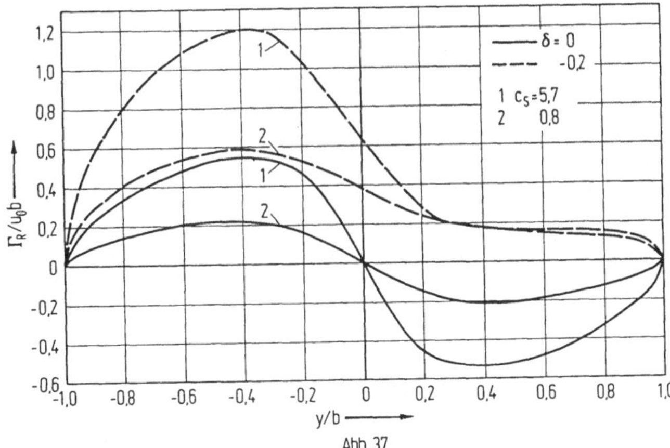



Abb 37

$\Gamma_R$ ($\eta$), für deren Auflösung die aus der normalen Tragflügeltheorie bekannten Methoden Verwendung finden. Dazu ist es allerdings notwendig, zunächst die linke Seite von Gl. (90) effektiv als Funktion von y zu berechnen. Dieses ist mit numerischen Näherungsmethoden möglich, die Doppelintegrale auf der linken Seite von (90) haben keine singulären sondern höchstens unstetige Integranden. Einzelheiten dieser Rechnung entnehme man der Originalarbeit[4]) des Verfassers.

*Brunnstein*[5]) hat zur Behandlung des Ruders die Tragflächentheorie herangezogen, und die in dieser Beziehung gegenüber (90) erweiterte Integralgleichung gelöst. Er erhält damit die gebundene Wirbeldichte $\gamma_R\,(\xi, \eta)$ des Ruders; letztere ist von Bedeutung, wenn man die Lage des Druckmittelpunktes (Auftriebsschwerpunktes) am Ruder feststellen will. Aus einleuchtenden steuerrungstechnischen Gründen wird man den Drehpunkt $x_0$ des Ruders so legen, daß er bei den wichtigsten Fahrzuständen (Ruderausschlagwinkeln) in der Nähe des Auftriebsschwerpunktes liegt. Damit wird das Rudermoment klein.

Numerische Rechnungen haben gezeigt, daß für Rechteckruder der Auftriebsschwerpunkt beim Ausschlagwinkel $\delta = 0$ etwas vor dem 1/4-Punkt liegt $0{,}6 \lesssim \epsilon/a \lesssim 0{,}7$. Mit zunehmendem $\delta$ wandert er nach hinten. für $|\delta| = 0{,}2$ gilt etwa $\epsilon/a \approx 0{,}5$.

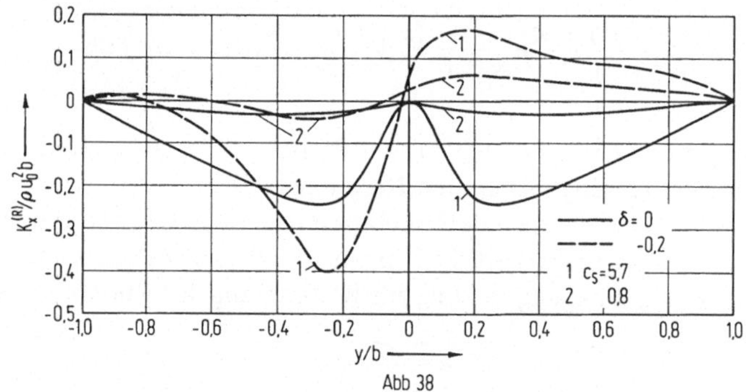

Abb 38

Aus der Ruderzirkulation ergeben sich die am Ruderprofil $y =$ const. pro Längeneinheit in y-Richtung angreifenden Kräfte $K_x^{(R)}$ bzw. $K_z^{(R)}$ in x- bzw z-Richtung nach dem Kutta-Joukowskischen Satz zu

$$K_x^{(R)} = -\rho \left[ w_n\,(y) + w_p\,(y) - \frac{1}{4\pi} \int_{-b}^{b} \frac{d\Gamma_R\,(\eta)}{d\eta}\,\frac{d\eta}{y-\eta} \right] \Gamma_R\,(y) \ ;$$

$$(91)$$

$$K_z^{(R)} = +\rho \left[ u_0 + u_n\,(y) + u_p\,(y) \right] \Gamma_R\,(y) \ .$$

$\rho$ ist die Wasserdichte; die Geschwindigkeiten $u_n, w_n, u_p, w_p$ sind mit ihrem Wert am Ort des gebundenen Ruderwirbels d.h. der 1/4-Linie zu nehmen. Dabei kann mit ausreichender Genauigkeit $\epsilon \approx a/2$ gesetzt werden.

Durch Integration über die Ruderspannweite folgen die Vortriebskraft $\overline{K}_x^{(R)}$ und die Steuerkraft $\overline{K}_z^{(R)}$ des Ruders:

$$\overline{K}_x^{(R)} = \int_{-b}^{b} K_x^{(R)}\,(y)\,dy \ ; \quad \overline{K}_z^{(R)} = \int_{-b}^{b} K_z^{(R)}\,(y)\,dy \ . \qquad (92)$$

Um sich einen grundsätzlichen Einblick in die Wechselwirkung zwischen
Ruder und Propeller zu verschaffen, reicht es aus, auf die ohnehin mit einem

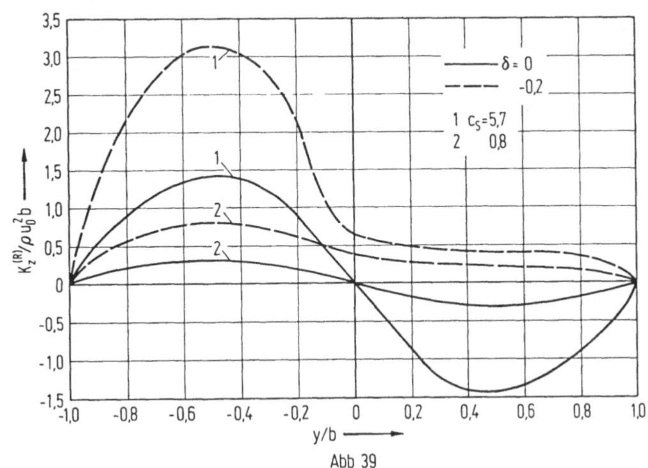

Abb 39

Unsicherheitsfaktor[8]) behaftete Berücksichtigung des Schiffsnachstromes
zu verzichten. Man kann so von einem frei fahrenden Propeller der „optimalen"
Zirkulationsverteilung

$$\Gamma_p(r) = \frac{4\pi\kappa}{N} \, r^2 \, \omega \, \frac{1 - u_0/\omega k_0}{1 + (r/k_0)^2} \tag{93}$$

(vgl. Band 1, S. 39, $\kappa$ Goldsteinfaktor) ausgehen. Für die von seinen freien
Querwirbeln längs der 3/4-Linie des Ruders induzierte Axial- und Umfangsgeschwindigkeit $u_Q$ und $V_Q$ verwenden wir die weit hinter dem Propeller
gültigen Werte (über den Umfang des Propellerkreises gemittelt):

$$u_Q = \frac{N\Gamma_p(r)}{2\pi k_0} \quad ; \quad V_Q = -\frac{N\Gamma_p(r)}{2\pi r} \quad \cdot \quad (r \leqslant R_0) \tag{94}$$

Die Radialkomponente W wird vernachläßigt, ebenso der Einfluß der von den
gebundenen Wirbeln des Propellers am Ruder induzierten Geschwindigkeiten.
   Für kleine und mäßige Ruderausschlagwinkel δ kann in Gl. (93), (94) für
die Verwendung in der Randbedingung am Ruder $r^2 = y^2 + a^2 \delta^2$ gesetzt
werden. Damit ergibt sich die linke Seite der Integralgleichung (90) in der wesentlich vereinfachten Form[4])

$$-u_0\delta - 2\kappa(y) \, \frac{\omega k_0 - u_0}{k_0^2 + y^2 + a^2\delta^2} \, (\delta(y^2 + a^2\delta^2) + k_0 y) \quad . \tag{90'}$$

Analoge Vereinfachungen sind in diesem Fall auch bei der Berechnung der Ruderkräfte möglich.

Abb. 37 zeigt die Zirkulation $\Gamma_R$ eines voll im Propellerstrahl befindlichen Rechteckruders ($b = R_0$) vom Seitenverhältnis $b/a = 2$, für die Ruderausschlag-

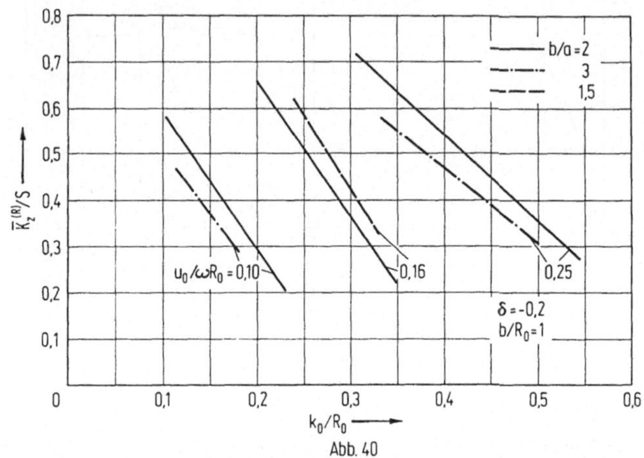


Abb. 40

winkel $\delta = 0$ und $\delta = -0,2$. Kurve 1 bezieht sich auf einen freifahrenden Propeller mit dem Fortschrittsgrad $u_0/\omega R_0 = 0,1$ und der hydrodynamischen Steigung $k_0/R_0 = 0,2$, sowie dem Schubbelastungsgrad $C_S = 5,7$, Kurve 2 auf

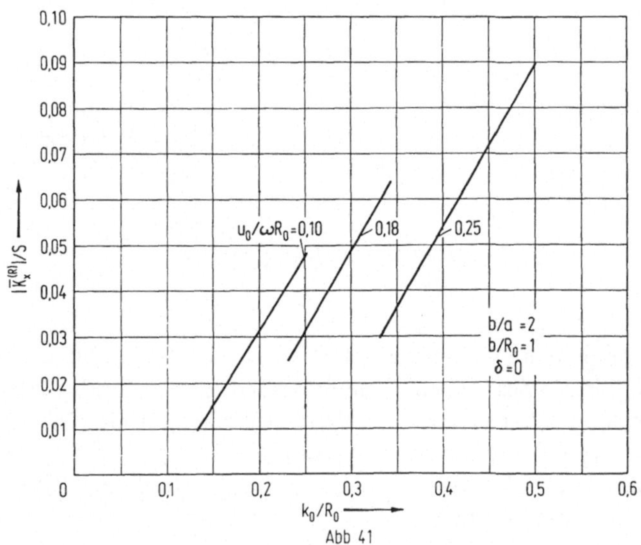


Abb. 41

einen ebenfalls freifahrenden Propeller mit den Werten $u_0/\omega R_0 = 0,25$ ; $k_0/R_0 = 1/3$ ; $C_S = 0,8$. In beiden Fällen ist die Flügelzahl $N = 4$.

Die Abb. 38 und 39 zeigen die entsprechenden Ruderkräfte $K_x^{(R)}$ und

$K_z^{(R)}$ . Die gezeichneten Darstellungen sind typisch für eine größere Anzahl untersuchter Fälle, für deren Einzelheiten auf die beiden Originalarbeiten verwiesen werden muß[4])[5]). $\bar{K}_z^{(R)}$ ist linear von $\delta$ abhängig, [für kleine $\delta$].

Schließlich geben die Abb. 40 und 41 die Steuerkraft $\bar{K}_z^{(R)}$ und Vortriebskraft $\bar{K}_x^{(R)}$ des Ruders (im Verhältnis zum Propellerschub S) wieder, und zwar in Abhängigkeit vom Fortschrittsgrad $u_0/\omega R_0$ und der hydrodynamischen Steigung $k_0/R_0$ des Propellers. Die gezeigten Darstellungen ergaben sich durch Interpolation einer größeren Anzahl von Ergebnissen aus den beiden genannten Originalarbeiten. [Bezüglich des Abstandes Propeller-Ruder wird ein bereits voll ausgebildeter Propellerstrahl vorausgesetzt.]

Bei nicht ausgeschlagenem Ruder ($\delta = 0$) sind $\Gamma_R$ und $K_z^{(R)}$ schiefsymmetrisch zur Rudermitte y = 0, so daß $\bar{K}_z^{(R)} = 0$ ist. $K_x^{(R)}$ ist symmetrisch, und das Ruder liefert bei Vernachlässigung der Profilreibung stets eine Vortriebskraft $\bar{K}_x^{(R)} < 0$.

Auch bei einem Ruder im Schiffsnachstrom und bei einem geringfügig aus dem Propellerstrahl herausragenden Ruder ändert sich nichts wesentliches an dem eben gesagten.

Ein erheblich anderes Verhalten zeigt dagegen ein ausgeschlagenes Ruder mit $\delta \neq 0$. Je nach Ausschlagrichtung wird durch Überlagerung der Drallkomponente des Propellerstrahls mit dem Ruderanstellwinkel $\delta$ der eine Bereich des Ruders stärker belastet, der andere entlastet. (vgl. Abb. 37 und 39 für $\Gamma_R$ und $K_z^{(R)}$). Die Axialkraft $K_x^{(R)}$ bekommt (Abb. 38) einen unübersichtlichen Verlauf, der insbesondere durch den verstärkten Einfluß der von den freien Wirbeln des Ruders induzierten Geschwindigkeit bedingt ist. Letztere liefert ja stets einen Widerstand und zehrt bei ausgeschlagenem Ruder den durch die Drallenergie des Propellerstrahls bedingten Vortrieb auf, ja kann bei größeren Ausschlagwinkeln $\delta$ sogar dazu führen, daß das Ruder im Propellerstrahl einen Widerstand erfährt. Allgemein zeigt sich (auch beim Nachstrompropeller), daß für $\delta \neq 0$ der $\bar{K}_x^{(R)}$-Wert mit zunehmendem $|\delta|$ ungünstiger wird, und zwar um so stärker, je größer gleichzeitig das Verhältnis $u_0/\omega k_0$ wird. (Für einen Optimalpropeller ist $u_0/\omega k_0$ der induzierte Wirkungsgrad).

Bei nicht ausgeschlagenem Ruder steigt der relativ zum Propellerschub erreichbare Rudervortrieb (vgl. Abb. 41) mit zunehmender hydrodynamischer Steigung und mit dem Fortschrittsgrad des Propellers. Dieses wird verständlich, wenn man bedenkt, daß das Verhältnis von Drallenergie zu axialer Strahlenergie (vgl. Formel (94)) durch $V_Q^2/u_Q^2 = k_0^2/r^2$ gegeben ist. Außerdem ist es klar, daß ein bestimmter $\bar{K}_x^{(R)}/S$-Wert für einen höheren Fortschrittsgrad auch erst bei größerer hydrodynamischer Steigung $k_0$ erreicht wird.

Bei konstantem Fortschrittsgrad fällt die relative Steuerkraft mit zunehmendem $k_0$, also wachsender Propellerbelastung schnell ab. Die Propellerkraft steigt in diesem Fall stärker an als die Steuerkraft $\bar{K}_z^{(R)}$, die ja bei ausgeschlagenem Ruder überwiegend durch den in Abb. 40 konstant gehaltenen Ruderwinkel $\delta$ bestimmt ist. Die Abhängigkeit der relativen Steuerkraft von $u_0/\omega R_0$ ist ähnlich wie bei der relativen Vortriebskraft. *Yamazaki* und seine Mitarbeiter[6]) berücksichtigten bei der Berechnung der Ruderkräfte auch den Einfluß der Zähigkeit der Strömung, und außerdem (durch eine Dipolbelegung) die Wirkung der endlichen Ruderdicke. Für das von ihnen untersuchte Beispiel mit $u_0/\omega R_0 = 0{,}5/\pi$ und $k_0/R_0 = 0{,}8/\pi$ ergibt sich dann auch bei $\delta = 0$ für ein dünnes Ruder mit Profilreibung kein Vortrieb mehr, also $\overline{K}_x^{(R)} = 0$, während bei 24 % maximaler relativer Profildicke schon ein Widerstand (positiver $\overline{K}_x^{(R)}$ Wert) auftritt. Generell ist auch für ausgeschlagenes Ruder ($\delta \neq 0$) der Axialkraftwert beim dicken Ruder ungünstiger als beim dünnen. Für gleichen Ruderwinkel liegt die Steuerkraft $\overline{K}_z^{(R)}$ bei 24 % Ruderdicke etwa 10 % höher als bei verschwindender Dicke.

*Weicker*[1]) versucht in seiner bereits erwähnten Arbeit nach der Berechnung der Ruderzirkulation und der Ruderkräfte noch die Frage zu klären, wie ein Ruder mit maximalem Vortrieb gestaltet werden kann. In Anbetracht der noch nicht ausreichenden Kenntnisse über den Einfluß des Schiffsnachstromes und der zahlreichen anderen Parameter (wie Seitenverhältnis, Ruderabstand, Ruderanordnung bezüglich des Propellerstrahls, Profilwölbung) erscheint es nach dem gegenwärtigen Stand der Theorie nicht möglich, solche Optimierungsfragen in physikalisch realistischer Weise zu behandeln.

Bei seiner Untersuchung der durch die momentane Flügelstellung $\varphi_0$ des Propellers bedingten instationären Ruderbelastung berücksichtigt *Sugai*[3]) die vom Propeller in großem Abstand stromabwärts ($x \to \infty$) induzierte Umfangsgeschwindigkeit $(1/r)\,(\partial \Phi_p/\partial \varphi)$. Dabei ist $\Phi_p$ das Geschwindigkeitspotential eines frei fahrenden Propellers. Es ergibt sich, daß eine wesentliche $\varphi_0$-Abhängigkeit dieser Geschwindigkeit nur für $r/R_0 > 0{,}9$ vorliegt.[9])

Infolgedessen behandelt *Sugai* die Stömungsrandbedingung am Ruder in der Umgebung der Stellen $y = \pm\, b$; er verwendet dabei die Vereinfachungen der von *Jones*[10]) für stationär angeströmte Tragflügel sehr kleinen Seitenverhältnisses angegebenen Theorie. Ob diese noch eine realistische Näherungslösung für das vorliegende recht komplizierte instationäre Problem liefert, läßt sich schwer abschätzen. Es ergibt sich, daß die instationäre Ruderbelastung auf einen kleinen Bereich in der Umgebung der Grenzen des Propellerstrahls beschränkt bleibt.

## 2. Die Rückwirkung des Ruders auf den Propeller

Im Sinne der am Anfang erwähnten iterativen Behandlung der simultanen Randwertaufgabe am System Propeller-Ruder besteht der zweite Schritt darin, die Rückwirkung des in Ziff. 1 behandelten Ruders auf den vorausfahrenden

---

9) Dieses ist verständlich, wenn man daran denkt, daß die mittlere induzierte Geschwindigkeit der freien Querwirbel in Umfangsrichtung weit hinter einem frei fahrenden Propeller $V_{Qm} = -\,N\Gamma_p/2\pi r$, der Maximalwert (entsprechend dem Wert am Flügel) aber $V_Q = -\,N\Gamma_p/2\pi r\kappa$ ist. ($\kappa$ Goldsteinfaktor).

Propeller zu ermitteln. Erwartungsgemäß zeigt sich, daß es sich dabei um einen typischen Effekt zweiter Ordnung handelt.

Der theoretische Weg zur Berechnung des Rudereinflusses ist klar, so daß hier ein kurzer Hinweis genügt: Man hat in der bekannten Strömungsrandbedingung am Propellerflügel zur Ermittlung der Zirkulation $\Gamma_p$ zusätzlich die vom Ruder gemäß Gl. (88) induzierten Geschwindigkeiten zu berücksichtigen; und zwar bei Verwendung der erweiterten Traglinientheorie im Aufpunkt

$$x = k_1 a \; ; \; y = r \cos(\varphi_0 + a) \; ; \; z = r \sin(\varphi_0 + a) \quad \text{mit } a(r) \cdot \sqrt{r^2 + k_1^2}$$

als der halben Profiltiefe der Propellerflügel. Bei dieser Rechnung ist $\Gamma_R$ gemäß Ziff. 1 als bekannt anzusehen. Wir bezeichnen die aus einer solchen Iterationsrechnung mit Berücksichtigung des Rudereinflusses ermittelte Propellerzirkulation mit $\Gamma_p^{(1)}$. Dagegen sei $\Gamma_p^{(0)}$ die Zirkulation des gleichen Propellers ohne Ruder.

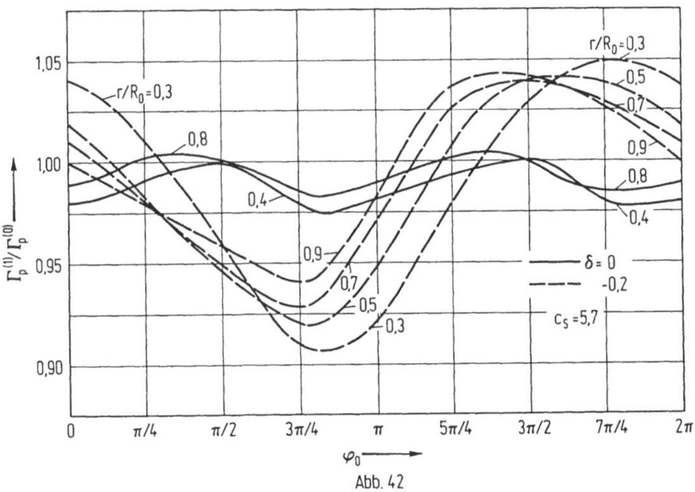


Abb. 42

Die Abb. 42 und 43 zeigen für die bereits in Ziff. 1 besprochenen Propellerbeispiele und den Abstand $x_0/R_0 = 0,75$ das Verhältnis $\Gamma_p^{(1)}/\Gamma_p^{(0)}$ in Abhängigkeit vom Propellerradius und Umfangswinkel. Da es sich bei $\Gamma_p^{(0)}$ um die Flügelzirkulation eines frei fahrenden Propellers handelt, tritt der Einfluß des Ruders besonders deutlich hervor. Durch ihn treten Schwankungen der Flügelzirkulation in Umfangsrichtung auf; also auch bei einem frei fahrenden Propeller bekommt die Strömung eigentlich einen instationären Charakter. Bei nicht ausgeschlagenem Ruder betragen diese Zirkulations- und damit auch Flügelkraftschwankungen in Umfangsrichtung kaum mehr als $\pm 3\,\%$, sie wachsen mit größer werdendem Ruderausschlagwinkel doch merklich an.

---

10) Vgl. hierzu die zusammenfassende Darstellung: J. Weissinger:Neuere Entwicklungen in der Tragflügeltheorie bei inkompressibler Strömung; Z. f. Flugw. 4 (1956) 225.

Beim Propeller im Nachstrom ist die Wirkung des Ruders bei solchen Flügelstellungen am spürbarsten, bei denen ohne Ruder die Zirkulation und die
Flügelkräfte klein sind.

Von *Brunnstein*[5]) wurde darüber hinaus auch der Einfluß der endlichen
Ruderdicke auf die Propellerströmung untersucht. Er ordnet dazu auf der
Rudersehne eine Quellen-Senkenverteilung an. Die an der Vorderkante des
Ruders befindlichen Quellen induzieren in der Propellerebene eine kleine
Axialgeschwindigkeit in Richtung der Propellersaugseite[11]), die eine gering-
fügige Vergrößerung des effektiven Anstellwinkels an den Flügeln bewirkt.
Das dicke Ruder liefert daher eine geringfügige (etwa 1 bis 3 %) Vergrößerung
des Propellerschubes.

Etwas höhere Werte für den Schubzuwachs erhalten *Yamazaki*[6]) und seine
Mitarbeiter bei ihren Untersuchungen an Ruderprofilen mit 24 % maximaler

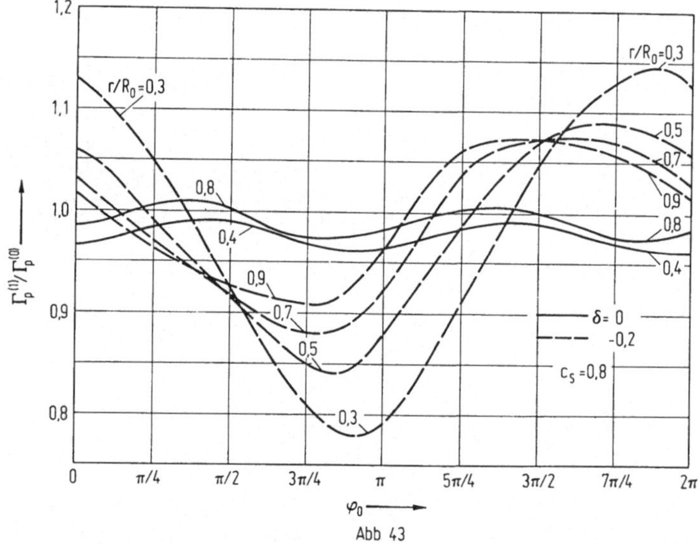


Abb 43

relativer Dicke. Die relative Schuberhöhung ist dabei für starke Propellerbelastung niedriger als für schwache.

Ähnlich wie durch das Feld des belasteten dünnen Ruders werden die örtlichen Werte der Zirkulation und der Kräfte am Propellerflügel auch durch
den Einfluß der Ruderdicke modifiziert. Auf die Größe dieser Änderung hat
der Ruderwinkel δ nur einen geringen Einfluß. Einzelheiten entnehme man
den genannten Originalarbeiten.

---

11) Neuere Nachstrommessungen an Schiffsmodellen mit Rudern haben diesen Effekt
    experimentell bestätigt. Man vergleiche:
    H. M. Cheng, J. B. Hadler: Analysis of NSMB-wake surveys on victory ship models;
    Marine Technology 3 (1966) 1.

Bei der Betrachtung des Gesamtsystems „Propeller-Ruder" ergibt sich in reibungsfreier Strömung bei Geradeausfahrt ($\delta = 0$) also stets ein Schubgewinn gegenüber dem Propeller ohne Ruder. Dieser Gewinn vermindert sich mit zunehmendem Ruderausschlagwinkel erheblich, bzw es tritt sogar ein Schubverlust (Widerstand) auf.

Die in der Propellertheorie meist stillschweigend zugrunde gelegte Voraussetzung, daß der Einfluß des Ruders auf die Propellerströmung vernachläßigt werden darf, ist für nicht ausgeschlagenes Ruder in guter Näherung zutreffend. Insbesondere ist dieses für Propeller im Schiffsnachstrom der Fall, denn deren örtliche Flügelzirkulation kann nach dem bisherigen Stand der Theorie und unseren Kentnissen über Nachstromfelder ohnehin nicht so genau berechnet werden, daß demgegenüber die geringfügigen Einflüsse des Ruders noch von Bedeutung sein würden.

Bei ausgeschlagenem Ruder muß dessen Einfluß aber doch berücksichtigt werden und führt dann (ganz abgesehen vom Nachstromfeld eines Schiffsrumpfes) zu einem instationären Strömungszustand an den Propellerflügeln. Bei längerem Fahrzustand mit ausgeschlagenem Ruder wird das Geschwindigkeitsfeld an den Propellerflügeln im übrigen auch noch durch die Schräganströmung erheblich modifiziert. Auf schräg angeströmte Propeller werden wir in Kapitel III dieses Buches zurückkommen.

# B. Hintereinander angeordnete Propeller

## 1. Propeller und Leitrad

Die im folgenden zu besprechende strömungsmechanisch interessante Kombination „Propeller und Leitrad" beruht auf einer Idee von *Grim*[12]) und ist aus dem schon lange bestehenden Bedürfnis entstanden, wenigstens einen Teil der hinter einem Propeller im Strahl enthaltenen Drallenergie zurückzugewinnen, d.h. für den Schub nutzbar zu machen.

Weit hinter einem der Einfachheit halber als freifahrend angenommenen Propeller sind im Strahl (in Umfangsrichtung gemittelt) die Geschwindigkeiten

$$u_0 + 2u_Q = u_0 + \frac{N\Gamma}{2\pi k_0}$$

in axialer Richtung sowie

$$2V_Q = -\frac{N\Gamma}{2\pi r}$$

in Umfangsrichtung vorhanden. $2\,V_Q$ ist den Drall.

In einigem Abstand hinter dem Propeller wird ein drehbares Leitrad ange-

---

12) O. Grim: Propeller und Leitrad; Jahrb. d. Schiffbautechn. Ges. Bd. 60 1966 Berlin/
  Heidelberg/New York; Springer 1967.

ordnet, das nach dem Vorschlag von *Grim* aus einem inneren im Propeller-strahl liegenden und einem äußeren Teil besteht. (Abb. 44).

Im inneren Teil sind die Flügel so profiliert, daß sie unter Ausnutzung des Propellerdralls als Turbine arbeiten. (Abb. 45).

Das so durch die Turbinenwirkung in Drehung versetzte bzw gehaltene Leitrad trägt in seinem äußeren aus dem Propellerstrahl herausragenden Teil Flügel, die als normaler Propeller arbeiten. Von diesen wird ein zusätzlicher Schub zum Hauptpropeller erzeugt.

Die Winkelgeschwindigkeit $\omega^*$ des Leitrades ist kleiner als diejenige des

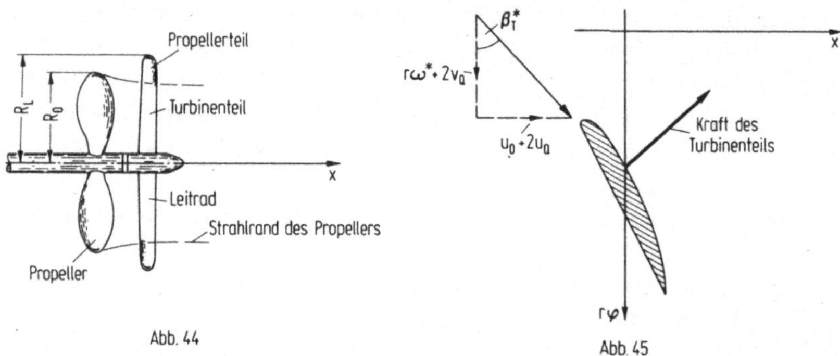


Propellers, also $\omega^* < \omega$. Der Wert von $\omega^*$ stellt sich frei so ein, daß die entgegesetzt wirkenden Drehmomente des Propeller- und Turbinenteils sich gerade aufheben.

Eine genaue wirbeltheoretische Behandlung dieses Antriebsorgans unter Berücksichtigung der instationären Interferenzeffekte liegt bisher nicht vor. *Grim* führte die Berechnungen mit einer stationären Näherungsmethode durch, in die wir im folgenden einen Einblick geben werden. Weitere Einzelheiten entnehme man der Originalarbeit[12]). Zunächst wird die Flügelzirkulation des Propellers vor dem Leitrad als „Optimalpropeller" bei vorgegebener hydrodynamischer Steigung bzw. vorgegebenem induzierten Wirkungsgrad berechnet.[13])

Für die Ermittlung der von den freien Wirbeln des Propellers induzierten Geschwindigkeiten dienen dabei die *Lerb*schen Induktionsfaktoren.[13]) Auch die Berechnung des Turbinen- und Propellerteils des Leitrades kann unter Verwendung dieser Induktionsfaktoren erfolgen, da letztere nicht vom Vorzeichen der Zirkulation abhängen. Im Leitrad hat ja der Turbinenteil negative, der Propellerteil positive Zirkulation.

Die relative Anströmung zu dem im Propellerstrahl liegenden Turbinenteil des Leitrades hat gegenüber der Radebene die Richtung (Abb. 45)

$$\operatorname{tg}\beta_T^* = \frac{u_0 + 2u_Q}{\omega^* r + 2V_Q} \tag{95}$$

13) Vgl. wegen dieser Methode Band 1, S. 39/41; insbesondere dort Formel (43).

Für den außerhalb des Strahls gelegenen Propellerteil gilt entsprechend

$$\mathrm{tg}\,\beta_p^* = \frac{u_0}{\omega^* r} \ . \tag{96}$$

In Gl. (95) und (96) sind die von den Wirbeln des Leitrades induzierten Geschwindigkeiten nicht enthalten.
Die Propellerstrahlgrenze wird aus der einfachen Relation

$$R_{st}^2 \int\limits_{R_i}^{R_0} (u_0 + 2u_Q)\, r dr = R_0^2 \int\limits_{R_i}^{R_0} (u_0 + u_Q)\, r dr \tag{97}$$

bestimmt.

Für die Berechnung der Zirkulation im Propeller- und Turbinenbereich des Leitrades nach der Theorie des Optimalpropellers unter Verwendung der Induktionsfaktoren müssen Bedingungen für die hydrodynamischen Steigungen[13])

$$r\,\mathrm{tg}\,\beta_{ip}^* \quad , \quad r\,\mathrm{tg}\,\beta_{iT}^*$$

in beiden Bereichen vorgeschrieben werden.

*Grim* wählt für den Propellerbereich die übliche Relation

$$\mathrm{tg}\,\beta_{ip}^* / \mathrm{tg}\,\beta_p^* = \mathrm{const.} \ . \tag{98}$$

Für den Turbinenbereich berechnet *Grim* aus der Bedingung, daß die Gesamtaxialkraft von Propeller- und Turbinenteil ein Maximum haben, ihre Variation

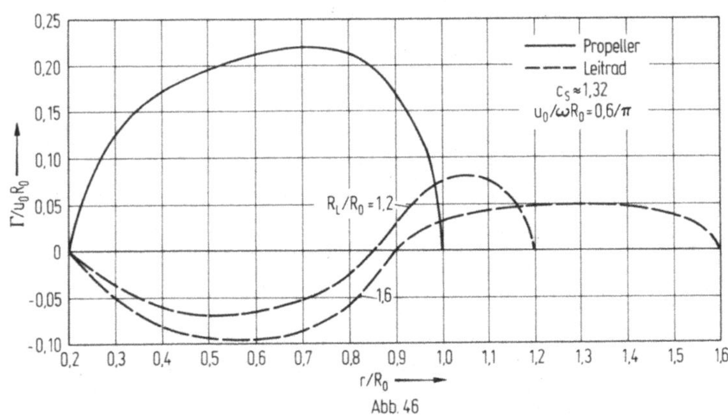


Abb. 46

also verschwinden muß, eine optimale Verteilung für den induzierten hydrodynamischen Steigungswinkel $\beta_{iT}^*$, nämlich

$$r \cdot \mathrm{tg}\,(2\beta_{i\tau}^{*} - \beta_{\tau}^{*} - |\epsilon_{\tau}|) = \mathrm{const}. \tag{99}$$

für alle Radien des Turbinenteils.[12])

Dabei wird vorausgesetzt, daß die Richtung der von den freien Leitradwirbeln induzierten Geschwindigkeit senkrecht auf der resultierenden Geschwindigkeit in den Leitradebene steht und für ihre Absolutgröße die aus der Theorie des Optimalpropellers bekannte Formel

$$\sqrt{u_Q^{*2} + V_Q^{*2}} = \frac{u_0}{\sin \beta^{*}} \, / \, \sin (\beta_i^{*} - \beta^{*}) \, /$$

verwendet werden darf.

Bei der effektiven Beurteilung des durch das Leitrad erreichbaren Schub- und Wirkungsgradgewinnes muß der Reibungseinfluß in Form einer Profilgleitzahl $\epsilon$ berücksichtigt werden. Dabei können die für normale Propellerberechnungen geltenden Relationen[14]) Verwendung finden, nur ist zu beachten, daß im Turbinenteil die Gleitzahl $\epsilon_{\tau}$ negativ anzusetzen ist.

Die aufgrund von numerischen Rechnungen und durch Experimente (Modellversuche) gewonnenen Ergebnisse zeigen zunächst, daß der Wirkungsgradgewinn $\eta_{p+L} - \eta_p$ des Systems Propeller plus Leitrad gegenüber dem Propeller allein mit wachsendem Radienverhältnis $R_L/R_0$ steigt. $(\eta_{p+L} - \eta_p)/\eta_p$ beträgt z. B. bei einem 5-flügeligen Propeller mit einem 10-flügeligen Leitrad 5,5 % für $R_L/R_0 = 1,2$ und 8 % für $R_L/R_0 = 1,5$. Dabei liegt der Schubbelastungsgrad des Propellers bei $C_S \approx 1,32$. Ferner ist $u_0/\omega R_0 = 0,6/\pi$.

---

14) Es seien $K_X = - \rho\,(\omega r + V_Q)\,N\Gamma$ , $K_\varphi = \rho\,(u_0 + u_Q)\,N\Gamma$
die in reibungsfreier Strömung nach Kutta-Joukowski berechneten Flügelkräfte, aus denen sich als induzierter Wirkungsgrad

$$\eta_i = \frac{u_0}{\omega r}\,\frac{|K_X|}{|K_\varphi|} = \frac{u_0}{\omega r}\,\mathrm{ctg}\,\beta_i$$

ergibt. Kennzeichnen wir die Größen unter Berücksichtigung der Profilreibung mit einem Strich. Wir nehmen nun an, daß der Absolutwert der Profilkraft $K$ durch den Reibungseinfluß nicht geändert, vielmehr nur ihre Richtung um einen kleinen Winkel $\epsilon$ gedreht wird. Dann gilt

$$K = \sqrt{K_X^2 + K_\varphi^2} = K' = \sqrt{K_X'^2 + K_\varphi'^2}$$

und

$$K_X' = - K \cos (\beta_i + \epsilon) = K_X \cos (\beta_i + \epsilon)/\cos \beta_i$$

$$K_\varphi' = + K \sin (\beta_i + \epsilon) = K_\varphi \sin (\beta_i + \epsilon)/\sin \beta_i \ .$$

Daraus folgt mit $\mathrm{tg}\,\epsilon \approx \sin \epsilon \approx \epsilon$ für den Wirkungsgrad

$$\eta_i' = \frac{u_0}{\omega r}\,\frac{|K_X'|}{|K_\varphi'|} = \eta_i\,\frac{1 - \epsilon\,\mathrm{tg}\,\beta_i}{1 + \epsilon\,\mathrm{ctg}\,\beta_i}$$

Jedoch sind der Größe des $R_L/R_0$-Wertes durch die technische Praxis Grenzen gesetzt, die etwa bei 1,3 liegen dürften.

Es ergibt sich ferner, daß die optimale Drehzahl des Leitrades etwa halb so groß ist wie die des Propellers, also $\omega^* \approx 0{,}5\,\omega$. Abb. 46 zeigt den Verlauf einer typischen Flügelzirkulationsverteilung für Propeller und Leitrad. Dabei ist N = 5 und N* = 10. Abb. 47 gibt ein Freifahrtdiagramm für einen 5-flügeligen Propeller mit einem 5-flügeligen Leitrad und dem Radienverhältnis

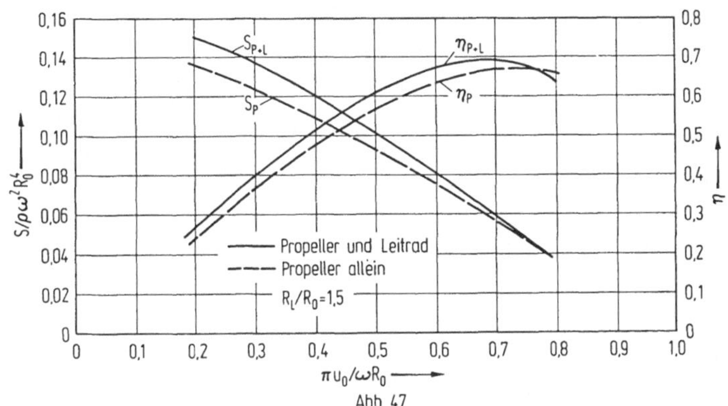


Abb 47

$R_L/R_0 = 1{,}5$ . Hier beträgt der Wirkungsgradgewinn und Schubgewinn durch das Leitrad 6 % bei dem Fortschrittsgrad $u_0/\omega R_0 = 0{,}6/\pi$.[15])

Bei der Durchführung der numerischen Rechnungen werden die Konstanten in Gl. (98), (99) so bestimmt, daß für den erreichbaren maximalen Leitradschub das Leitradmoment gerade gleich dem zu überwindenden Reibungsmoment im Leitradlager ist.

## 2. Gegenlaufpropeller

Auch die bereits in Band 1 in ihrer grundsätzlichen Wirkungsweise besprochene Anordnung zweier entgegengesetzt rotierender Propeller ist aus der Überlegung entstanden, Drallenergie des Propellerstrahl zur Schuberzeugung bzw. Wirkungsgradsteigerung nutzbar zu machen.

Eine genaue theoretische Behandlung des Gegenlaufpropellers liegt bisher nicht vor. Sie ist vor allem deshalb schwierig, weil der hintere Propeller im Bereich der von den Flügeln des vorderen abgehenden freien Wirbelflächen arbeitet; er befindet sich dadurch in einem auch relativ zum Schiff instationären Strömungsfeld und seine Flügel werden periodisch von den freien

---

15) Die theoretisch errechneten Gewinne werden auch durch die Praxis des Großversuchs bestätigt. Vgl.: O. Grim, J. Chirila, G. Engel: Untersuchung eines Vortriebsorgans-Propeller und Leitrad- auf einer Barkasse; Ber. 10/69 Forschungszentrum des Deutschen Schiffbaus Hamburg.

Wirbelflächen des vorderen Propellers durchsetzt. Dieser Effekt führt bei der aus der Strömungsrandbedingung am hinteren Propeller folgenden Integralgleichung für die Flügelzirkulationen zu unübersichtlichen und numerisch schwer zu behandelnden Singularitäten in den Kernen. Außerdem dürfte es im allgemeinen für den hinteren Propeller nicht möglich sein davon auszugehen, daß sich die Strömungszustände der einzelnen Flügel nur durch eine Phasenverschiebung in der momentanen Flügelstellung voneinander unterscheiden. (vgl. hierzu Band 1, S. 62). Die Spitzenwirbel des vorderen Propellers, deren Kerne meist mit Kavitationsgebieten gefüllt sind und die durch die induzierten Radialgeschwindigkeiten nach inneren Radien hin kontrahiert werden, treffen auf die Flügel des hinteren Propellers und können dort Blatterosion verursachen. Letzteres läßt sich zwar durch eine erhebliche Reduktion des hinteren Propellerradius vermeiden, jedoch dürfte dadurch wiederum die erwünschte Nutzbarmachung der Drallenergie des Propellerstrahls beeinträchtigt werden.

Die genannten Schwierigkeiten werden umgangen, wenn man wie *Zwick* für das Wirbelsystem der Propeller zu einer räumlich kontinuierlichen Verteilung übergeht. *Zwick*[16]) überträgt seine bereits in Band 1 (s. S. 45 – 55) besprochene instationäre Traglinientheorie für Propeller im Schiffsnachstrom auf Gegenlaufpropeller. Aus den angegebenen numerischen Ergebnissen läßt sich jedoch noch kein genauerer Einblick in die gegenseitige Beeinflußung des hinteren und vorderen Propellers gewinnen; denn statt des wirklichen Nachstromfeldes eines Schiffsrumpfes wird nur eine homogene Schräganströmung der Propeller als Anwendungsbeispiel behandelt. Wie zu erwarten war, zeigt sich qualitativ richtig, daß die Zirkulation und Schubkraft des vorderen Propellers gegenüber dem freifahrenden Einzelpropellerzustand beachtlich herabgesetzt wird, wenn der axiale Abstand der Propeller etwa $R_0/2$ beträgt ($R_0$ der Radius des vorderen Propellers) wie in vielen technischen Ausführungen. Denn der vordere Propeller arbeitet ja in einer durch den hinteren beschleunigten Zuströmung. Einer beliebigen Vergrößerung des Abstandes sind durch die Unterbringungsmöglichkeit am Heck Grenzen gesetzt.

Systematische experimentelle Untersuchungen an Gegenlaufpropellern haben *van Manen* und *Oosterveld* durchgeführt.[17]) Dabei zeigte es sich, daß im Schiffsnachstrom die Schubschwankungen um ihren Mittelwert bei dem hinteren Propeller etwas geringer sind als bei dem vorderen. Hierbei dürften zwei Effekte zusammenwirken; einmal ist der Nachstrom bei dem weiter zurück liegenden hinteren Propeller glatter; zum anderen dämpfen auch die von den freien Wirbeln des vorderen Propellers induzierten Geschwindigkeiten

---

16) W. Zwick: Über die gegnseitige Beeinflussung zweier gegenläufiger Schraubenpropeller im Nachstrom; Schiffbauforschung 3 (1964) 76.
17) J. D. van Manen, M. W. C. Oosterveid: Model tests on contrarotating propellers; Intern. Shipbuilding Progress 15 (1968) 401.

die Inhomogenität der Zuströmung zum hinteren Propeller ein wenig. (Dieser letztere Effekt ist aus der Theorie des Propellers im Nachstrom bekannt; vgl. Kapitel IB)

Weitere Experimente an Gegenlaufpropellern werden in einer Arbeit von *Hadler, Morgan* und *Meyers*[18]) besprochen. Die Zielsetzung dieser Arbeit ist insbesondere ein Vergleich der Propulsionseigenschaften und des Kavitationsverhaltens von Gegenlaufpropellern mit normalen Einzelpropellern sowie mit Tandempropellern. (Hierunter versteht man zwei hintereinander angeordnete gleichsinng rotierende Propeller).

## C. Propeller in der Nähe der Wasseroberfläche

### 1. Teilgetauchte Propeller

In vielen Fällen fahren Schiffe in unbeladenem Zustand mit einem Propeller, dessen Flügel teilweise aus dem Wasser herausschlagen.

In den letzten Jahren wurden daher sowohl theoretische als auch experimentelle Untersuchungen von teilgetauchten Propellern durchgeführt.

Das charakteristische Merkmal eines teilgetauchten Propellers ist, daß seine Flügel in zwei Medien wesentlich verschiedener Dichte arbeiten. Bei der folgenden Betrachtung sehen wir aus Vereinfachungsgründen von dem in Wirklichkeit vorhandenem Übergangsgebiet ab, in welchem ein kompliziertes Wasser-Luft-Gemisch vorliegt. Wir nehmen außerdem an, daß am Propeller

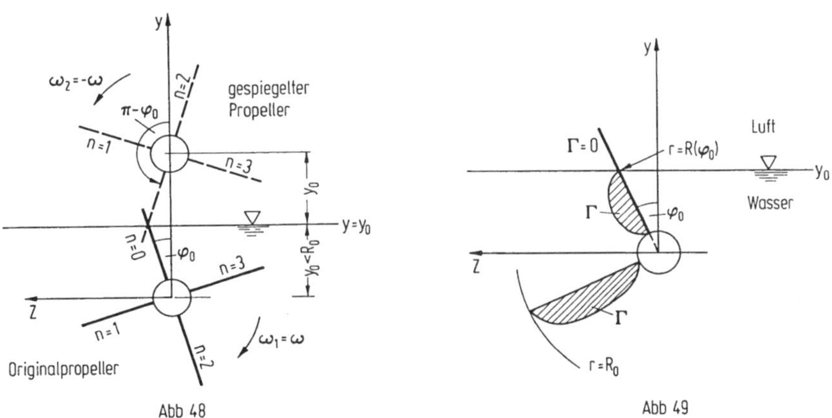


Abb 48Abb 49

keine Luftansaugung stattfindet (vgl. Band 1, S. 228), und schließlich soll auch die unter dem Einfluß der Schwerkraft an der Wasseroberfläche zustande kommende Wellenbildung unberücksichtigt bleiben. Wir beschränken uns

---

18) J. B. Hadler, W. B. Morgan, K. A. Meyers: Advanced propeller propulsion for high-powered single screw ships; Trans. Soc. Nav. Arch. Marine Engin. 72 (1964) 231.

also auf hohe Froudesche Zahlen. In diesem Fall kann der Einfluß der in der Ebene y = $y_0$ angenommenen Wasseroberfläche (vgl. Abb. 48) auf die Strömung an den Propellerflügeln mit dem Spiegelungsprinzip behandelt werden. (Vgl. Band 1, S. 231/ 236; dort wurde ein voll getauchter Propeller nahe der Wasseroberfläche untersucht).

Grundsätzlich bildet sich sowohl im Wasserbereich als auch im Luftbereich an den Flügeln eine zirkulatorische Umströmung aus. Wegen der im Verhältnis zur Wasserdichte sehr kleinen Luftdichte führt die Zurkulationsverteilung des Luftbereiches aber praktisch nicht zu einem Drucksprung an den Flügeln, und somit liefert der aus dem Wasser herausschlagende Flügelteil auch keine Kraft.

An der Grenzfläche zwischen Wasser und Luft bewirken die von den Luftwirbeln des Propellers induzierten Geschwindigkeiten keine Druckschwankungen, und die Bedingung konstanten Druckes an der Wasseroberfläche bleibt bestehen. Wegen des großen Dichteunterschiedes beider Medien beeinflussen die Luftwirbel des Propellers das Strömungsfeld des Wasserbereiches nicht.

Es erscheint somit naheliegend, die aus dem Wasser herausschlagenden Propellerflügel in der Weise theoretisch zu behandeln, daß die Zirkulation der Flügel an den herausschlagenden Teilen zu Null angenommen wird. (Abb. 49)

*Oberembt*[19]) hat auf dieser Konzeption aufbauend die Zirkulation und die Flügelkräfte eines teilgetauchten Propellers berechnet. Er verwendete dabei die erweiterte Traglinientheorie.

Für die natürlich von der momentanen Flügelstellung $\varphi_0$ abhängige Flügelzirkulation wird zweckmäßig der Ansatz

$$\Gamma\,(s, \varphi_0) = \sum_{\lambda\,=\,1}^{L}\ \sum_{\mu\,=\,-\,M}^{M} \Gamma_{\mu\lambda}\,\sin\,\lambda\sigma\,e^{i\mu\varphi_0} \qquad (0 \leqslant \sigma \leqslant \pi) \qquad (100)$$

gemacht mit

$$s = \frac{1}{2}\,R\,(\varphi_0) + \frac{1}{2}\,R_i - \frac{1}{2}\,[R\,(\varphi_0) - R_i]\,\cos\,\sigma \quad. \qquad (101)$$

Dabei ist

$$R\,(\varphi_0)\ =\begin{cases} y_0/\cos\varphi_0 \ \text{für} \quad \cos\varphi_0 > y_0/R_0 \\[2mm] R_0 \qquad\quad \text{für} \quad \cos\varphi_0 \leqslant y_0/R_0 \quad. \end{cases} \qquad (102)$$

---

19) H. Oberembt: Zur Bestimmung der instationären Flügelkräfte bei einem Propeller mit aus dem Wasser herausschlagenden Flügeln. Bericht Nr. 247 Inst. für Schiffbau Universität Hamburg Juli 1968.

Dieser Ansatz erfüllt bereits die Bedingung, daß die Zirkulation nur im Wasserbereich existiert und bei $s = R(\varphi_0)$ verschwindet. (Abb. 49) Die Strömungsrandbedingung am Propellerflügel lautet mit $\mathrm{tg}\delta_0 \approx k_1/r$ als Richtung der Profilskelettlinien längs der 3/4-Linien

$$\omega k_1 - u_0 = u_\Gamma^{(1)} + u_Q^{(1)} + u_L^{(1)} + u_\Gamma^{(2)} + u_Q^{(2)} + u_L^{(2)} - \tag{103}$$

$$- \frac{k_1}{r}\left(V_\Gamma^{(1)} + V_Q^{(1)} + V_L^{(1)} + V_\Gamma^{(2)} + V_Q^{(2)} + V_L^{(2)}\right) \quad . \; \Big|\; \begin{array}{l} \varphi = \varphi_0 + a(r) \\ x = k_1\, a(r) \end{array}$$

Dabei sind die vom Wirbelsystem des Originalpropellers induzierten Geschwindigkeiten mit $^{(1)}$, die vom gespiegelten Propeller stammenden mit $^{(2)}$ gekennzeichnet

Das Geschwindigkeitsfeld $w^{(1)}$ mit $u_\Gamma^{(1)}, u_Q^{(1)}, u_L^{(1)}, V_\Gamma^{(1)}, V_Q^{(1)}, V_L^{(1)}$ ist grundsätzlich aus Band 1 bekannt; es ist aber zu beachten, daß wegen der vom Umfangswinkel abhängigen Integrationsgrenze für s die übliche Integrationsreihenfolge umgekehrt werden muß. Wir haben also jetzt mit (101) und (102)

$$\int\limits_{\psi=0}^{\infty}\left(\int\limits_{s=R_i}^{R(\varphi_n+\psi)} \ldots \mathrm{ds}\right)\mathrm{d}\psi \; = \; \int\limits_{\psi=0}^{\infty}\left(\int\limits_{\sigma=0}^{\pi} \ldots \mathrm{d}\sigma\right)\mathrm{d}\psi \tag{104}$$

bei den freien und

$$\int\limits_{R_i}^{R(\varphi_n)} \mathrm{ds} \; = \; \int\limits_{0}^{\pi} \mathrm{d}\sigma \qquad\qquad \left(\varphi_n = \varphi_0 + \frac{2\pi n}{N}\right) \tag{105}$$

bei den gebundenen Wirbeln.

*Oberembt* weist in seiner Arbeit nach, daß diese Umkehrung der Integrationsreihenfolge zulässig ist.

Aus dem bekannten Geschwindigkeitspotential des gespiegelten Propellers (vgl. Band 1 S. 232) ergeben sich die für die Strömungsrandbedingung (103) benötigten Geschwindigkeitsanteile in folgender Form: $(a = a(r))$

$$u_\Gamma^{(2)} - \frac{k_1}{r}V_\Gamma^{(2)} \; = \; \frac{1}{4\pi}\sum_{n=0}^{N-1}\int\limits_{R_i}^{R(\varphi_n)}\Gamma(s,\varphi_n)\; \cdot \tag{106}$$

$$\circ\; [k_1^2\, a^2 + r^2 + s^2 + 2rs\cos(\varphi_0 + \varphi_n + a) +$$

$$+ 4y_0^2 - 4y_0 \, r \cos(\varphi_0 + a) - 4y_0 \, s \cos\varphi_n]^{-3/2} [2y_0 \sin\varphi_n - r \sin(\varphi_0 + \varphi_n + a) -$$

$$- \frac{k_1}{r} \, k_1 a \cos(\varphi_0 + \varphi_n + a)] \, ds \quad .$$

$$u_Q^{(2)} - \frac{k_1}{r} V_Q^{(2)} = \frac{1}{4\pi} \sum_{n=0}^{N-1} \int_{\psi=0}^{\infty} \int_{s=R_i}^{R(\varphi_n + \psi)} \frac{\partial \Gamma(s, \varphi_n + \psi)}{\partial s} [(k_1 a - k_0 \psi)^2 +$$

$$+ r^2 + s^2 + 2rs \cos(\varphi_0 + \varphi_n + a + \psi) + 4y_0^2 - 4y_0 \, r \cos(\varphi_0 + a) -$$

$$\tag{107}$$

$$- 4y_0 \, s \cos(\varphi_n + \psi)]^{-3/2} \cdot [s^2 + sr \cos(\varphi_0 + \varphi_n + a + \psi) - 2y_0 \, s \cos(\varphi_n + \psi) -$$

$$- 2\frac{k_1}{r} k_0 y_0 \cos(\varphi_0 + a) + \frac{k_1}{r} k_0 (r + s \cos(\varphi_0 + \varphi_n + a + \psi)) -$$

$$- \frac{k_1}{r} s (k_1 a - k_0 \psi) \sin(\varphi_0 + \varphi_n + a + \psi)] \, ds d\psi \quad .$$

$$u_L^{(2)} - \frac{k_1}{r} V_L^{(2)} = \frac{1}{4\pi} \sum_{n=0}^{N-1} \int_{\psi=0}^{\infty} \int_{s=R_i}^{R(\varphi_n + \psi)} \frac{\partial \Gamma(s, \varphi_n + \psi)}{\partial \psi} [(k_1 a - k_0 \psi)^2 +$$

$$\tag{108}$$

$$+ r^2 + s^2 + 2rs \cos(\varphi_0 + \varphi_n + a + \psi) - 4y_0 \, r \cos(\varphi_0 + a) + 4y_0^2 -$$

$$- 4y_0 \, s \cos(\varphi_n + \psi)]^{-3/2} \cdot [2y_0 \sin(\varphi_n + \psi) - r \sin(\varphi_0 + \varphi_n + a + \psi) -$$

$$- \frac{k_1}{r} (k_1 a - k_0 \psi) \cdot \cos(\varphi_0 + \varphi_n + a + \psi)] \, ds d\psi \quad .$$

Die sich aus der Randbedingung (103) ergebende Integralgleichung zur Berechnung der Flügelzirkulation hat für $k_1 \neq k_0$ nur stetige Kerne. Bei ihr läßt sich jedoch die Zeit- bzw $\varphi_0$ -Abhängigkeit nicht explizit abspalten, so daß ein Lösungsverfahren mit Fourier-Reihenentwicklung der einzelnen Integralglieder bezüglich $\varphi_0$ angewendet werden muß[20]).

Die Ermittlung der Flügelkräfte $K_\chi$ und $K_\varphi$ in axialer und Umfangsrich-

---

20) Für die Auflösungstheorie solcher Integralgleichungen verweisen wir auf Kapitel IV Abschnitt A2 dieses Buches.

tung erfolgt mit dem Kutta-Jukowskischen Satz (vgl. Band 1, S. 8); dabei
sind an sich die vom gespiegelten Propeller induzierten Geschwindigkeiten mit
zu berücksichtigen.

*Oberembt* beschränkt sich bei den von ihm behandelten Beispielen auf
relativ schwach belastete Propeller, da bei höherer Belastung in Wirklichkeit

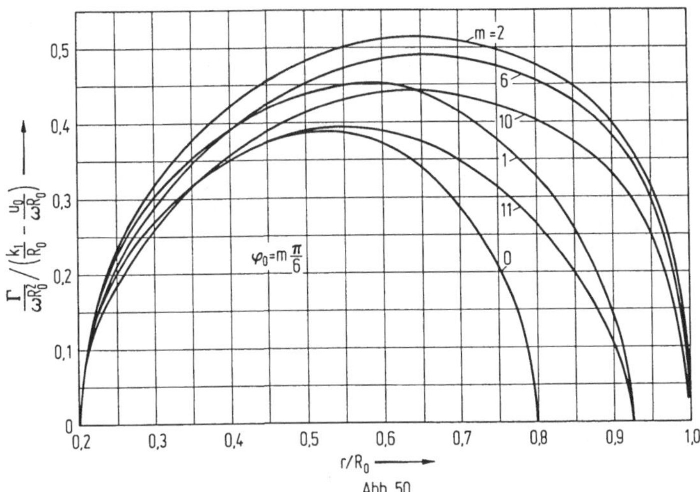


Abb 50

meist Luftansaugung auftritt, ein Vorgang der theoretisch noch nicht erfaßt
werden kann[21]). Für schwache Belastung mag es ausreichend sein, bei der
Kraftberechnung, die induzierten Geschwindigkeiten des gespiegelten Propel-

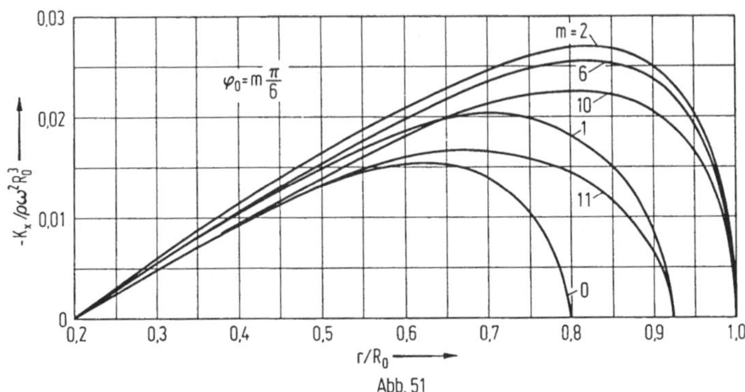


Abb. 51

lers ganz zu vernachlässigen und für die induzierten Geschwindigkeiten des
Originalpropellers Näherungswerte aus der Theorie des Propellers im unbegrenzten Raum zu verwenden. In dieser Weise ist *Oberembt* vorgegangen.

---

21) Experimente über die Luftansaugung an Propellern hat Gutsche durchgeführt. Vgl.:
   F. Gutsche: Einfluß der Tauchung auf Schub und Wirkungsgrad von Schiffspropellern;
   Schiffbauforschung 6 (1967) 256.

Abb. 50 zeigt den Verlauf der Flügelzirkulation (bezogen auf $[\frac{k_1}{R_0} - \frac{u_0}{\omega R_0}]$)
für einen Propeller mit drei sektorförmigen Flügeln mit folgenden Daten
$R_i/R_0 = 0{,}2$ ; $k_1/R_0 = 0{,}32$ ; $k_0/R_0 = 0{,}27$ ; $a = 0{,}4$ ; $y_0/R_0 = 0{,}8$. Man
erkennt klar die Abhängigkeit der Zirkulation von der momentanen Flügel-

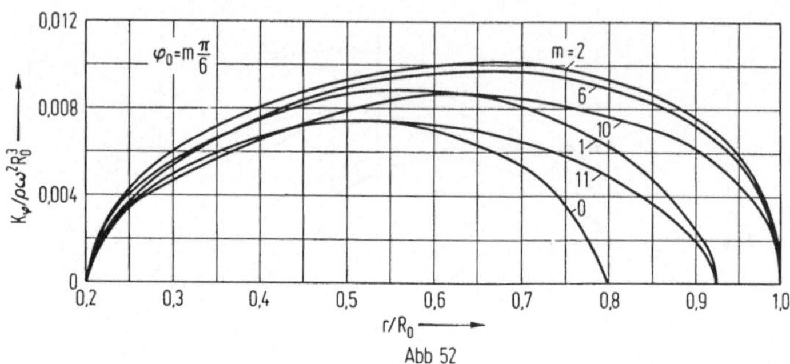

Abb 52

stellung $\varphi_0$ . Die Zirkulation ist Null im Luftbereich und abgesehen davon ist
sie, wenn der Flügel sich von der Wasseroberfläche wegbewegt (Stellung10,11),
kleiner als wenn er auf die Oberfläche zu rotiert (Stellung 1, 2). Dieser
letztere Effekt wurde bereits bei der Berechnung voll getauchter Propeller
festgestellt (vgl. Band 1 S. 235); er wird in erster Linie durch das induzierte
Geschwindigkeitsfeld des gespiegelten Propellers bewirkt; darüber hinaus hat
aber auch die unterschiedliche Lage der 3/4-Linien $\varphi_0 + a$ (an denen die
Randbedingung erfüllt wird) gegenüber der Wasseroberfläche bei gleichwerti-
ger $\varphi_0$ -Stellung einen Einfluß.

In Abb. 51 und 52 sind für den gleichen Propeller und den Fortschritts-
grad $u_0/\omega R_0 = 1/4$ die Flügelkräfte $K_\chi$ und $K_\varphi$ enthalten; sie zeigen ein
ähnliches Verhalten wie die Flügelzirkulation $\Gamma$ . Die Kraftwerte für andere
Fortschrittsgrade ergeben sich aus den in Abb. 51 und 52 gezeigten in ausreichender Näherung durch Multiplikation mit dem Faktor

$$[0{,}32 - \frac{u_0}{\omega R_0}] / 0{,}07.^{22})$$

Auch bei stärkerer Austauchung des Propellers, also für $y_0/R_0 < 0{,}8$ ändert sich prinzipiell nichts an den erhaltenen Ergebnissen; die einzelnen
Effekte sind nur stärker ausgeprägt.

Die Schub- und Drehmomentenschwankungen des Gesamtpropellers betragen bei dem in Abb. 51 und 52 gezeigten Beispiel etwa ± 10 % um den
Mittelwert; sie steigen auch bei einer Tauchtiefe von $y_0/R_0 = 0{,}6$ nicht
wesentlich an. Der mittlere Schubbelastungsgrad liegt bei $C_S = 0{,}36$ für
$y_0/R_0 = 0{,}8$ und sinkt auf $0{,}31$, wenn $y_0/R_0 = 0{,}6$ ist, gegenüber einem Wert

---

22) Unter der Voraussetzung schwacher Propellerbelastung und gleichbleibenden $k_0, k_1$ .

von 0,42 im unbegrenzten Wasser. Von der Propellerfläche sind bei $y_0/R_0$ =
0,8 5,3 % und bei $y_0/R_0$ = 0,6 etwa 14,2 % ausgetaucht. Die Abminderung
des Schubes ist also nicht proportional der austauchenden Propellerfläche
sondern eher abhängig von der Austauchung $(R_0 - y_0)$.

*Gutsche*[21]) hat sowohl mit teil- als auch mit vollgetauchten Propellern ver-
schiedenster Flügelform, Steigung und Belastung systematische Experimente
durchgeführt. Dabei zeigte sich, daß allgemein der Einfluß der Wasseroberfläche
erst für Eintauchtiefen $y_0/R_0 < 1,5$ merkbar wird, und bei $y_0/R_0 \lesssim 1$ eine
erhebliche Veränderung von Propellerströmung und Propellerschub durch die

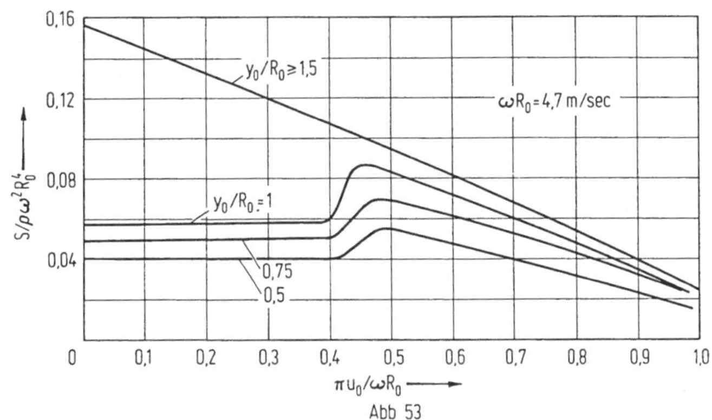


Abb 53

Wasseroberfläche bedingt ist. Bei dieser Veränderung sind grundsätzlich zwei
verschiedene Effekte zu unterscheiden.

Bei schwacher Belastung bleibt am Propeller weitgehend eine Trennung von
Wasser- und Luftbereich erhalten, wie es in der oben dargestellten Theorie
vorausgesetzt wurde. Der Schub sinkt mit abnehmendem $y_0/R_0$ Wert bei Austauchung des Propellers langsam ab in Übereinstimmung mit den von *Oberembt*
erhaltenen Ergebnissen.

Bei zunehmender Belastung tritt Luftansaugung in die Unterdruckgebiete
der Propellerflügel auf, welche sich in der Nähe der Wasseroberfläche befinden.
Diese Luftansaugung führt zur Zerstörung der gesunden zirkulatorischen
Umströmung der davon betroffenen Flügelbereiche und damit zu einem plötz-
lichen starken Absinken des Schubes. Für diesen Vorgang gibt es noch keine
theoretischen Berechnungsmethoden.

Die beiden eben genannten Effekte sind deutlich aus den in Abb. 53, 54
und 55 dargestellten Propellerschubmessungen von *Gutsche* zu erkennen. In
allen Fällen handelt es sich um einen dreiflügeligen Propeller (Nr. 1025) mit
einer geometrischen Flügelsteigung $k_1/R_0 = 1/\pi$, der relativ gut mit dem von
*Oberembt* behandelten Beispiel zu vergleichen ist. Die in Abb. 53 dargestellten
Meßwerte wurden mit einer Umfangsgeschwindigkeit von 4,7 m/sec ($R_0$ =
0,1 m) erhalten; bei Abb. 54 war $\omega R_0$ = 6,3 und bei Abb. 55 war $\omega R_0$ = 8,5

m/sec. Mit größer werdender Umfangsgeschwindigkeit sinkt der Schubbeiwert ab, für den die Luftansaugung am Propeller beginnt. Dieses ist verständlich, da die Luftansaugungsgefahr mit sinkendem Absolut-Unterdruck am Flügel zu-

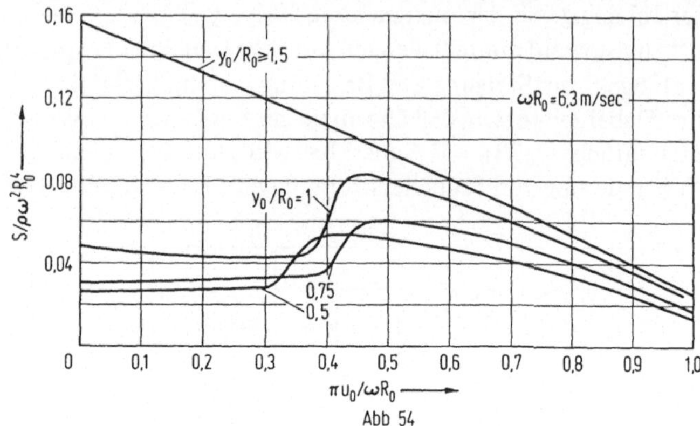



Abb 54

nimmt. Ohne Luftansaugung bei größerer Tauchtiefe sind die in Abb. 53 bis 55 enthaltenen Schubbeiwerte natürlich gleich.

Eine genaue für die Propeller-Großausführung zutreffende Analyse des Luftansaugungsvorganges und seiner Gesetzmäßigkeit nur aufgrund von Modellversuchen ist schwierig. Denn da für den Luftansaugungsvorgang der absolut erreichte Unterdruck an den Propellerflügeln wesentlich ist, reicht

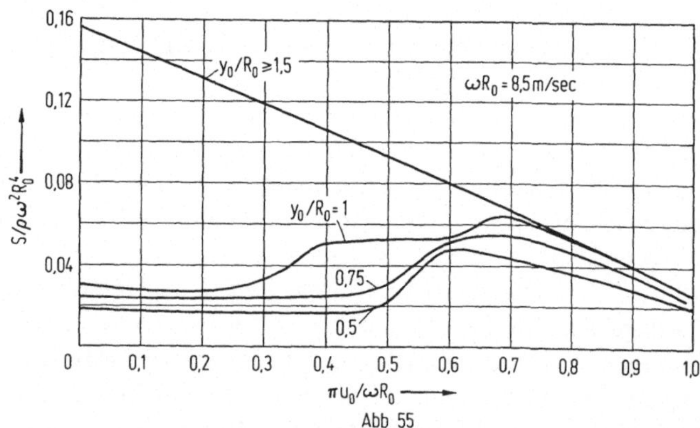



Abb 55

für eine mechanische Ähnlichkeit zwischen Modell und Großausführung die Erfüllung des Froudeschen Ähnlichkeitsgesetzes allein nicht aus; denn letzteres besagt ja lediglich, daß die zwischen zwei Punkten des Propeller-strömungsfeldes bestehenden Druckdifferenzen sich linear mit dem Maßstab ändern. Über den Absolutdruck wird dabei keine Aussage gemacht.

Hier besteht für die Modellversuchstechnik noch ein interessantes Aufgaben-gebiet, auf das hier jedoch in Anbetracht der auf die Theorie ausgerichteten Zielsetzung des vorliegenden Buches nicht näher eingegangen werden kann.[23])

## 2. Vollgetauchte Propeller

Bereits in Band 1 wurde die Theorie vollgetauchter Propeller nahe der Wasseroberfläche für hohe Froudesche Zahlen, also bei Vernachlässigung des Schwerkrafteinflußes dargestellt.

Inzwischen ist es *Yamazaki*[24]) gelungen, das Geschwindigkeitspotential eines nicht austauchenden Propellers in der Nähe der Wasseroberfläche auch für den allgemeinen Fall beliebiger Froudescher Zahlen zu entwickeln. Der Einfluß der endlichen Flügeldicke kann ebenfalls berücksichtigt werden. Wir geben im folgenden einen Einblick in die Ergebnisse von *Yamazaki,* beschränken uns aber der Übersichtlichkeit halber auf das Modell der Traglinientheorie für die Propellerflügel. Es ist dabei zweckmäßig, ein Bezugssystem zugrunde zu legen, in dem der Propeller sich mit der Geschwindigkeit $u_0$ in Richtung der negativen x-Achse bewegt, das also nicht schiffsfest sondern raumfest ist. Dann lautet die linearisierte Strömungsrandbedingung an der Wasseroberfläche[25])

$$\frac{\partial^2 \Phi}{\partial t^2} + \mu \frac{\partial \Phi}{\partial t} + g \frac{\partial \Phi}{\partial y} = 0 \ . \qquad \binom{y = y_0}{\mu \to 0.} \qquad (109)$$

Bezogen auf das neue Koordinatensystem hat das bekannte (vgl. Band 1 S. 6 und Formel (11) dieses Buches) Geschwindigkeitspotential des Wirbelsystems eines Propellers nach der Traglinientheorie die Form

$$\Phi_\Gamma^{(1)} = \frac{1}{4\pi} \sum_{n=0}^{N-1} \int_{R_i}^{R_0} \int_0^\infty \Gamma(s, \varphi_n + \psi) \left( s \frac{\partial}{\partial x} - \frac{k_0}{s} \frac{\partial}{\partial \varphi} \right) \cdot$$

$$\cdot \left[ \left( x - \frac{u_0}{\omega} \varphi_0 - k_0 \psi \right)^2 + r^2 + s^2 - 2rs \cos(\varphi - \varphi_n - \psi) \right]^{-1/2} d\psi ds =$$

23) Einige Betrachtungen über das Luftansaugungsproblem an Tragflügeln mit Spannweitenrichtung senkrecht zur Wasseroberfläche findet man bei W. H. Isay, K. Brunnstein: Untersuchung des Strömungsfeldes eines senkrecht zur Wasseroberfläche gerichteten Tragflügels; Ing. Arch. 34 (1965) 373.

24) R. Yamazaki: On the propulsion theory of ships on still water; Memoirs Faculty of Engineering Kyushu University 27 (1968) 187.

25) Vgl. Band 1, S. 181; die dort auftretende Geschwindigkeit $u_0$ fehlt jetzt wegen der anderen Wahl des Bezugssystems. In Gl. (109) ist $\mu$ der bekannte Scheinreibungskoeffizient, welcher eingeführt werden muß, um eindeutige Lösungen zu erhalten; in der Lösungsformel muß der Grenzübergang $\mu \to 0$ vollzogen werden. Ohne das $\mu$-Glied könnten dem Ergebnis ja freie Wellen beliebig überlagert werden, und es ist dann durch eine zusätzliche Untersuchung des Wellensystems weit vor und hinter dem Strömungskörper die Eindeutigkeit der Lösung zu sichern. (Überlagerung eines weiteren Potentialanteils). Diese letztere Methode wurde in Band 1 in der Theorie der Unterwassertragflügel angewendet: Im Falle des Propellers ist diejenige mit der Scheinreibung zweckmäßiger. Beide Methoden sind natürlich prinzipiell gleichwertig.

$$= \frac{1}{4\pi} \sum_{n=0}^{N-1} \int\limits_{R_i}^{R_o} \int\limits_{0}^{\infty} \Gamma(s, \varphi_n + \psi) \left( s \frac{\partial}{\partial x} + \frac{k_0}{s} \frac{\partial}{\partial \varphi_n} \right) \cdot \tag{110}$$

$$\cdot \left[ \left( x - \frac{u_0}{\omega} \varphi_0 - k_0 \psi \right)^2 + (y - s \cos(\varphi_n + \psi))^2 + (z - s \sin(\varphi_n + \psi))^2 \right]^{-1/2} d\psi\, ds \;.$$

Das für den unbegrenzten Raum geltende Potential $\Phi_\Gamma^{(1)}$ ist nun durch ein weiteres Potential $\Phi_\Gamma^{(2)}$ so zu ergänzen, daß $\Phi_\Gamma = \Phi_\Gamma^{(1)} + \Phi_\Gamma^{(2)}$ der Bedingung (109) genügt. Letztere nimmt in Anbetracht der Tatsache, daß beim Propeller $\partial\Phi/\partial t = -\omega\, \partial\Phi/\partial\varphi_0$ ist, die Form

$$\omega^2 \frac{\partial^2 \Phi_\Gamma}{\partial \varphi_0^2} - \mu\, \omega \frac{\partial \Phi_\Gamma}{\partial \varphi_0} + g \frac{\partial \Phi_\Gamma}{\partial y} = 0 \qquad \left( \begin{array}{l} y = y_0 \\ \mu \to 0 \end{array} \right) \tag{109}$$

an.

Wir gehen nun aus von der bekannten Relation (vgl. Band 1, S. 238): $(y > \eta)$

$$\frac{1}{\sqrt{(x - \xi)^2 + (y - \eta)^2 + (z - \zeta)^2}} =$$

$$= \frac{1}{2\pi} \int\limits_{-\pi}^{\pi} d\vartheta \int\limits_{0}^{\infty} d\sigma\, e^{-\sigma(y - \eta) + i\sigma[(x - \xi)\sin\vartheta + (z - \zeta)\cos\vartheta]} \;. \tag{111}$$

Mit (111) folgt aus (110)

$$\Phi_\Gamma^{(1)} = \frac{1}{2\pi} \int\limits_{-\pi}^{\pi} d\vartheta \int\limits_{0}^{\infty} G(\varphi_0, \vartheta, \sigma)\, e^{-\sigma y + i\sigma x \sin\vartheta + i\sigma z \cos\vartheta}\, d\sigma \;,$$

$$G(\varphi_0, \vartheta, \sigma) = \frac{1}{4\pi} \sum_{n=0}^{N-1} \int\limits_{R_i}^{R_o} \int\limits_{0}^{\infty} \Gamma(s, \varphi_n + \psi) [\, \mathrm{is}\, \sin\vartheta - i k_0 \cos\vartheta \cos(\varphi_n + \psi) - \tag{112}$$

$$-k_0 \sin(\varphi_n + \psi)]\, \sigma\, e^{\sigma s \cos(\varphi_n + \psi) - i\sigma[(u_0/\omega \cdot \varphi_0 + k_0 \psi)\sin\vartheta + s \cos\vartheta \sin(\varphi_n + \psi)]}\, d\psi\, ds$$

Die Darstellung (112) konvergiert für $y > R_0$, also für voll getauchte Propeller auch für $y = y_0$. [Für $y < s \cos(\varphi_n + \psi)$ wären die Vorzeichen entsprechend zu vertauschen].

Macht man für das Zusatzpotential $\Phi_\Gamma^{(2)}$ den Ansatz

$$\Phi_\Gamma^{(2)} = \frac{1}{2\pi} \int\limits_{-\pi}^{\pi} d\vartheta \int\limits_{0}^{\infty} F(\varphi_0,\vartheta,\sigma)\, e^{-(2y_0 - y)\sigma + i\sigma x \sin\vartheta + i\sigma z \cos\vartheta}\, d\sigma \, , \qquad (113)$$

so ergibt sich für die noch unbekannte Funktion F aus (109') die Differentialgleichung

$$\omega^2 \frac{\partial^2 F}{\partial\varphi_0^2} - \mu\omega \frac{\partial F}{\partial\varphi_0} + g\sigma F = -\omega^2 \frac{\partial^2 G}{\partial\varphi_0^2} + \mu\omega \frac{\partial G}{\partial\varphi_0} + g\sigma G \, . \qquad (114)$$

Wie man sich direkt überzeugen kann, hat (114) bis auf Glieder zweiter Ordnung in $\mu$ die Lösung

$$F(\varphi_0,\vartheta,\sigma) = -G(\varphi_0,\vartheta,\sigma) - 2\frac{\sqrt{g\sigma}}{\omega} \, \cdot$$

$$\qquad (115)$$

$$\cdot \int\limits_{\varphi_0}^{\infty} e^{\frac{\mu}{2\omega}(\varphi_0 - \tau)} \sin\left(\frac{\sqrt{g\sigma}}{\omega}(\varphi_0 - \tau)\right) G(\tau,\vartheta,\sigma)\, d\tau \, .$$

In Formel (115) ist nach Ausführung der Integration über $\tau$ der Grenzwert für $\mu \to 0$ zu nehmen.

Mit Gl. (112), (113) und (115) ist das gesuchte der Bedingung (109') an der freien Wasseroberfläche genügende Propellerpotential $\Phi_\Gamma = \Phi_\Gamma^{(1)} + \Phi_\Gamma^{(2)}$ bestimmt.

*Yamazaki*[24]) hat in analoger Weise auch das der Randbedingung (109') genügende Geschwindigkeitspotential der Quellen-Senken-Verteilung q endlich dicker Propellerflügel ermittelt.

Ausgehend von $\Phi_q$ gemäß Gl. (21) aus Kapitel I ergibt sich durch eine analoge Rechnung wie oben: [entsprechend Gl. (112)]

$$G_q(\varphi_0,\vartheta,\sigma) = -\frac{1}{4\pi} \sum_{n=0}^{N-1} \int\limits_{R_i}^{R_0} \int\limits_{x_V(s)}^{x_H(s)} q(s,\chi)\sqrt{s^2 + k_1^2} \, \cdot \qquad (116)$$

$$\cdot\, e^{\sigma s \cos(\varphi_n + \chi) - i\sigma[k_1 \chi \sin\vartheta + s \cos\vartheta \sin(\varphi_n + \chi)]}\, d\chi\, ds$$

Dabei bleiben der Ansatz für $\Phi_q^{(2)}$ sowie der Zusammenhang zwischen $F_q$ und $G_q$ formal genau wie in Gl. (113) und (115).

Die hier dargestellte Methode zur Berücksichtigung des Einflusses der freien Wasseroberfläche bei beliebigen Froudeschen Zahlen kann noch weiter verallgemeinert werden auf beliebige Strömungskörper, die sich durch Dipole, Wirbelschichten und Quellen-Senken-Systeme erzeugen lassen, insbesondere auf Schiffsrümpfe und Schiffsruder. Für die Einzelheiten solcher Rechnungen verweisen wir auf die genannte Arbeit von *Yamazaki*.

Auch der Einfluß der Zähigkeit der realen Strömung läßt sich formal näherungsweise durch Überlagerung eines entsprechenden Geschwindigkeitsfeldes berücksichtigen.[24])

# D. Propellerflügelschwingungen

Elastische Schwingungen von Propellerflügeln sind sowohl unter festigkeitsmechanischen Gesichtspunkten als auch vom hydrodynamischen Standpunkt aus von Interesse. Die sachgemäße Bearbeitung dieser Probleme ist kompliziert, denn die Flügel sind eingespannte elastische Schalen, die durch die Welle untereinander und mit anderen schwingungsfähigen Schiffs- und Maschinenbauteilen in Wechselwirkung stehen. Dazu kommen die hydrodynamischen Kraftwirkungen. Durch die verschiedenen möglichen Freiheitsgrade der schwingungsfähigen Systeme und die darauf einwirkenden Kräfte und Momente ergeben sich komplizierte Koppelungseffekte und damit verbundene Stabilitätsprobleme.

Entsprechend der Zielsetzung des vorliegenden Buches sollen hier jedoch nur diejenigen Probleme besprochen werden, die für die Beurteilung des hydrodynamischen Verhaltens von Propellerflügeln wesentlich sind.

## 1. Erzwungene Schwingungen

Die hydrodynamische Propellertheorie geht bei den Berechnung der instationären durch das Nachstromfeld eines Schiffsrumpfes angeregten Flügelkräfte in der Regel davon aus, daß die Flügelblätter selbst als starr angesehen werden können, also unter dem Einfluß der instationären Belastungen keine Verbiegungen erfahren und Biegeschwingungen ausführen. Solche auftretenden Schwingungsgeschwindigkeiten würden in der Strömungsrandbedingung an den Flügeln zu berücksichtigen sein und zu einer Modifikation der unter der Voraussetzung starrer Flügel ermittelten Kräfte führen.

Eine Untersuchung der Bedeutung dieses Effektes bei Biegeschwingungen hat *Oberembt*[26]) durchgeführt. Er behandelt dabei die Propellerflügel als an

26) H. Oberembt: Veränderung der hydrodynamischen Kräfte eines Propellers bei Berücksichtigung der Blattelastizität und Berechnung der freien Schwingungen eines Propellerblattes Ber. Nr. 254 Inst. f. Schiffbau Universität Hamburg Dezember 1969.

der Nabe eingespannte elastische Stäbe. Dieses ist eine starke aber doch notwendige Vereinfachung, um mit vertretbarem numerischen Aufwand zu einem Einblick in die Größenordnung der zu untersuchenden Effekte zu kommen.[27]

Als anregende Belastung werden die instationären Flügelprofilkräfte angesehen, die sich aus der erweiterten Traglinientheorie des Propellers mit dem Kutta-Joukowskischen Satz ermitteln lassen. Es wird dabei mit einem Iterationsverfahren gearbeitet.

Zuerst bestimmt man unter der Voraussetzung starrer Flügel die durch den Nachstrom erregten Flügelkräfte. Anschließend können die aus der Elastizitätstheorie bekannten[28] Differentialgleichungen für die Biegeschwingungen eines Stabes unter Einwirkung der vorher berechneten hydrodynamischen Kräfte aufgestellt und gelöst werden.

Der zweite Iterationsschritt besteht dann darin, die so ermittelten Biegeschwingungsgeschwindigkeiten in der hydrodynamischen Randbedingung an den Propellerflügeln zu berücksichtigen und damit die veränderten hydrodynamischen Kräfte zu bestimmen. Mit den neu berechneten hydrodynamischen Kräften können wiederum die Differentialgleichungen der Biegeschwingungen gelöst werden; dieses entspricht der Berücksichtigung sogenannter „hydrodynamischer Massen" und „hydrodynamischer Dämpfungen". So läßt sich das Iterationsverfahren fortsetzen. Es zeigt sich, daß ein bis zwei Iterationsschritte genügen, wenn die Schwingungsgeschwindigkeiten der Flügel nicht von gleicher Größenordnung wie die anregenden inhomogenen Geschwindigkeiten des Schiffsnachstromes sind.

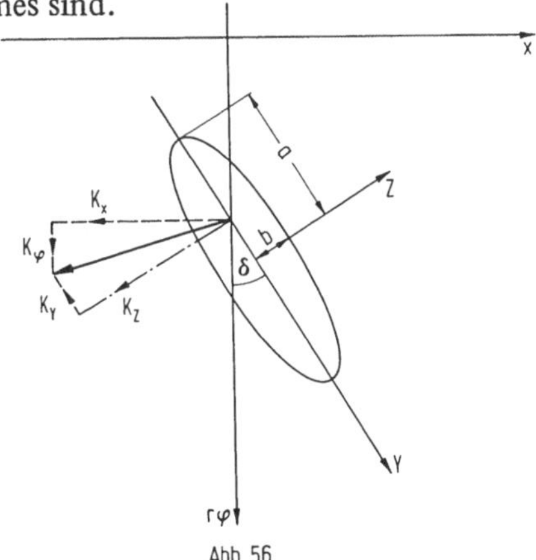

Abb 56

---

27) In einer vollkommen sachgemäßen Theorie wären die Flügelblätter als elastische Schalen anzusehen, die unter dem Einfluß instationärer Druckverteilungen Schwingungen ausführen. Solche Rechnungen würden sowohl vom Standpunkt der Hydrodynamik aus (instationäre Propellertragflächentheorie) als auch im Hinblick auf die Elastizitätstheorie (partielle Differentialgleichungen der Schalentheorie mit zugehörigen Randbedingungen) auf sehr große theoretische Schwierigkeiten stoßen und einen extrem hohen numerischen Aufwand erfordern.

Bei der Berechnung der durch die Flügelschwingungen erregten hydrodynamischen Kräfte nach der Propellertheorie durch Auflösung von Integralgleichungen läßt sich kein expliziter linearer Zusammenhang zwischen den Kräften einerseits und den Schwingungsgeschwindigkeiten und Beschleunigungen andererseits angeben, bei dem sich die Koeffizienten als hydrodynamische Massen und hydrodynamische Dämpfungen deuten lassen. Die Verhälnisse sind also komplizierter als in der ebenen Theorie des Einzeltragflügels.[29])

Um die Biegentheorie des elastischen Stabes in der von *Grammel*[28]) angegebenen Form verwenden zu können, setzt *Oberembt*[26]) voraus, daß die Hauptträgheitsachsenrichtungen der Flügelschnitte in radialer Richtung konstant sind; und zwar werden als Hauptachsen die Richtung der Profilsehne etwa im Punkt $r/R_0 = 0{,}7$ und die zu dieser orthogonale Richtung gewählt.(vgl. Abb. 56).

Wir bezeichnen diese letztere Richtung mit Z und beschränken uns auf Biegeschwingungen mit der elastischen Auslenkung $W(r, t)$ in Z-Richtung. Die zugehörige elastische Biegedifferentialgleichung lautet dann unter Berücksichtigung des Fliehkrafteinflusses nach *Grammel* und *Oberembt:*

$$\frac{\partial^2}{\partial r^2} \left( E I(r) \frac{\partial^2 W(r, t)}{\partial r^2} \right) - \rho_M \omega^2 \frac{\partial}{\partial r} \left[ \int_r^{R_0} s F(s)\, ds . \frac{\partial W(r, t)}{\partial r} \right] +$$

$$+ \rho_M F(r) \frac{\partial^2 W(r, t)}{\partial t^2} = K_Z(r, t) \quad . \qquad\qquad (R_i \leqslant r \leqslant R_0) . \tag{117}$$

---

28) Vgl.: C. B. Biezeno, R. Grammel: Technische Dynamik Bd. 2; Abschnitt über Schwingungen von Dampfturbinenschaufeln; Berlin/Göttingen/Heidelberg; Springer, 1953. (2. Auflage).

29) Der instationäre Anteil der hydrodynamischen Kraft in y-Richtung eines mit der Geschwindigkeit $\dot{y}(t)$ in y-Richtung schwingenden oder mit $-\dot{y}(t)$ angeströmten Flügelschnittes ist nach der zweidimensionalen Tragflächentheorie gegeben durch

$$(K_y)_\Omega = -2\pi\rho\, u_0\, a\, \mathfrak{R}_e(j)\, \dot{y}(t) - 2\pi\rho a^2 \frac{1}{j} \mathrm{Im}(j)\, \ddot{y}(t) \quad .$$

Dabei bedeuten : $u_0$ die Anströmgeschwindigkeit in x-Richtung, $j = \Omega a/u_0$, $\Omega$ die Kreisfrequenz, $j$ die reduzierte Frequenz, $2a$ die Flügeltiefe, $\rho$ die Wasserdichte; die Flügelzirkulation ist dabei

$$\Gamma = \Gamma_0 + \Gamma_\Omega\, e^{i\Omega t} + \bar{\Gamma}_\Omega\, e^{-i\Omega t} \text{ mit } \Gamma_\Omega = \pi u_0 a c_0 e^{i\Phi_0} [\mathfrak{R}_e(j) + i\,\mathrm{Im}(j)]$$

mit $\Phi_0$ als beliebiger Phasenkonstante. Dann läßt sich

$2\pi\rho\, u_0\, a\mathfrak{R}_e(j)$       als hydrodynamische Dämpfung, und

$2\pi\rho\, a^2\, 1/j\, \mathrm{Im}(j)$   als hydrodynamische Masse deuten.

$c_0$ ist die Amplitude von $(-\dot{y}/u_0)$.

Die zu Gl. (117) gehörenden Randbedingungen sind

$$r = R_i \; : \; W = 0 \; ; \; \frac{\partial W}{\partial r} = 0 \, . \qquad r = R_0 \; : \; \frac{\partial^2 W}{\partial r^2} = 0 \; ; \; \frac{\partial^3 W}{\partial r^3} = 0 \, . \tag{118}$$

In Gl. (117) bedeutet E den Elastizitätsmodul, I (r) das Flächenträgheitsmoment des Stabes, F (r) die Querschnittsfläche sowie $\rho_M$ die Dichte des Flügel-

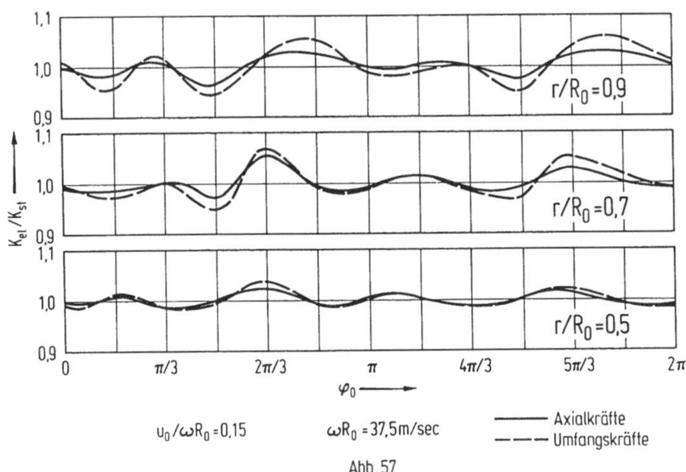

Abb. 57

materials. $\omega$ ist die Winkelgeschwindigkeit des Propellers.
    Weiter ist (Abb. 56)

$$K_Z = K_x \cos \delta - K_\varphi \sin \delta \qquad \left( tg\delta = \frac{k_1}{0,7 \, R_0} \right) \tag{119}$$

die am Stab angreifende hydrodynamische Flügelkraft. (pro Längeneinheit in radialer Richtung).
    Da $K_Z (r,t) = K_Z (r, \varphi_0)$ mit $\omega t = - \varphi_0$ bei einem periodisch anregenden Nachstromfeld stets in die Form

$$K_Z (r, \varphi_0) = \sum_{\mu = 0}^{M} (A_\mu^{(K)} (r) \cos \mu\varphi_0 + B_\mu^{(K)} (r) \sin \mu\varphi_0) \tag{120}$$

gebracht werden kann, läßt sich auch für die elastische Auslenkung W der Ansatz

$$W (r, \varphi_0) = \sum_{\mu = 0}^{M} (A_\mu^{(w)} (r) \cos \mu\varphi_0 + B_\mu^{(w)} (r) \sin \mu\varphi_0) \tag{121}$$

machen. Dieser ermöglicht unmittelbar, in der partiellen Differentialgleichung (117) die Zeit- bzw. $\varphi_0$-Abhängigkeit abzuspalten.

Die sich dann ergebenden inhomogenen gewöhnlichen Differentialgleichungen für die Funktionen $A_\mu^{(w)}$ und $B_\mu^{(w)}$ löst *Oberembt* mit dem Galerkinschen Näherungsverfahren. Dieses darf hier als aus den klassischen Lehrbüchern der Mechanik bekannt vorausgesetzt werden.[30])

Die Abb. 57 bis 60 geben einen Einblick in die von *Oberembt* erhaltenen Ergebnisse.

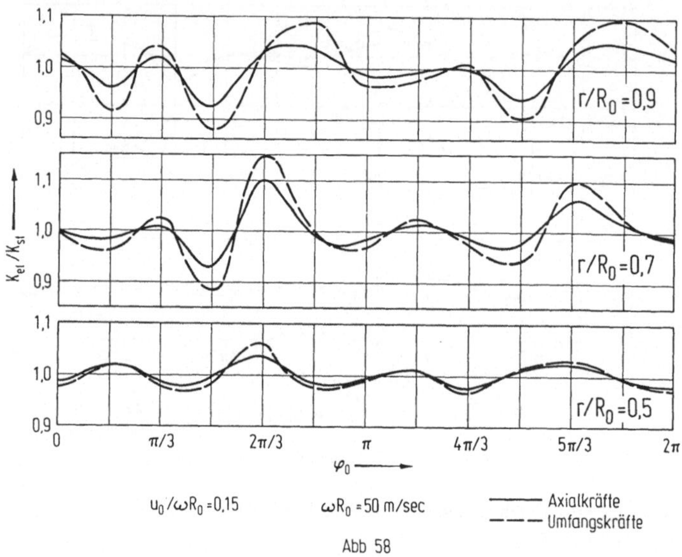


Abb 58

Dargestellt sind die unter Berücksichtigung der Biegeschwingungsgeschwindigkeit $\partial W/\partial t$ berechneten Propellerflügelkräfte in axialer und Umfangsrichtung; (Abb. 60 nur Axialkraft); und zwar in Abhängigkeit von Radius und Winkelstellung des Flügels und bezogen auf die jeweiligen Kraftwerte des als starr angenommenen Flügels, also $K_{el}/K_{st}$ .

Bei den gezeigten Beispielen handelt es sich hinsichtlich der hydrodynamischen Kraftberechnung um einen Propeller mit drei kreissektorförmigen Flügeln ($a = 0{,}4$) und der geometrischen Flügelsteigung $k_1/R_0 = 0{,}32$ .

Als Nachstromfeld wurde das auch von *Brunnstein* bei seinen instationären Propellerberechnungen verwendete (vgl. Kapitel I, B) zugrunde gelegt.

Die Flügelprofile sind als Ellipsen mit der kleinen Hauptachse b und

$$b/R_0 = 0{,}049 - 0{,}046 \, r/R_0 \tag{122}$$

---

30) Es sei auf das bereits erwähnte Werk von Biezeno-Grammel verwiesen sowie auf:
     I. Szabo: Höhere Technische Mechanik; Berlin/Göttingen/Heidelberg; Springer 1960 (3. Auflage)

angenommen. (vgl. Abb. 56). Für die große Hauptachse a wurden in die
elastizitätstheoretische Rechnung (anders als bei der hydrodynamischen
Kraftermittlung) die Werte eines normalen nicht kreissektorförmigen Flügelblattes mit $(a/R_0)_{max} = 0,345$ bei $r/R_0 = 0,75$ eingesetzt. Als Flügelmaterial
wurde Bronze angenommen.

Die vier dargestellten Beispiele unterscheiden sich durch ihre Spitzenum-

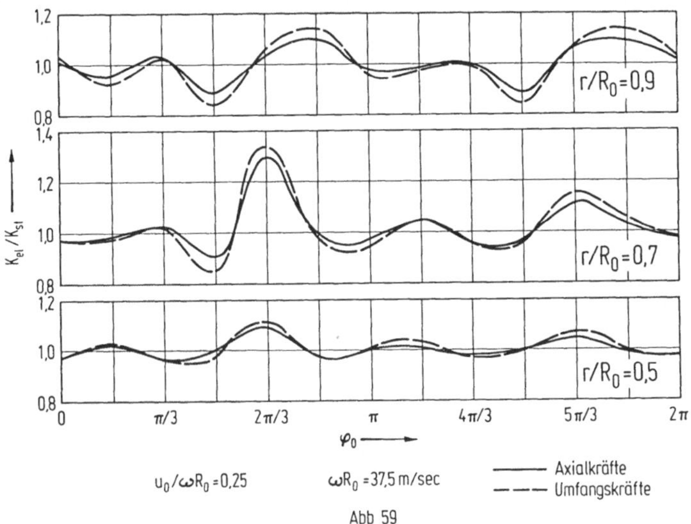


Abb 59

fangsgeschwindigkeit $\omega R_0$ (37,5 und 50 m/sec) sowie durch ihren Fortschrittsgrad $u_0/\omega R_0$ (0,15 bzw. 0,25). Die zugehörigen Werte von $S/\rho u_0^2 \cdot \pi/2 \cdot R_0^2$ (S
ist der mittlere Propellerschub) betragen 4,2 bzw. 1,1 .

Man erkennt klar, daß bei gleicher relativer Flügeldicke und gleichem Nachstrom die Elastizität eine um so größere Rolle spielt, je höher die Spitzenumfangsgeschwindigkeit der Flügel und je kleiner die Belastung des Propellers ist. Der
erstgenannte Effekt war von vorn herein zu erwarten; der zweite ist dadurch
bedingt, daß bei einem Propeller für gleiche Nachstromverteilung die Flügelkraftschwankungen bekanntlich mit zunehmender Belastung abnehmen. (vgl.
Kapitel I B)

Es ist hier zu vermerken, daß die verwendete Flügeldicke (122) [insbeson-
dere in den Fällen mit $\omega R_0$ = 50 m/sec] nicht den Vorschriften der Klassifikationsgesellschaften entspricht sondern zu dünn ist. Sie wurde aber dennoch so
gewählt, um den zu untersuchenden Effekt klarer hervortreten zu lassen.

Bei dem in Abb. 60 gezeigten extremsten Fall mit $u_0/\omega R_0$ = 0,25 und $\omega R_0$ =
50 m/sec ist die Konvergenz des eingangs erläuterten Iterationsverfahrens
nicht mehr gesichert. Die Rechnung wurde hier zum Vergleich auch mit einer
gegenüber Gl. (122) um 25 % vergrößerten Dicke (gestrichelte Kurven) durchgeführt. Man erkennt deutlich die Reduktion des elastischen Einflusses.

Die Maxima der $\dot{K}_{el}/K_{st}$-Werte also der relativen Kraftänderungen liegen verständlicherweise im allgemeinen in denjenigen $\varphi_0$-Bereichen, in denen die Bezugswerte $K_{st}$ klein sind.

Aufgrund der von *Oberembt* durchgeführten Untersuchungen läßt sich zusammenfassend feststellen:

Die elastischen Schwingungsgeschwindigkeiten sind[31]) bei den nach den Vorschriften der Klassifikationsgesellschaften in ihrer Dicke richtig dimensi-

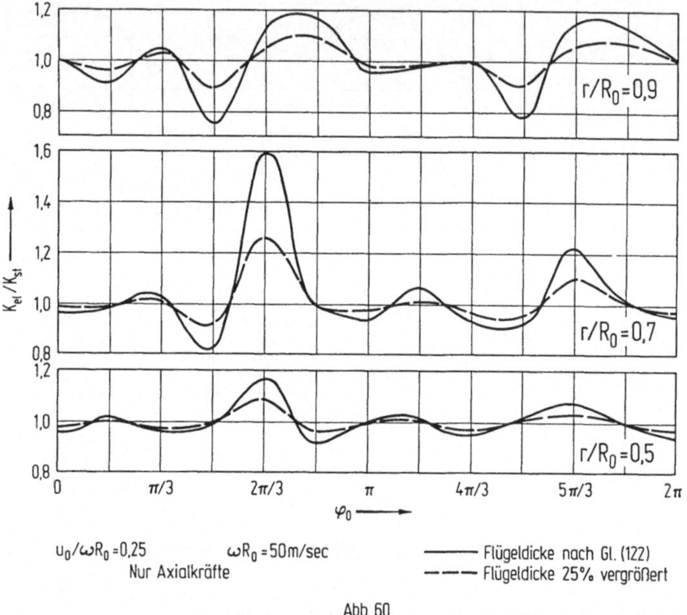


Abb 60

onierten Propellerflügeln so klein gegenüber den Geschwindigkeitsinhomogenitäten der Nachstromfelder, daß die unter der Voraussetzung starrer Flügel ermittelten hydrodynamischen Kräfte durch die Elastizität nur um wenige Prozent verändert werden.

Die gleiche Aussage bleibt auch für Biegeschwingungen gültig, welche durch die instationären Belastungen der Flügel eines teilgetauchten Propellers entstehen.[32]) Dieses gilt umsomehr als die in Wirklichkeit bei einem Propellerflügel vorliegende Verwindung der Hauptträgheitsachsen der Profilschnitte zu einer Erhöhung der Biegesteifigkeit des Flügels und damit zu einer Verminderung der elastischen Effekte um einige Prozent führt.[33]) Um diese Abschät-

---

31) Wenn man von den Fällen absieht, in denen schwache Belastung bei hoher Spitzenumfangsgeschwindigkeit vorliegt.

32) Vgl. die in Fußnote[26]) genannte Arbeit von Oberembt.

33) P. Boese: Berechnung der Biegeschwingungen des Propellerblattes unter Berücksichtigung des Steigungsverlaufes über dem Radius. Bericht Nr. 256 Inst. für Schiffbau Universität Hamburg Dezember 1969.

zung zu gewinnen, hat *Boese* den das Flügelblatt ersetzenden Balken in
diskrete Massen zerlegt, die durch elastische Glieder verbunden sind; damit
läßt sich die Abhängigkeit der Hauptträgheitsachsen vom örtlichen Radius
näherungsweise berücksichtigen.[33])

## 2. Freie Schwingungen (Eigenschwingungen)

Neben der Untersuchung der durch periodische Kraftschwankungen (bedingt
durch ein Nachstromfeld oder sonstige Einflüsse) erzwungenen Flügelschwingungen ist die Frage nach den Eigenschwingungen der Flügel von Interesse,
insbesondere ob letztere gedämpft oder angefacht sind.

Beschränkt man sich auf Biegeschwingungen der Kreisfrequenz $\Omega$, so kann
von der Differentialgleichung (117) ausgegangen werden. Die auf der rechten
Seite stehende Kraft $K_Z$ bedeutet dabei jetzt die durch die Eigenschwingung
W (r, t) hervorgerufene hydrodynamische Kraftwirkung. Es ist aus zwei
Gründen zweckmäßig, $K_Z$ (r, t) bei dieser Untersuchung für die einzelnen Flügelschnitte r = const. nach der ebenen Tragflügeltheorie zu berechnen. Einer-
seits sind die reduzierten Frequenzen $\Omega a/\omega$ ($2a \cdot \sqrt{r^2 + k_i^2}$ ist die Propellerflü-
geltiefe) der Eigenschwingungen in der Regel so hoch, daß die hydrodynamischen
Kräfte nicht mehr zuverlässig nach der instationären (erweiterten) Propeller-
traglinientheorie ermittelt werden können;[34]) eine Verwendung der Propellertragflächentheorie verbietet sich wegen des hohen Aufwandes. Andererseits
ergibt sich in der ebenen Tragflächentheorie des Einzelflügels (vgl. Fußnote[29])
eine explizite Darstellung der hydrodynamischen Kraft als lineare Funktion
der Eigenschwingungsgeschwindigkeit $\partial W/\partial t$ sowie der Beschleunigung
$\partial^2 W/\partial t^2$. Letzteres ist für die Behandlung des Eigenwertproblems der in W
homogenen Differentialgleichung (117) eine erhebliche Vereinfachung.

*Oberembt*[26]) hat auf diese Weise mit den Methoden der mechanischen
Stabilitätstheorie[35]) die Biegeeigenschwingungen eines Propellerflügels unter-
sucht. Dabei wird die Eigenfrequenz $\Omega = \Omega_* + i\Omega_{**}$ komplex angesetzt; das
Vorzeichen von $\Omega_{**}$ entscheidet über Dämpfung oder Anfachung.

Es ergab sich, daß die erste Eigenschwingung gedämpft ist. Für die bereits
in Ziff. 1 besprochenen Beispiele mit der Flügeldicke gemäß Gl. (122) und

---

35) Vgl.: H. Leipholz: Stabilitätstheorie; B. G. Teubner Verlagsgesellschaft, Stuttgart 1968.
34) Durch Vergleich der Ergebnisse der exakten zweidimensionalen Tragflächentheorie
   mit denen der 1/4-3/4-Punkt-Methode (erweiterte Traglinientheorie) läßt sich zeigen:
   Bei wellenförmiger Anströmung (entsprechend einem Schiffsnachstrom) liefert die
   erweiterte Traglinientheorie noch bis zu reduzierten Frequenzen von $\Omega a/\omega \lesssim 1$ hin-
   reichend genaue Ergebnisse. Dagegen kann die 1/4-3/4-Punkt-Methode bei Flügelschwingungen senkrecht zur Profilsehne, wie sie bei Biegeschwingungen auftreten,
   nur bis zu reduzierten Frequenzen von etwa $\Omega a/\omega \lesssim 0,5$ als ausreichend genau
   (Fehler nicht wesentlich über 10 %) angesehen werden. [Da die wesentlichen bei einer
   Anregung durch das Nachstromfeld auftretenden reduzierten Frequenzen $\Omega = \omega$ ,
   $\Omega = 2\omega$, unter dieser Grenze liegen, stellt die Berechnung der Flügelkräfte eines Nach-
   strompropellers mit der erweiterten Traglinientheorie eine zulässige Näherung dar].

Bronze als Flügelmaterial erhielt *Oberembt* den Wert $\Omega_*^{(1)} R_0 \approx 240$ m/sec für die unterste Eigenfrequenz. (Die Rechnung liefert stets das Produkt $\Omega_* R_0$). Dabei zeigt sich, daß $\Omega_*^{(1)} R_0$ kaum von der Spitzenumfangsgeschwindigkeit $\omega R_0$ des Flügels abhängt; dieses liegt daran, daß für $\Omega_*^{(1)} R_0$ der Wert von $E/\rho_M$ maßgebend wird (für Bronze $E/\rho_M \approx 1{,}3 \cdot 10^7$ m²/sec²), welcher stets wesentlich größer als $\omega^2 R_0^2$ ist.

Die hier angewendete Methode kann im übrigen nur dann als näherungsweise richtig angesehen werden, wenn sich nachträglich aus den errechneten $\Omega$-Werten ergibt, daß $\Omega_{**}^2 \ll \Omega_*^2$ ist. Denn die hydrodynamischen Kräfte wurden ja aus der Tragflügeltheorie unter der Voraussetzung rein periodischer (ungedämpfter bzw nicht angefachter) Schwingungen ermittelt. Bei den von *Oberembt* berechneten Beispielen ist die Bedingung $\Omega_{**}^2 \ll \Omega_*^2$ ausreichend genau erfüllt; (da $\omega^2 R_0^2 \ll E/\rho_M$ ist). Die Eigenfrequenz bei Vernachlässigung der hydrodynamischen Dämpfung aber Berücksichtigung der hydrodynamischen Masse ergibt sich zu $\Omega^{(1)} R_0 = 225$ m/sec, und ganz ohne hydrodynamische Kraftwirkungen (in Luft) hätte man $\Omega^{(1)} R_0 = 491$ m/sec. Man erkennt so deutlich die Reduktion der Eigenfrequenzen durch die hydrodynamische Masse.

Die erste Oberfrequenz ohne Berücksichtigung der hydrodynamischen Dämpfung beträgt $\Omega^{(2)} R_0 \approx 904$ m/sec, also etwa das vierfache von $\Omega^{(1)} R_0$. Höhere Oberfrequenzen lassen sich mit dem einfachen Modell des Biegestabes nicht mehr zuverlässig ermitteln.

Bei der Wertung dieses Ergebnisses darf nicht übersehen werden, daß die Heranziehung der ebenen Tragflächentheorie zur Ermittlung der instationären hydrodynamischen Kräfte für einen Propellerflügel in Anbetracht von dessen kleinen Seitenverhältnis eine starke Vereinfachung darstellt.

Untersuchungen[36]) kombinierter Biege- und Torsionseigenschwingungen von Tragflügeln haben ergeben, daß bei der dem Flatterzustand[37]) entsprechenden Anströmungsgeschwindigkeit die ebene Tragflächentheorie unrealistische Resultate liefert.

Es ist vielmehr notwendig, mit der dreidimensionalen Tragflächentheorie die genaue Form der instationären (in der Regel einer wesentlich über 1 liegenden reduzierten Frequenz entsprechenden) Belastungsverteilung des Flügels und insbesondere die Lage der Druckmittelpunkte in Abhängigkeit von der Spannweitenrichtung zu ermitteln.[38]) Ganz besonders gilt das für kleine Flügelseitenverhältnisse wie sie bei Propellerflügeln vorliegen.

---

36) W. H. Chu, H. N. Abramson: Further Calculations of the flutter speed of a fully submerged subcavitating hydrofoil; Journal of Hydronautics 3 (1969) 168.

37) Der Flatterzustand charakterisiert den Übergang von gedämpften zu angefachten Eigenschwingungen.

38) B. Laschka: Über Ergebnisse der experimentellen und theoretischen Forschung auf dem Gebiet der instationären Luftkräfte; Stand der Forschung in Deutschland.: Deutsche Luft- und Raumfahrtmitteilung Nr. 65-12 (1965).

Falls doch die Formeln der ebenen Tragflächentheorie Verwendung finden solle,n, so müssen teilweise aus Experimenten zu entnehmende Korrekturfaktoren angebracht werden, um den Einfluß der endlichen Flügelspannweite zu berücksichtigen.[36]) Die Einführung eines solchen über den Radius konstanten Korrekturfaktors (d.h. Abminderungsfaktors) von 0,66 ergibt nach Untersuchungen von *Boese*[33]) bereits eine Erhöhung der ersten und zweiten Eigenfrequenz um etwa 18% bis 20%. (Reine Biegeschwingung).

Außerdem kann auch eine Veränderung der Strömungsverhältnisse an der Flügelhinterkante, (bedingt durch Grenzschichtablösung und Nachlauf) gegenüber dem idealen durch die Kuttasche Abflußbedingung charakterisierten Zustand zu einer Veränderung der Druckverteilung am Flügel führen, die merkliche Auswirkungen auf die Eigenschwingungen des Flügels hat. Dieser letztgenannte Effekt läßt sich nicht allein theoretisch erfassen.[36])

Sicher haben die eben angedeuteten Probleme bei kombinierten Schwingungen mit mehreren Freiheitsgraden (wie z.B. Biegung und Torsion) größere Bedeutung als bei reinen Biegeschwingungen. Dennoch darf gesagt werden, daß eine wirkliche realistische Behandlung aller Eigenschwingungen von Propellerflügeln erst nach einer Weiterentwicklung der instationären Propellertragflächentheorie möglich sein wird.

## E. Propellerhydroakustik

### 1. Einleitende Betrachtungen

Aufgabe der Hydroakustik ist es, das von einem bewegten Körper im Wasser abgestrahlte Schalldruckfeld, insbesondere die Amplituden instationärer Druckschwankungen sowie die Schalleistung zu berechnen. Für eine Übersicht über die allgemeine Akustik kann auf eine Reihe zusammenfassender Darstellungen verwiesen werden.[39]) Wir beschränken uns im folgenden auf die bei Propellern auftretenden hydroakustischen Probleme.

Unter Vernachlässigung von Einflüssen der Zähigkeit, Wärmediffusion und Wärmeleitung sowie der Schwerkraft gehen wir von der Eulerschen Gleichung

$$\rho \, \frac{\partial \mathfrak{w}}{\partial t} - \rho \, \mathfrak{w} \times \mathrm{rot}\,\mathfrak{w} + \rho \, \mathrm{grad}\, \frac{\mathfrak{w}^2}{2} + \mathrm{grad}\, p = 0 \tag{123}$$

39) P. M. Morse, K. U. Ingard: Linear Acoustic Theory; Handbuch der Physik Bd. 11, S. 1 Berlin/Göttingen/Heidelberg Springer 1961.
   T. Y. Wu: Introductory lectures on hydroacoustics; Schiffstechnik 13 (1966) 93.
   Din-Yu-Hsieh: Some analytical aspects of bubble dynamics; Journ. of Basic Engineering 87 (1965) 991.
   L. Cremer, M. Heckl: Körperschall; Berlin/Heidelberg/New York; Springer 1967.
   P. M. Morse, K. U. Ingard: Theoretical Acoustics; Mc Graw Hill Book Co. New York 1968.

und der Kontinuitätsgleichung

$$\frac{\partial \rho}{\partial t} + \operatorname{div}(\rho \mathfrak{w}) = \rho \sum_{(n)} Q(\mathfrak{w}_n, t)\, \delta(\mathfrak{w} - \mathfrak{w}_n) \tag{124}$$

aus. Die Funktion auf der rechten Seite von (124) ist nur am Ort $\mathfrak{w} = \mathfrak{w}_n$ von Quellen- und Senkensingularitäten von Null verschieden.

In der Strömungsakustik muß die Kompessibilität des Mediums auf jeden Fall berücksichtigt werden. Für Wasser gilt in guter Näherung die Relation[39]

$$p = A\rho^\kappa - B \quad \text{oder} \quad \frac{p + B}{p_0 + B} = \left(\frac{\rho}{\rho_0}\right)^\kappa . \tag{125}$$

A und B sind Konstante; $B \approx 3000$ kg/cm$^2$, $\kappa \approx 7$. $p_0$ und $\rho_0$ sind die für den ungestörten Zustand des Wassers in großer Entfernung vom Strömungskörper gültigen Werte. Aus Gl. (125) ergibt sich, daß (anders als in Luft) wegen des sehr großen B-Wertes auch erhebliche Abweichungen des örtlichen Druckes p vom Bezugsdruck $p_0$ (z.B. $p_0 = 1$ kg/cm$^2$) nur sehr geringe Dichteänderungen hervorrufen.[40]

Man kann somit von (125) ohne weiteres zu der linearisierten Beziehung

$$\frac{p + B}{p_0 + B} = \left(1 + \frac{\rho - \rho_0}{\rho_0}\right)^\kappa \approx 1 + \kappa \frac{\rho - \rho_0}{\rho_0} \tag{126}$$

übergehen, wenn man nicht gerade Druckwellen in unmittelbarer Umgebung zusammenfallender Kavitationsblasen untersuchen will.

Wir führen durch $c = \sqrt{dp/d\rho}$ die Schallgeschwindigkeit des Wassers[41] ein und bezeichnen mit $c_0 = \sqrt{dp/d\rho_0}$ ihren Wert im ungestörten Zustand. Damit ergibt sich die linearisierte Druck-Dichte-Beziehung (126) in der im folgenden verwendeten übersichtlichen Form

$$p = p_0 + c_0^2 (\rho - \rho_0) . \tag{127}$$

---

40) Dabei ist natürlich Homogenität des Wassers vorausgesetzt. Kavitationsblasen und Kavitationsgebiete in der Umgebung der Propellerflügel, in denen durch Verdampfung $\rho$ wesentlich von $\rho_0$ abweicht, werden in der folgenden Theorie durch Quellen-Senken-verteilungen also durch Singularitäten im Strömungsfeld dargestellt.

41) Reines Wasser hat mit etwa 1400 m/sec eine relativ hohe Schallgeschwindigkeit; diese sinkt mit steigendem Luftgehalt des Wassers und zwar in extremen Fällen durchaus unter den für Luft gültigen Wert ab. Vgl. im einzelnen
K.Wieghardt: Kompressibilitätseffekte im Wasser mit freiem Luftgehalt; Schiffstechnik 14 (1967) 24.
In der Propellerhydroakustik ist zu beachten, daß Seewasser immer einen gewissen Gehalt an Luftkeimen hat. der nach starken Stürmen ansteigt.

Wir beschränken uns auf relativ schwach belastete Propeller; damit können wir voraussetzen, daß die vom Propeller einschließlich seiner Kavitationsgebiete induzierten Geschwindigkeiten so klein im Verhältnis zur Schiffsgeschwindigkeit $u_0$ und Flügelumfangsgeschwindigkeit $\omega r$ sind, daß in den strömungsmechanischen Gleichungen (123) und (124) nur lineare Anteile der induzierten Geschwindigkeiten berücksichtigt werden brauchen.

Mit dem Ansatz $\mathcal{W} = u_0 \mathcal{W}_x + \mathcal{W}_p$ ($\mathcal{W}_p$ ist das vom Propeller induzierte Feld; gegebenenfalls ist auch des Nachstromfeld des Schiffes in $\mathcal{W}_p$ enthalten.), folgt dann aus (123) und (124) unter Weglassung der in $\mathcal{W}_p$ nichtlinearen Terme

$$\rho_0 \frac{\partial \mathcal{W}_p}{\partial t} + \rho_0 u_0 \frac{\partial \mathcal{W}_p}{\partial x} + \text{grad } p = 0 \tag{128}$$

$$\frac{1}{c_0^2}\left(\frac{\partial p}{\partial t} + u_0 \frac{\partial p}{\partial x}\right) + \rho_0 \text{ div } \mathcal{W}_p = \rho_0 \sum_{(n)} Q(\mathcal{W}_n, t)\, \delta(\mathcal{W} - \mathcal{W}_n) \ . \tag{129}$$

Elimination von $\mathcal{W}_p$ aus Gl. (128) und (129) liefert mit div grad $p = \Delta p$ für den Druck $p$ die Wellengleichung

$$\left(1 - \frac{u_0^2}{c_0^2}\right)\frac{\partial^2 p}{\partial x^2} + \frac{1}{r}\frac{\partial}{\partial r}\left(r\frac{\partial p}{\partial r}\right) + \frac{1}{r^2}\frac{\partial^2 p}{\partial \varphi^2} - \frac{1}{c_0^2}\frac{\partial^2 p}{\partial t^2} - \frac{2u_0}{c_0^2}\frac{\partial^2 p}{\partial x \partial t} = \tag{130}$$

$$= -\left(\frac{\partial}{\partial t} + u_0 \frac{\partial}{\partial x}\right)\rho_0 \sum_{(n)} Q(\mathcal{W}_n, t)\, \delta(\mathcal{W} - \mathcal{W}_n) \ ,$$

die wir gleich in den für das Propellerproblem benötigten Zylinderkoordinaten anschreiben. Wie im inkompressiblen Fall setzen wir voraus, daß das vom Propeller induzierte Geschwindigkeitsfeld $\mathcal{W}_p$ ein Potential $\Phi$ hat; dieses folgt im übrigen auch aus Gl. (128), und zwar wird

$$\frac{p}{\rho_0} = -\frac{\partial \Phi}{\partial t} - u_0 \frac{\partial \Phi}{\partial x} + \text{const.} \tag{131}$$

Durch Elimination des Druckes folgt mit (131) aus Gl. (129) die Wellengleichung für das Geschwindigkeitspotential

$$\left(1 - \frac{u_0^2}{c_0^2}\right)\frac{\partial^2 \Phi}{\partial x^2} + \frac{1}{r}\frac{\partial}{\partial r}\left(r\frac{\partial \Phi}{\partial r}\right) + \frac{1}{r^2}\frac{\partial^2 \Phi}{\partial \varphi^2} - \frac{1}{c_0^2}\frac{\partial^2 \Phi}{\partial t^2} - \frac{2u_0}{c_0^2}\frac{\partial^2 \Phi}{\partial x \partial t} = \tag{132}$$

$$= f(x, r, \varphi, t) \quad \text{mit} \quad f(x, r, \varphi, t) = \sum_{(n)} Q(\mathcal{W}_n, t)\, \delta(\mathcal{W} - \mathcal{W}_n) \ .$$

Für die Behandlung des hydroakustischen Druckfeldes eines Propellers hat man von den Gleichungen (130), (131) und (132) auszugehen.

Zuvor soll noch kurz die Auflösungstheorie inhomogener Wellengleichungen besprochen werden. Wir betrachten dafür die Differentialgleichung

$$\frac{\partial^2 \Phi^*}{\partial x^{*2}} + \frac{1}{r^*\partial r^*}\left(r^*\frac{\partial \Phi^*}{\partial r^*}\right) + \frac{1}{r^{*2}}\frac{\partial^2 \Phi^*}{\partial \varphi^{*2}} - \frac{\partial^2 \Phi^*}{\partial t^{*2}} = f^* \,(x^*, r^*, \varphi^*, t^*) \;. \qquad (133)$$

Sie hat die Lösung[42]

$$\Phi^* \,(x^*, r^*, \varphi^*, t^*) = -\frac{1}{4\pi}\iiint\frac{1}{D^*}\; f^* \,(x', r', \varphi', t^* - D^*)\, r'dr'd\varphi'dx' \;, \qquad (134)$$

$$\text{mit} \quad D^* = \sqrt{(x^* - x')^2 + r^{*2} + r'^2 - 2r^*r'\cos(\varphi^* - \varphi')} \;.$$

Dabei ist über das Gebiet $(G_0)$ des Gesamtgebietes $(G)$ zu integrieren, in dem $f^*$ von Null verschieden ist. Die Lösung (134) genügt für alle Aufpunkte $x^*$, $r^*$, $\varphi^*$ innerhalb von $(G_0)$ der inhomogenen, außerhalb von $(G_0)$ der homogenen Differentialgleichung (133).

Wir gehen nun mit der Transformation[43]

$$x^* = x \;;\; r^* = \beta r \;;\; \varphi^* = \varphi \;;\; t^* = \beta^2 c_0 t + \frac{u_0}{c_0}\,x \;, \qquad (\beta^2 = 1 - \frac{u_0^2}{c_0^2})$$

zu neuen Variablen über und schreiben

$$\Phi^* \,(x^*, r^*, \varphi^*, t^*) = \Phi \,(x, r, \varphi, t) = \Phi\,(x^*, \frac{r^*}{\beta}, \varphi^*, \frac{t^*}{\beta^2 c_0} - \frac{u_0 x^*}{\beta^2 c_0^2}) \;; \qquad (135)$$

---

42) Vgl. z. B.: A. N. Tychonoff, A. A. Samarski: Differentialgleichungen der mathematischen Physik; Deutscher Verlag der Wissenschaften Berlin 1959, S. 400.
Im allgemeinen Fall würde zu (134) noch ein über die Oberfläche der Berandungen des betrachteten Gesamtgebietes (G) zu erstreckendes Integral

$$+\frac{1}{4\pi} \iint\limits_{(0)} \left\{\frac{1}{D^*}\frac{\partial \Phi^*}{\partial n^*} - \Phi^*\frac{\partial}{\partial n^*}\frac{1}{D^*} + \frac{1}{D^*}\frac{\partial D^*}{\partial n^*}\frac{\partial \Phi^*}{\partial t^*}\right\}do \qquad \text{n* Normalen-} \atop \text{richtung von 0}$$

hinzutreten. Im vorliegenden Fall ist (G) der ganze unendliche Raum, und das Oberflächenintegral erstreckt über eine Kugel mit unendlichem Radius verschwindet. Denn die Lösungen $\Phi^*$ sind von der allgemeinen Form $\Phi^* = F\,(t^* - D^*) \cdot (D^*)^{-1}$, vgl. Gl. (134), und mit $D^* \approx n^*$, $\partial n^* \approx \partial D^*$ folgt für $D^* \to \infty$ die obige Behauptung. Auch im Innern des Strömungsfeldes sind keine Räder, über die ein Integral des oben erwähnten Typs zu erstrecken wäre, da die dort befindlichen Strömungskörper mathematisch durch quellenartige Singularitäten dargestellt werden. (Oder auch durch Dipole, d. h. Kombinationen von Quellen und Senken).
43) A. I. van de Vooren, P. I. Zandbergen: Noise field of a rotating propeller in forward flight; AIAA-Journal 1 (1963) 1518.

$$\Phi(x, r, \varphi, t) = \Phi^*(x, \beta r, \varphi, \beta^2 c_0 t + \frac{u_0}{c_0} x) \ . \tag{136}$$

Mit (135) wird

$$\frac{\partial^2 \Phi^*}{\partial x^{*2}} = \frac{\partial^2 \Phi}{\partial x^2} - \frac{2u_0}{\beta^2 c_0^2} \frac{\partial^2 \Phi}{\partial x \partial t} + \frac{u_0^2}{\beta^4 c_0^4} \frac{\partial^2 \Phi}{\partial t^2} \ ; \ \frac{\partial^2 \Phi^*}{\partial t^{*2}} = \frac{1}{\beta^4 c_0^2} \frac{\partial^2 \Phi}{\partial t^2} \ .$$

Setzen wir

$$f^*(x^*, r^*, \varphi^*, t^*) = \frac{1}{\beta^2} f(x, r, \varphi, t) = \frac{1}{\beta^2} f(x^*, \frac{r^*}{\beta}, \varphi^*, \frac{t^*}{\beta^2 c_0} - \frac{u_0 x^*}{\beta^2 c_0^2}) =$$

$$= f^*(x, \beta r, \varphi, \beta^2 c_0 t + \frac{u_0}{c_0} x) \ , \tag{137}$$

so geht die Differentialgleichung (133) in die Form (132) über. Die Lösung von (132) ist nach (134), (136) und (137) gegeben durch

$$\Phi(x, r, \varphi, t) = -\frac{1}{4\pi} \iiint_{(G_0)} \frac{1}{D'} f^*(x', r', \varphi', \beta^2 c_0 t + \frac{u_0}{c_0} x - D') r' \, dr' \, d\varphi' \, dx' =$$

$$= -\frac{1}{4\pi} \iiint_{(G_0)} \frac{1}{D'} \frac{1}{\beta^2} f(x', \frac{r'}{\beta}, \varphi', t + \frac{u_0}{\beta^2 c_0^2}(x - x') - \frac{D'}{\beta^2 c_0}) r' \, dr' \, d\varphi' \, dx' \ ,$$

mit $\quad D' = \sqrt{(x - x')^2 + \beta^2 r^2 + r'^2 - 2\beta r r' \cos(\varphi - \varphi')} \ .$

Damit ergibt sich die Lösung der Wellengleichung (132) in ihrer endgültigen Form:

$$\Phi(x, r, \varphi, t) = -\frac{1}{4\pi} \iiint_{(G_0)} \frac{1}{D} f(x', r', \varphi', t + \frac{u_0}{\beta^2 c_0^2}(x - x') - \frac{D}{\beta^2 c_0}) r' \, dr' \, d\varphi' \, dx' \ , \tag{138}$$

mit $\quad D = \sqrt{(x - x')^2 + \beta^2 r^2 + \beta^2 r'^2 - 2\beta^2 r r' \cos(\varphi - \varphi')} \ .$

Für die Behandlung des Propellers benötigen wir die Grundlösung (138) für ein mit der Winkelgeschwindigkeit $\omega$ rotierendes und momentan an der Stelle $x = k_1 \chi$ , $r = s$, $\varphi = \varphi_0 + \chi$ befindliches Quellelement $q(s, \chi, \varphi_0)$. Wie beim Propellerflügel ist auch in diesem Fall die Zeitabhängigkeit durch die momentane Winkelstellung $\varphi_0$ bedingt, so daß $\omega dt = -d\varphi_0$

$$\frac{\partial \Phi}{\partial t} = - \omega \frac{\partial \Phi}{\partial \varphi_0} \; , \quad \frac{\partial p}{\partial t} = - \omega \frac{\partial p}{\partial \varphi_0} \tag{139}$$

zu setzen ist.

Die Funktion der rechten Seite von Gl. (132) lautet jetzt[44])

$$f(x, r, \varphi, \varphi_0) = q(s, \chi, \varphi_0)\, \delta(x - k_1 \chi) \frac{1}{r}\, \delta(r - s)\, \delta(\varphi - \varphi_0 - \chi) \; ,$$

und die Lösung ergibt sich nach (138) in der Gestalt

$$\Phi_0(x, r, \varphi, \varphi_0) = - \frac{1}{4\pi} \int\limits_{\varphi' = -\infty}^{\infty} \int\limits_{r' = 0}^{\infty} \int\limits_{x' = -\infty}^{\infty} \cdot$$

$$\cdot \; \frac{q\left(s, \chi, \varphi_0 - \omega u_0 (x - x')/\beta^2 c_0^2 + \omega D/\beta^2 c_0\right)}{\sqrt{(x - x')^2 + \beta^2 r^2 + \beta^2 r'^2 - 2\beta^2 r r' \cos(\varphi - \varphi')}} \; \cdot$$

$$\cdot \; \delta(x' - k_1 \chi)\, \delta(r' - s)\, \delta\left(\varphi' - \varphi_0 - \chi + \frac{\omega u_0}{\beta^2 c_0^2}(x - x') - \frac{\omega}{\beta^2 c_0} D\right) dx' \, dr' \, d\varphi' =$$

$$= - \frac{1}{4\pi} \int\limits_{-\infty}^{\infty} q\left(s, \chi, \varphi_0 - \frac{\omega u_0}{\beta^2 c_0^2}(x - k_1 \chi) + \frac{\omega}{\beta^2 c_0} D\right) \cdot$$

$$\cdot \left[(x - k_1 \chi)^2 + \beta^2 r^2 + \beta^2 s^2 - 2\beta^2 r s \cos(\varphi - \varphi')\right]^{-1/2} \cdot$$

$$\cdot \; \delta\left(\varphi' - \varphi_0 - \chi + \frac{\omega u_0}{\beta^2 c_0^2}(x - k_1 \chi) - \frac{\omega D}{\beta^2 c_0}\right) d\varphi' \; .$$

Da $D = \sqrt{(x - k_1 \chi)^2 + \beta^2 (r^2 + s^2 - 2rs \cos(\varphi - \varphi'))}$ von $\varphi'$ abhängt, ist es zweckmäßig, für die Ausführung der Intergration über $\varphi'$ zu einer neuen Variablen $\psi$ mit der Substitution[43])

$$\psi = \varphi' - \varphi_0 - \chi + \frac{\omega u_0}{\beta^2 c_0^2}(x - k_1 \chi) - \frac{\omega D}{\beta^2 c_0} \; , \quad d\varphi' = \frac{D\, d\psi}{D + \dfrac{\omega}{c_0} r s \sin(\varphi - \varphi')}$$

überzugehen. Es kommt dann für die Integration über $\psi$ nur auf den Wert des Integranden bei $\psi = 0$ an. Man erhält endgültig[44]):

---

44) W. H. Isay: Theoretische Grundlagen der Hydroakustik des Schraubenpropellers; Ing. Arch. 35 (1966/67) 382.

$$\Phi_0\,(x, r, \varphi, \varphi_0) = -\frac{1}{4\pi}\,\frac{q\,(s, \chi, \varphi_0 - \omega u_0\,(x - k_1\chi)/\beta^2 c_0^2 + \omega D_0/\beta^2 c_0)}{D_0 + \dfrac{\omega}{c_0}\,rs\,\sin\vartheta_0}$$

$$\vartheta_0 = \varphi - \varphi'_{I\psi=0} = \varphi - \varphi_0 - \chi + \frac{\omega u_0}{\beta^2 c_0^2}\,(x - k_1\chi) - \frac{\omega}{\beta^2 c_0}\,D_0\,; \qquad (140)$$

$$D_0 = \sqrt{(x - k_1\chi)^2 + \beta^2 r^2 + \beta^2 s^2 - 2\beta^2\,rs\,\cos\vartheta_0}\;.$$

Für ein nichtrotierendes an der Stelle $x = k_1\chi$; $r = s$; $\varphi = \chi$ befindliches Quellelement ergibt sich an Stelle von (140), wie man leicht nachrechnet:

$$\Phi_{00}\,(x, r, \varphi, \varphi_0) = -\frac{1}{4\pi}\,\frac{1}{D_{00}}\,q\,(s, \chi, \varphi_0 - \frac{u_0\,\omega}{\beta^2 c_0^2}\,(x - k_1\chi) + \frac{\omega}{\beta^2 c_0}\,D_{00})$$

$$(141)$$

$$D_{00} = \sqrt{(x - k_1\chi)^2 + \beta^2 r^2 + \beta^2 r^2 - 2\beta^2\,rs\,\cos(\varphi - \chi)}$$

Zu dem im folgenden zu besprechenden Schalldruckfeld eines Schraubenpropellers tragen verschiedene Anteile bei, die zweckmäßig einzeln untersucht werden und im Rahmen der linearisierten Theorie ohne weiteres superponiert werden können.

Es ist dabei angebracht, niederfrequente und hochfrequente Schalldruckfelder getrennt zu behandeln. Unter niederfrequenten Anteilen sind diejenigen zu verstehen, deren Kreisfrequenzen $mN\omega$ ($m = 1,2,\ldots$) durch die Winkelgeschwindigkeit $\omega$ und die Flügelzahl N des Propellers bestimmt sind. Hochfrequente im Bereich von mehreren Kiloherz liegende Druckschwankungen sind dagegen nicht mehr durch die typische Propellerströmung hervorgerufen sondern beruhen auf anderen Effekten; hier sind insbesondere entstehende, schwingende und zusammenfallende Kavitationsblasen und Blasengruppen zu nennen.

<h3 align="center">2. Das niederfrequente hydroakustische Druckfeld<br>im unbegrenzten Raum</h3>

Bei einem Schraubenpropeller besteht dieses Druckfeld aus verschiedenen Anteilen.

Der Drucksprung[45])

$$\partial p\,(s, \chi, \varphi_0) = \sum_{\mu = -M_1}^{M_1} \partial p_\mu\,(s, \chi)\,e^{i\mu\varphi_0} \qquad (142)$$

---

45) Bei hydroakustischen Untersuchungen wird $\partial p$ als aus der inkompressiblen Propellertragflächentheorie (Kapitel I) bekannt vorausgesetzt. (vgl. Fußnote[47]).

an den Propellerflügeln induziert ein akustisches Druckfeld $p_{\partial p}$. Zu seiner Berechnung nutzt man zweckmäßigerweise die Tatsache aus, daß $p_{\partial p}$ ausserhalb der Flügelblätter der homogenen Wellengleichung (130) genügen muß. Wie in der inkompressiblen Theorie (vgl. Kapitel I) belegen wir die Propellerflügel mit Dipolverteilungen vom Moment $\partial p$, deren Achsen normal zur tragenden Fläche gerichtet sind. Für einen N-flügeligen Propeller ergibt sich somit aus der Grundlösung (140)[44])[46])

$$p_{\partial p} = -\frac{1}{4\pi} \sum_{n=0}^{N-1} \sum_{\mu=-M_1}^{M_1} e^{i\mu\varphi_n} \int_{s=R_i}^{R_0} \int_{x=x_V(s)}^{x_H(s)} \partial p_\mu(s,\chi) \left(s\frac{\partial}{\partial x} - \frac{k_1}{s}\frac{\partial}{\partial \varphi}\right) \cdot \tag{143}$$

$$\cdot \; \frac{e^{i\mu\left[\frac{\omega}{c_0}\sqrt{(x-k_1\chi)^2 + r^2 + s^2 - 2rs\cos\vartheta_{n\chi}} - \frac{\omega u_0}{c_0^2}(x-k_1\chi)\right]}}{\sqrt{(x-k_1\chi)^2 + r^2 + s^2 - 2rs\cos\vartheta_{n\chi}} + \frac{\omega}{c_0} rs\sin\vartheta_{n\chi}} \; d\chi ds \; ;$$

$$\vartheta_{n\chi} = \varphi - \varphi_n - \chi + \frac{\omega u_0}{c_0^2}(x-k_1\chi) - \frac{\omega}{c_0} \cdot \tag{144}$$

$$\cdot \sqrt{(x-k_1\chi)^2 + r^2 + s^2 - 2rs\cos\vartheta_{n\chi}} \; .$$

Das zu dem Druckfeld (143) gehörende Geschwindigkeitspotential ergibt sich aus Gl. (31) des Kapitel I; für $c_0 \to \infty$ geht (143) wieder in die Relation (32) über, wie es sein muß. ($u_0/\omega \approx k_1$ gesetzt).

Als nächsten Anteil haben wir das durch die endliche Dicke der Propellerflügel induzierte Druckfeld zu behandeln. Dabei werden wir uns nicht auf die zeitunabhängige geometrische Profildicke beschränken; zusätzlich soll noch der Einfluß von auf den Flügeln liegenden niederfrequent pulsierenden Kavitationsschichten mit berücksichtigt werden, indem eine entsprechend verstärkte und von der momentanen Flügelstellung $\varphi_0$ abhängige Quellen-Senkenverteilung

$$q(s,\chi,\varphi_0) = \sum_{\mu=-M_2}^{M_2} q_\mu(s,\chi) e^{i\mu\varphi_0} \tag{145}$$

angesetzt wird.

Es sei aber ausdrücklich vermerkt, daß man mit dem Ansatz (145) nur den niederfrequenten Verdrängungseffekt der Kavitationsschicht als ganzes

---

46) In Anbetracht der stets relativ niedrigen Schiffsgeschwindigkeit $u_0$ kann in sehr guter Näherung $\beta^2 = 1 - (u_0/c_0)^2 \approx 1$ gesetzt werden.

erfassen kann, keinesfalls jedoch die Druckwellen, welche von den einzelnen Blasen und Blasengruppen ausgehen, aus denen sich die Kavitationsschicht zusammensetzt.

Wir wollen ferner voraussetzen, daß auch bezüglich der Kavitationsschicht sich alle N Propellerflügel jeweils an einer bestimmten Winkelstellung $\varphi_0$ im gleichen Zustand befinden.

Dann ergibt sich aus (140) mit (145) das Geschwindigkeitspotential $\Phi_q$ des des Dickenfeldes eines N-flügeligen Propellers in der Form[44])[46])

$$\Phi_q = -\frac{1}{4\pi} \sum_{n=0}^{N-1} \sum_{\mu=-M_2}^{M_2} e^{i\mu\varphi_n} \int_{s=R_i}^{R_0} \int_{x=x_V(s)}^{x_H(s)} q_\mu(s,\chi) \sqrt{s^2 + k_1^2} \; \cdot$$

$$\cdot \frac{e^{i\mu\left[\frac{\omega}{c_0}\sqrt{(x-k_1\chi)^2 + r^2 + s^2 - 2rs\cos\vartheta_{n\chi}} - \frac{\omega u_0}{c_0^2}(x-k_1\chi)\right]}}{\sqrt{(x-k_1\chi)^2 + r^2 + s^2 - 2rs\cos\vartheta_{n\chi}} + \frac{\omega}{c_0} rs\sin\vartheta_{n\chi}} \, d\chi ds \; , \qquad (146)$$

mit $\vartheta_{n\chi}$ nach Formel (144)

Für $c_0 \to \infty$ geht (146) in das aus Kapitel I Gl. (21) bekannte Potential $\Phi_q$ der inkompressiblen Strömung über; dort ist im übrigen nur das Glied $\mu = 0$ berücksichtigt. Für die Berechnung von q gemäß Ansatz (145) aus der Profildicke und der Dicke der überlagerten Kavitationsschicht wird eine zu (19) analoge Relation verwendet.[47])

Das zu (146) gehörende Druckfeld ergibt sich unter Berücksichtigung von (139) aus Gl. (131). Diese ist linear und gilt infolgedessen getrennt für jeden der hier diskutierten Feldanteile.

Es ist bekannt (vgl. Kapitel I, Abschnitt B), daß im Bereich der freien Querwirbel an der Flügelspitze schlauchförmige Unterdruckgebiete auftreten, in denen es zur Bildung von Kavitationsblasen kommt. Ähnlich ist es im Kernbereich der Nabenwirbel des Propellers; die Kavitationsbildung ist hier sogar noch stärker, da an der Nabe der Einfluß der freien Querwirbel aller N Flügel räumlich enger zusammengedrängt ist. Diese Erscheinungen sind aus Experimenten im Kavitationstank wohlbekannt.

Für das von einem Propeller abgestrahlte hydroakustische Druckfeld geben

---

47) Es zeigt sich, daß für das Geschwindigkeits- und Druckfeld in unmittelbarer Umgebung der Flügel die Kompressibilität des Mediums keine Rolle spielt. Daher können die Relationen der inkompressiblen Theorie in den Strömungsrandbedingungen am Flügel zur Berechnung der Singularitätenbelegungen verwendet werden. Dieses gilt für das hier in Ziff. 2 und 3 behandelte niederfrequente Feld bis zu Machzahlen von $Ma < 1/4$ wie sie bei Propellern höchstens vorkommen dürften. (vgl. Abb 61 und 62). $Ma = \omega R_0/c_0$

die schraubenlinienförmigen Kavitationsschläuche der freien Flügelspitzenwirbel sowie die axial gerichteten der Nabenwirbel einen nicht unerheblichen Beitrag. Als mathematisches Modell dienen linienförmig angeordnete Quellen-Senkenverteilungen, wie sie aus der Aerodynamik dünner Rotationskörper und Flugzeugrümpfe bekannt sind. Wir bezeichnen $\Phi_{KS}^{(s)}$ das Geschwindigkeitspotential der von den Flügelspitzen des Propellers abgehenden schraubenlinienförmigen Kavitationsschläuche. Die Winkelkoordinaten, bei denen diese die Propellerebene x = 0 schneiden, seien durch $\varphi_0 + 2\pi n/N = \varphi_n$ (n = 0,1, ... N − 1) gegeben. Unter der bereits für die Kavitationsschichten der Flügelblätter getroffenen Voraussetzung bezüglich der $\varphi_0$-Abhängigkeit kann die Quellen-Senkenverteilung in der Form

$$q^{(s)}(\chi, \varphi_0) = \sum_{\mu=-M_3}^{M_3} q_\mu^{(s)}(\chi)\, e^{i\mu\varphi_0} \qquad (\chi_A \leqslant \chi \leqslant \chi_E) \tag{147}$$

angesetzt werden. Die Winkelkoordinaten $\chi_A$ und $\chi_E$ geben Anfang und Ende des Schlauches an. Aus der Grundlösung (140) folgt dann das Geschwindigkeitspotential[44])

$$\Phi_{KS}^{(S)} = -\frac{1}{4\pi} \sum_{n=0}^{N-1} \sum_{\mu=-M_3}^{M_3} e^{i\mu\varphi_n} \int_{\chi_A}^{\chi_E} q_\mu^{(S)}(\chi)\, \sqrt{R_0^2 + k_0^2} \;\cdot$$

$$\cdot \; \frac{e^{\,i\mu\,[\frac{\omega}{c_0}\sqrt{(x-k_0\chi)^2 + r^2 + R_0^2 - 2r\,R_0\cos\vartheta_{n\chi}}\; -\; \frac{\omega u_0}{c_0^2}(x-k_0\chi)]}}{\sqrt{(x-k_0\chi)^2 + r^2 + R_0^2 - 2r R_0 \cos\vartheta_{n\chi}} + \frac{\omega}{c_0} r R_0 \sin\vartheta_{n\chi}}\; d\chi \;. \tag{148}$$

Für $\vartheta_{n\chi}$ gilt wieder die Relation (144) mit $s = R_0$ ($R_0$ ist der Außenradius des Propellers). In Formel (148) steht ausserdem an Stelle des geometrischen Steigungsparameters $k_1$ der Flügelblätter natürlich der (als konstant angenommene) hydrodynamische Steigungsparameter $k_0$ ($k_0 < k_1$). Für die Berechnung der Funktion $q^{(S)}$ aus Gl. (147) werden die üblichen Formeln zur Bestimmung von Quellen-Senkenbelegungen von Rotationskörpern aus deren Dickenverteilung d.h. der Querschnittsfläche F verwendet, also [48])

$$q^{(S)}(\chi, \varphi_0) = \sqrt{\frac{u_0^2 + \omega^2 R_0^2}{R_0^2 + k_0^2}}\;\; \frac{\partial F^{(S)}(\chi, \varphi_0)}{\partial \chi} \;. \tag{149}$$

Bei der Ermittlung des Geschwindigkeitspotentials $\Phi_{KS}^{(n)}$ der Kavitationsschläu-

---

48) R. Armonat: Das hydroakustische Druckfeld eines Propellers; Bericht Nr. 209 des Inst. für Schiffbau Universität Hamburg Juni 1968.

che des Nabenwirbels ist eine nicht rotierende Quellen-Senkenverteilung zugrunde zu legen. Diese ist ausserdem in $\varphi_0$ mit $2\pi/N$ periodisch; wir setzen

$$q^{(n)}(\xi, \varphi_0) = \sum_{\mu = -M'}^{M'} q_\mu^{(n)}(\xi)\, e^{i\mu N \varphi_0} \tag{150}$$

und erhalten aus der Grundlösung (141) das gesuchte Potential in der Form

$$\Phi_{KS}^{(n)} = -\frac{1}{4\pi} \sum_{\mu = -M'}^{M'} e^{i\mu N \varphi_0} \int_0^{\xi_E} \cdot$$

$$\cdot\; q_\mu^{(n)}(\xi)\, \frac{e^{i\mu N\left[\frac{\omega}{c_0}\sqrt{(x-\xi)^2 + r^2}\, -\, \frac{\omega u_0}{c_0^2}(x-\xi)\right]}}{\sqrt{(x-\xi)^2 + r^2}}\, d\xi\;.$$

Die Koordinate $\xi_E$ bezeichnet dabei das Ende des auf der x-Achse liegenden Kavitationsschlauches.

Die zu den Potentialen (148) und (151) gehörenden Druckfelder ergeben sich aus Gl. (131). Für $q^{(n)}$ gilt eine zu (149) analoge Relation.

Wir bezeichnen schließlich mit $\Phi_{Na}$ das Geschwindigkeitspotential des vom Schiffsrumpf induzierten Strömungsfeldes (Nachstromfeldes), welches als stationär bezüglich des Schiffskörpers vorausgesetzt wird.

Damit erhalten wir aus Gl. (143), (146), (148) und (151) das niederfrequente hydroakustische Druckfeld eines Schraubenpropellers ohne Berücksichtigung seiner Wechselwirkung mit der Wasseroberfläche oder mit Schiffsbauteilen in der Form:

$$\frac{1}{\rho_0} p(x, r, \varphi, \varphi_0) = \frac{p_0}{\rho_0} + \frac{1}{\rho_0} p_{\partial p}(x, r, \varphi, \varphi_0) + \omega \frac{\partial}{\partial \varphi_0}\left[\Phi_q(x, r, \varphi, \varphi_0) +\right.$$

$$\left. + \Phi_{KS}^{(S)}(x, r, \varphi, \varphi_0) + \Phi_{KS}^{(n)}(x, r, \varphi_0)\right] - u_0 \frac{\partial}{\partial x}\left[\Phi_q(x, r, \varphi, \varphi_0) +\right. \tag{152}$$

$$\left. + \Phi_{KS}^{(S)}(x, r, \varphi, \varphi_0) + \Phi_{KS}^{(n)}(x, r, \varphi_0) + \Phi_{Na}(x, r, \varphi)\right]\;.$$

Die effektive Berechnung des Druckfeldes (152) für Aufpunkte in einigem Abstand vom Propeller bereitet keinerlei prinzipielle Schwierigkeiten, da sämtliche auszuwertende Integrale stetige Integranden haben. Die Einzelheiten solcher Rechnungen entnehme man den genannten Arbeiten von *Isay*[44]) und *Armonat*[48]).

In einer größeren Anzahl von Feldpunkten $(x, r, \varphi)$ hat *Armonat* die verschiedenen Anteile des hydroakustischen Druckfeldes am Beispiel eines

vierflügeligen Propellers numerisch ausgewertet, mit einer instationären Flügelbelastung wie sie etwa dem bereits in Kapitel I B behandelten Nachstromfeld
entspricht. Die zugrunde gelegte Flügeldicke ist allerdings etwa doppelt so
groß wie in der Praxis üblich; es wurde $D_{max}/\ell = 0{,}125$ ($\ell$ Profiltiefe)
konstant über den Flügelradius angenommen. Diese Tatsache ist bei der Wer-

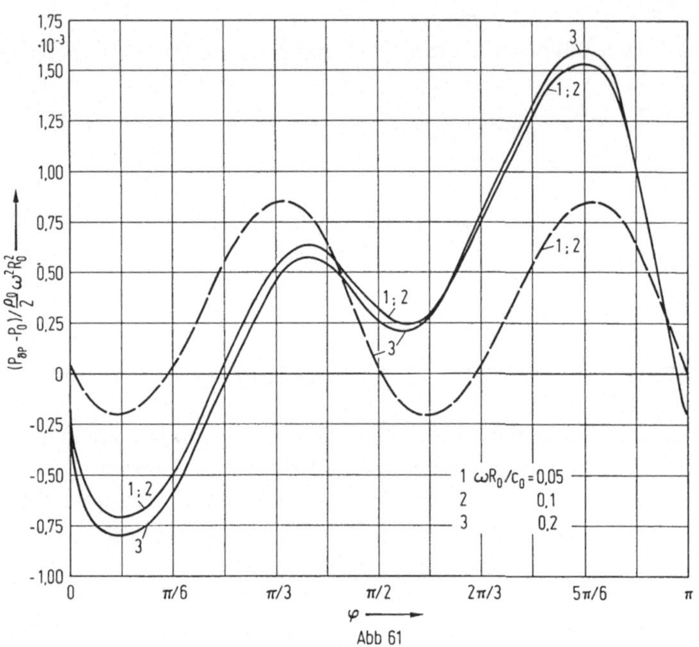


Abb 61

tung der Ergebnisse zu berücksichtigen. Die $\varphi_0$-Abhängigkeit der Kavitations-
schichten auf den Flügeln sowie der Kavitationsschläuche der Spitzen- und
Nabenwirbel wurde von *Armonat*[48]) hypothetisch konstruiert, da ihm genaue
Angaben wirklicher Werte nicht zur Verfügung standen. Als (Zeitl.) mittlerer
Radius R* für die Kavitationsschläuche wurde $R^*/R_0 = 0{,}01$ bei den Spitzen-
wirbeln und $R^*/R_0 = 0{,}02$ bei den Nabenwirbeln in die Rechnung eingesetzt.
Es handelt sich dabei um ungefähre Erfahrungswerte.

Für den in der Nähe des Propellers befindlichen Aufpunkt $x = 0$, $r = 1{,}5\,R_0$
und die Flügelstellung $\varphi_0 = 0$ wurde der Einfluß der Kompressibilität durch
Variation der Machzahl $\omega R_0/c_0$ untersucht. Das Ergebnis ist getrennt in Abb.
61 für den Drucksprung $\partial p$ und in Abb. 62 für den von der Flügeldicke
einschließlich Kavitationsschicht induzierten Anteil des Druckfeldes dargestellt. Die ausgezogenen Kurven geben den Wert von $p_{\partial p}$ und $p_q$ wieder, wie
er sich aus Formel (143) und (146) ergibt; daneben sind die Anteile der
stationären Belastung bzw Dicke, also der Summanden $\mu = 0$ aus Formel (143)
und (146) gestrichelt eingezeichnet. Man erkennt, daß noch bei einer Mach-

zahl von 0,2 die Druckbeiwerte sich nur unwesentlich von den inkompressi-
bel berechneten (Machzahl Null) unterscheiden; das Druckfeld in
unmittelbarer Umgebung des Propellers kann ausreichend genau nach der
inkompressiblen Theorie berechnet werden.[49]) (vgl. Fußnote[47]) ferner
Kapitel I). Befindet sich der Aufpunkt in einem Abstand von $0,1R_0$ und

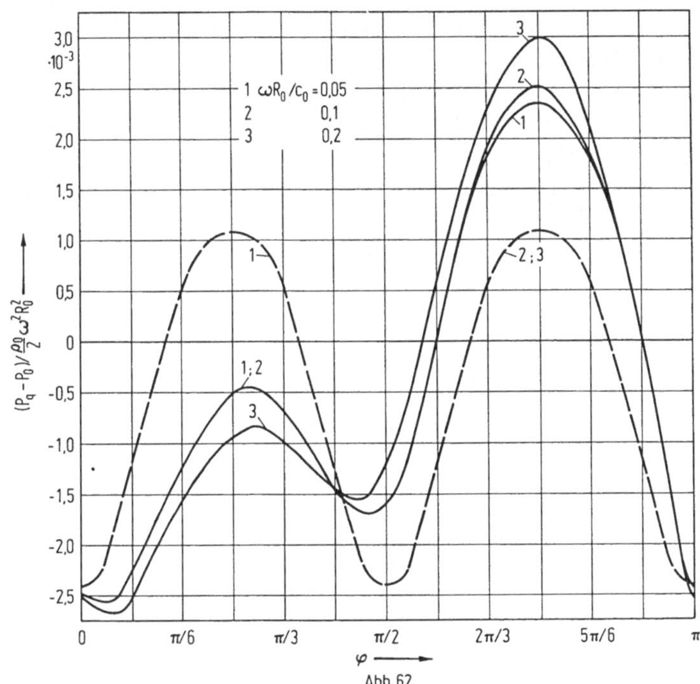


Abb. 62

mehr vom Propellerflügel und ausserhalb des Propellerstrahls, so reicht in der
Regel sogar die linearisierte inkompressible Theorie zur Erfassung des
Druckfeldes aus. (vgl. Formel (30) bis (32) sowie Band 1, S. 102 – 120). Der
Vergleich der theoretischen Aussagen mit zahlreichen Messungen des vom
Propeller induzierten Druckfeldes[50]) zeigte eine befriedigende Überein-
stimmung, wenn sowohl der Einfluß des Drucksprunges an den Flügeln als
auch derjenige der Profildicke berücksichtigt wird.

Wie aus neueren Untersuchungen hervorgeht, ist für die richtige Erfassung


49) Von dieser Tatsache kann man sich auch analytisch überzeugen, wenn man für Aufpunkte in der Umgebung des Propellers die in den einzelnen Druckfeldern enthaltenen
Ausdrücke $\vartheta$ und D aus (140) nach Potenzen von $1/c_0$ entwickelt und nur die linearen Glieder in $1/c_0$ berücksichtigt.

50) J. P. Breslin, T. Kowalski: Experimental study of propeller-induced vibratory pressures
on simple surfaces and correlation with theoretical predictions; Journal of Ship
Research 8 (1964/65) Heft 3.

des Drucksprunges die Tragflächentheorie besser geeignet als die Traglinien-theorie.[51])

Abb. 63 zeigt die Amplitude der Druckfeldschwankungen $(p_{\partial p} + p_q - p_0)$ bezogen auf den Drucksprung $S/\pi R_0^2$ in der Propellerebene), die von einem freifahrenden dreiflügeligen Propeller induziert werden; der Fortschrittsgrad beträgt $u_0/\omega R_0 = 0{,}83/\pi$ der Schubbelastungsgrad ist $c_S = 0{,}56$. Die Punkte in Abb. 63 betreffen Meßwerte von *Denny*[52]), während die Kurven Ergebnisse theoretischer Rechnungen[51]) von *Tsakonas* (ausgezogen Tragflächentheorie gestrichelt Traglinientheorie, einschließlich Profildicke) wiedergegeben. Sämtliche Werte beziehen sich auf das Druckfeld im unbegrenzten Raum; an einer unendlich ausgedehnten Platte würden dann nach dem Spiegelungsprinzip bekanntlich die doppelten Werte auftreten. Weitere Einzelheiten und Ergebnisse

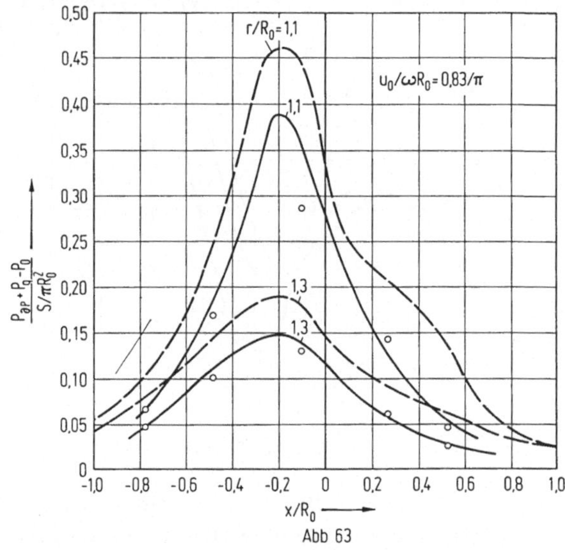


Abb 63

von Beispielen mit anderen Parametern entnehme man den Bericht von *Breslin*[51]

Bei frei fahrenden Propellern nimmt die Amplitude von $(p_{\partial p} + p_q - p_0)$. $\pi R_0^2/S$ mit wachsendem Fortschrittsgrad zu, während eine Vergrößerung der Propellerflügelzahl die Druckschwankungen erheblich reduziert. (vgl. auch Band 1, S. 106–107).

Im Nachstromfeld sind die Einflüsse schwieriger zu übersehen[53]) und hängen von der Wechselwirkung der speziellen instationären Flügelbelastung

---

51) J. P. Breslin: Report on vibratory propeller, appendage and hull forces and moment Proc. 12th Intern. Towing Tank Conference, Rome September 1969.

52) S. Denny: Comparisons of experimentally determined and theoretically predicted pressures in the vincinity of a marine propeller; Nav. Ship Res. Development Center Report 2349, May 1967.

mit den Harmonischen des Abstandes zwischen Raumaufpunkt und momentaner Flügelstellung ab. Dieses zeigt auch ein Blick auf Formel (32).

Auch instationäre Soganteile an Schiffshecks und ähnlichen Strömungskörpern lassen sich prinzipiell mit dieser Theorie berechnen,[54]) wenn man das Druckfeld in Raumpunkten stromaufwärts vom Propeller auswertet[55])

Die eigentliche Bedeutung hydroakustischer Druckfeldberechnungen beginnt bei Aufpunkten in größerem Abstand vom Propeller (etwa $x^2/R_0^2 \gtrsim 10^3$ oder $r^2/R_0^2 \gtrsim 10^3$), d.h. für das sogenannte Fernfeld.

Dort haben die unter Berücksichtigung der Kompressibilität berechneten Druckfelder einen ganz anderen Charakter als die aus einer inkompressiblen Rechnung ermittelten. Das wesentlichste Merkmal ist, daß kompressible (akustische) Druckfelder in großen Abständen von der Druckquelle langsamer abklingen als inkompressible.

Für $\sqrt{x^2 + r^2} \gg R_0$ gilt $p_{Kompr.} - p_0 \sim (x^2 + r^2)^{-1/2}$ im Gegensatz zu $p_{inkompr.} - p_0 \sim (x^2 + r^2)^{-1}$

Diese Abhängigkeiten bestehen sowohl für die vom Drucksprung an den Flügeln als auch für die von den Dickenverteilungen und Kavitationsschläuchen induzierten Druckfelder, wenn man bei letzteren noch die stets zu erfüllende Schließungsbedingung

$$\int_{(x)} q\,(\chi)\,d\chi = 0$$

berücksichtigt.

Man würde also für das Druckfeld in großer Entfernung ohne Berücksichtigung der Kompressibilität des Wassers auch bei sehr kleinen Machzahlen $\omega R_0/c_0$ physikalisch falsche Resultate erhalten. (Für $x \gg R_0$ ist $x/R_0 \cdot \omega R_0/c_0$ nicht mehr klein!).

Die Machzahl beeinflußt in Wechselwirkung mit den Koordinaten des Auf-

---

53) J. P. Breslin: Estimate of the forces generated on a long rigid plate parallel to the axis of a propeller operating in a wake; Stevens Inst. of Technology Davidson Lab. Note 764, February 1967.

54) S. Tsakonas, J. P. Breslin: Longitudinal blade-frequency force induced by a propeller on a prolate spheroid; Journ. of ship Research 8 (1964/65) Heft 4.

55) Huse verwendet allerdings das Druckfeld in einem freien Raumpunkt und berücksichtigt den Einfluß der Schiffswände bzw des Rumpfes entweder durch Verdoppelung der Druckamplituden des unbegrenzten Raumes oder mit Hilfe von empirischen Korrekturfaktoren. Vgl. :
E. Huse: Propeller tip clearance and afterbody form; Intern. Shipbuiding Progress 16 (1969) 370; ferner:
The magnitude and distribution of propeller-induced surface forces on a single-screw ship model; Norwegian Ship Model Experiment Tank Publication Nr. 100, December 1968.

punktes sowie den Belastung- und Quellen-Senkenverteilungen des Propellers in komplizierter Weise die Amplitude und ganz besonders die Phase des abgestrahlten Druckfeldes.

Schreibt man den Druckbeiwert dimensionslos in der Form

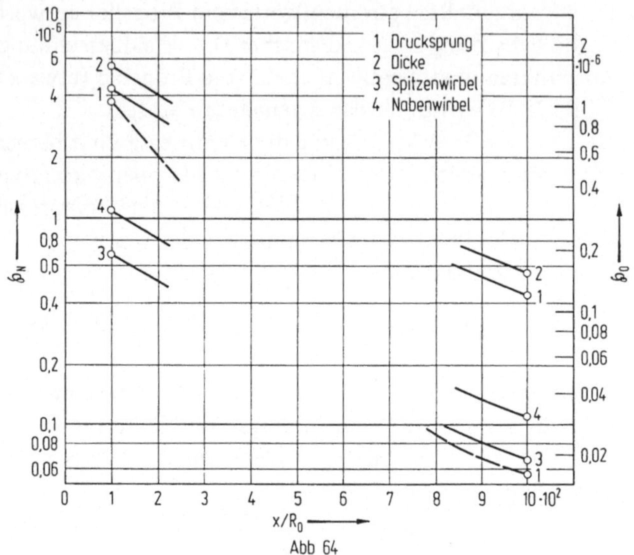


Abb 64

$$2\,\frac{p-p_0}{\omega^2 R_0^2 \rho_0} = \wp_0 + \wp_N \cos(N\varphi_0 + \Theta_1) + \wp_{2N}\cos(2N\varphi_0 + \Theta_2) + \ldots$$

$$\left(\begin{array}{l}\Theta = \text{Phase} \\ \wp_N = \text{Amplitude}\end{array}\right),$$

so sind die wichtigsten aufgrund der numerischen Ergebnisse von *Armonat*[48]) zu gewinnenden Aussagen über die Struktur hydroakustischer Propellerdruckfelder folgende:

Im Fernfeld werden bedeutsame Druckamplituden nur durch instationäre Belastungen oder pulsierende ($\varphi_0$-abhängige) Kavitationsgebiete induziert, d. h. von den Anteilen $\mu \neq 0$ in den Geleichungen (143), (146), (148), (151). Die ($\mu = 0$)-Glieder, also die von der momentanen Flügelstellung $\varphi_0$ unabhängigen Belegungen, ergeben Druckamplituden, die demgegenüber um mehr als zwei Größenordnungen kleiner sind.

Die über $\varphi_0$ gemittelten Druckbeiwerte $\wp_0$ sind nur bei dem von der Flügelbelastung induzierten Feld $p_{\partial p}$ von Bedeutung (sie stammen dort vom Summanden $\mu = 0$) und für die übrigen Felder mindestens eine Größenordnung kleiner als die Amplitude $\wp_N$ der ersten Harmonischen der Druckschwankung.

Die Abb. 64 zeigt für große x/R₀-Werte und die Abb. 65 für große r/R₀-Werte die Amplitude $\wp_N$ der ersten Harmonischen des Druckbeiwertes; und

zwar sind getrennt die für die Felder des Drucksprunges an den Flügeln, der
Flügeldicke und Schichtkavitation, der Spitzenwirbelkavitationsschläuche und
der Nabenwirbelkavitationsschläuche geltenden Werte angegeben. Außerdem
zeigt die gestrichelte Kurve den (allein bedeutsamen) $\wp_0$-Wert des Feldes der

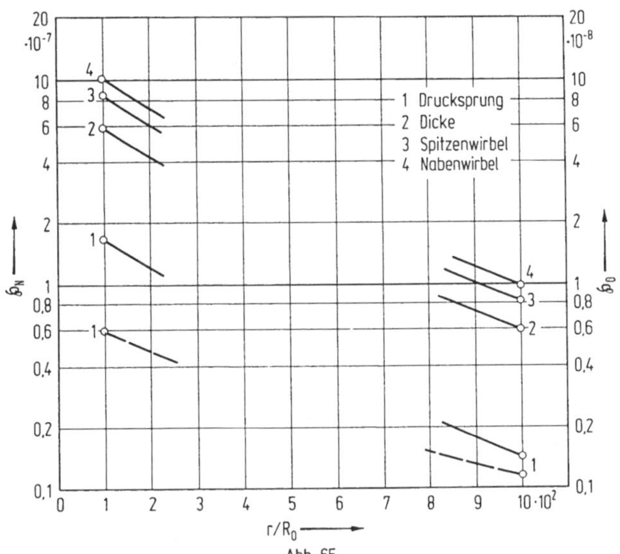


Flügelbelastung. Die Machzahl beträgt in allen Fällen $\omega R_0/c_0 = 0{,}05$.

Man erkennt, daß für große $r/R_0$-Werte die Amplitude $\wp_N$ und der Mittelwert $\wp_0$ des Belastungsfeldes $p_{\partial p}$ mehr als eine Größenordnung kleiner ist als
bei entsprechenden $x/R_0$-Werten. Ähnlich verhalten sich die $\wp_N$-Werte des
Druckfeldanteils $p_q$, während bei denjenigen der Spitzen- und Nabenwirbel-
kavitation dieser Einfluß nicht vorhanden ist.

Die Ergebnisse aus Abb. 64 sind für den Aufpunktwinkel $\varphi = \pi$, die der
Abb. 65 für $\varphi = \pi/2$ und $\varphi = 7\pi/12$ ( in den Amplituden fast übereinstimmend)
gewonnen. Durch den Winkel $\varphi$ wird im wesentlichen die Phase $\Theta$ beeinflußt.
Das Druckfeld des Nabenwirbel-Kavitationsschlauches ist von $\varphi$ unabhängig.

### 3. Die Einflüsse einer starren Platte, der Wasseroberfläche sowie eines Ringflügels (Düse)

Mit dem Spiegelungsprinzip läßt sich genau wie bei inkompressibler Strömung auch in der Hydroakustik der Einfluß einer in der Ebene $y = y_0$
oberhalb des Propellers befindlichen starren (unendlich ausgedehnten) Platte
berücksichtigen. Die Randbedingung lautet

$$\frac{\partial \Phi}{\partial y} + \frac{\partial \Phi^*}{\partial y} = 0 \; . \qquad\qquad (y = y_0) \; (y_0 > R_0) \qquad\qquad (153)$$

Dabei bezieht sich das Potential $\Phi^*$ auf den an der Ebene $y = y_0$ gespiegelten entgegengesetzt rotierenden Propeller gleichen Drucksprunges und gleicher Flügelform. (vgl. hierzu Band 1, S. 111/115.) Die verschiedenen Anteile des Geschwindigkeits- und Druckfeldes des gespiegelten Propellers ergeben sich aus den Formeln (143), (146), (148) und (151), wenn man dort nur[56]

$$y \parallel 2y_0 - y$$

setzt. Wie man leicht nachrechnet, hat diese Substitution zur Folge, daß die bisherigen $\vartheta_{n\chi}$ und $D_{n\chi} = \sqrt{(x - k_1\chi)^2 + r^2 + s^2 - 2rs \cos \vartheta_{n\chi}}$ zu ersetzen sind durch $(\beta \approx 1)$

$$\vartheta_{n\chi}^* = \varphi - \varphi_n - \chi + \frac{\omega u_0}{c_0^2}(x - k_1\chi) - \frac{\omega}{c_0} D_{n\chi}^* \tag{154}$$

$$D_{n\chi}^* = \sqrt{(x - k_1\chi)^2 + (2y_0 - y - s\cos(\varphi - \vartheta_{n\chi}^*))^2 + [z - s\sin(\varphi - \vartheta_{n\chi}^*)]^2} \ ,$$

und ausserdem hat man an Stelle von $r \sin \vartheta_{n\chi}$ und $r \cos \vartheta_{n\chi}$ jetzt[48]

$$r^* \sin \vartheta_{n\chi}^* = z \cos(\varphi - \vartheta_{n\chi}^*) - (2y_0 - y) \sin(\varphi - \vartheta_{n\chi}^*) \ ,$$

$$r^* \cos \vartheta_{n\chi}^* = z \sin(\varphi - \vartheta_{n\chi}^*) + (2y_0 - y) \cos(\varphi - \vartheta_{n\chi}^*) \ . \tag{155}$$

Das so berechnete Geschwindigkeitsfeld des gespiegelten Propellers genügt zusammen mit dem in Ziff. 2 behandelten Feld des Originalpropellers der Randbedingung (153). Außerdem ergibt sich für das Druckfeld wie im inkompressiblen Fall

$$(p + p^* - p_0)_{y = y_0} = 2(p - p_0)_{y = y_0} \tag{156}$$

Verwendet man das gespiegelte Propellerfeld mit umgekehrtem Vorzeichen, setzt also

$$p^{**} = -p^* \ , \quad \Phi^{**} = -\Phi^* \ , \tag{157}$$

so läßt sich damit der Einfluß der freien Wasseroberfläche auf das hydroakustische Druckfeld berücksichtigen. Es gilt

$$\omega \frac{\partial \Phi}{\partial \varphi_0} + \omega \frac{\partial \Phi^{**}}{\partial \varphi_0} = u_0 \frac{\partial \Phi}{\partial x} + u_0 \frac{\partial \Phi^{**}}{\partial x} \ . \qquad (y = y_0) \tag{158}$$

---

56) In Formel (143) ist vor der Substitution die Differentiation nach $\varphi$ auszuführen.

$$p + p^{**} = p_0 \quad . \qquad\qquad (y = y_0) \qquad\qquad (159)$$

Dabei ist natürlich die Wirkung der Schwerkraft vernachlässigt, es sind bezüglich der Flügelumfangsgeschwindigkeit hohe Froudesche Zahlen vorausgesetzt.

Eine mathematische Untersuchung der Felder $\Phi^*$, $p^*$, $\Phi^{**}$, $p^{**}$ zeigt, daß die Relationen (156) und (159) nicht nur für $y = y_0$ gelten sondern auch für

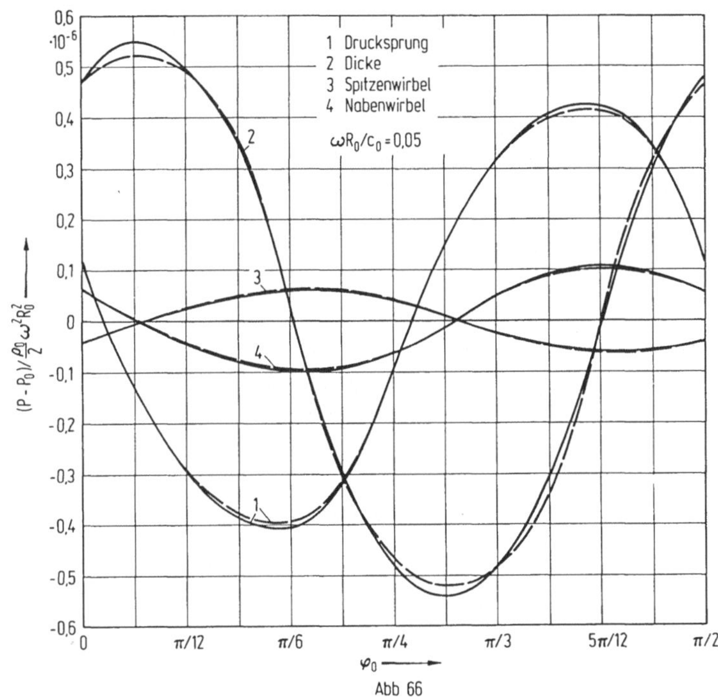


Abb 66

$y < y_0$, sofern entweder[48])

$$|x|/R_0 \gg 1 \quad , \quad \text{oder} \quad {}^r/R_0 \gg 1 \quad \text{und} \quad \varphi = \pm \frac{\pi}{2} \qquad\qquad (160)$$

ist. Dieses bedeutet, daß das hydroakustische Druckfeld in den durch (160) bestimmten Bereichen des Raumes durch den Einfluß einer starren Platte verdoppelt und durch die Wasseroberfläche ausgelöscht wird. Numerische Berechnungen von *Armonat* haben dieses bestätigt; Abb. 66 zeigt für $x/R_0 = 1000$ ; $r/R_0 = 10$ ; $\varphi = \pi$ die einzelnen Druckfeldanteile des Originalpropellers ausgezogen und des gespiegelten Propellers (Fall *) gestrichelt.

In manchen Fällen dürfte auch das hydroakustische Druckfeld eines Düsenpropellers von Interesse sein. Bei der Lösung der simultanen Randwertaufgabe zur Berechnung der Singularitätenbelegungen auf dem als Ringflügel vom Radius $R_D$ angesetzten Düsenmantel und auf den Propellerflügeln kann die inkompressible Theorie verwendet werden. (vgl. Band 1 Kapitel IIB, sowie Kapitel IIF dieses Buches). (Abb. 67) Für das vom Ringflügel abgestrahlte hydroakustische Fernfeld muß dagegen die Kompressibilität des Wassers berücksichtigt werden.

In der linearisierten Flügeltheorie ist der Zusammenhang zwischen der Wirbeldichte $\gamma^{(D)}$ der Düse und dem Drucksprung an der Düse durch die Rela-

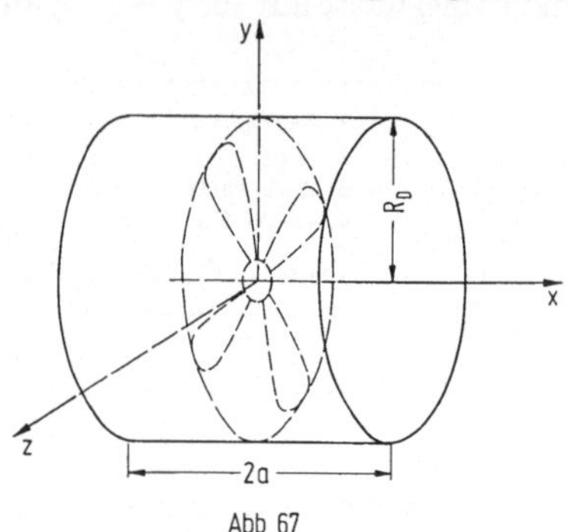


Abb 67

tion $\partial p^{(D)} = \rho_0 u_0 \gamma^{(D)}$ gegeben.

Wir belegen den Ringflügel vom Radius $R_D$ mit Dipolen vom Moment $\partial p^{(D)}$, deren Achsen normal zum Zylindermantel gerichtet sind. Bei einer durch den rotierenden Propeller bedingten instationären Strömung ergibt sich aus der Grundlösung (141) das akustische vom Drucksprung $\partial p^{(D)}$ auf dem Düsenmantel induzierte Druckfeld in der Form[57])

$$p_{\partial p}^{(D)} = \frac{1}{4\pi} \int\limits_{\xi=-a}^{a} \int\limits_{\psi=-\pi}^{\pi} \frac{\partial}{\partial R_D} \cdot$$

$$\cdot \left( \frac{\partial p\left(\xi, \psi, \varphi_0 - u_0 \omega (x-\xi)/c_0^2 + \omega/c_0 \cdot \sqrt{\ldots}\right)}{\sqrt{(x-\xi)^2 + r^2 + R_D^2 - 2rR_D \cos(\varphi - \psi)}} \right) \cdot R_D \, d\psi \, d\xi \tag{161}$$

mit 2a als Düsenlänge. $\sqrt{\ldots}$ bedeutet die im Nenner von (161) stehende Wurzel. Das zu dem Druckfeld (161) gehörende Geschwindigkeitspotential ergibt sich mit Formel (31) und der Substitution $x - x' = X$:

$$\Phi^{(D)} = - \frac{1}{4\pi u_0 \rho_0} \int\limits_{\xi=-a}^{a} \int\limits_{\psi=-\pi}^{\pi} \int\limits_{X=0}^{\infty} \frac{\partial}{\partial R_D} \cdot \tag{162}$$

57) B. Laschka: Über die Potentialtheorie von zylindrischen rotationssymmetrischen Flügeln (Ringflügel) in kompressibler instationärer Unterschallströmung; Z. f. Flugwiss. 12 (1964) 205.

$$\cdot \left( \frac{\partial p \left(\xi, \psi, \varphi_0 + \omega X/u_0 - u_0 \omega (x - \xi - X)/c_0^2 + \omega/c_0 \cdot \sqrt{\ldots}\right)}{\sqrt{(x - \xi - X)^2 + r^2 + R_D^2 - 2r\, R_D \cos(\varphi - \psi)}} \right) \cdot R_D\, dX\, d\psi\, d\xi .$$

Das Potential (162) geht für $c_0 \to \infty$ in das aus der inkompressiblen Theorie bekannte (vgl. Kapitel IIF) über. *Laschka* hat das Druckfeld (161) sowie das Potential (162) insbesondere für Aufpunkte am Düsenmantel untersucht und die zugehörigen Integralgleichungen einschließlich der Singularitäten ihrer Kerne diskutiert.[58])

Wie wir bereits aus Band 1, Kapitel IIIB wissen, ist es für die Behandlung eines rein axial angeströmten frei fahrenden Düsenpropellers ausreichend, auf der Düse eine mitrotierende aber stationäre Wirbelbelegung bzw. Dipolverteilung anzuordnen. Deren kompressibles Druckfeld ergibt sich mit der Grundlösung (140) in der Form[59])

$$\widetilde{p}{}^{(D)}_{\partial p} = \frac{1}{4\pi} \int\limits_{\xi=-a}^{a} \int\limits_{\psi=-\pi}^{\pi} \frac{\partial}{\partial R_D} \left( \frac{\partial \widetilde{p}\,(\xi, \psi)}{\widetilde{D} + \omega/c_0 \cdot r\, R_D \sin \widetilde{\vartheta}} \right) \cdot R_D\, d\psi\, d\xi \ ,$$

$$\widetilde{D} = \sqrt{(x - \xi)^2 + r^2 + R_D^2 - 2r\, R_D \cos \widetilde{\vartheta}} \ ; \qquad\qquad (163)$$

$$\widetilde{\vartheta} = \varphi - \varphi_0 - \psi + \frac{\omega u_0}{c_0^2}(x - \xi) - \frac{\omega}{c_0}\widetilde{D} \ .$$

Für das zu (163) gehörende Geschwindigkeitspotential erhält man:

$$\widetilde{\Phi}{}^{(D)} = - \frac{1}{4\pi u_0 \rho_0} \int\limits_{\xi=-a}^{a} \int\limits_{\psi=-\pi}^{\pi} \int\limits_{X=0}^{\infty} \frac{\partial}{\partial R_D} \cdot$$

$$\cdot \left( \frac{\partial \widetilde{p}\,(\xi, \psi)}{\widetilde{D}_1 + \omega/c_0 \cdot r R_D \sin \widetilde{\vartheta}_1} \right) \cdot R_D\, dX\, d\psi\, d\xi \ , \qquad\qquad (164)$$

$$\widetilde{D}_1 = \sqrt{(x - \xi - X)^2 + r^2 + R_D^2 - 2r R_D \cos \widetilde{\vartheta}_1} \ ,$$

$$\widetilde{\vartheta}_1 = \varphi - \varphi_0 - \psi - \frac{\omega}{u_0}X + \frac{\omega u_0}{c_0^2}(x - \xi - X) - \frac{\omega}{c_0}\widetilde{D}_1 \ .$$

Bei inkompressibler Strömung ($c_0 \to \infty$) ergibt sich aus (164) mit $\partial\widetilde{p}{}^{(D)} =$

---

58) In der Aerodynamik mit ihren wesentlich höheren Machzahlen muß auch das Nahfeld an der Düse kompressibel berechnet werden.

59) Ohne Einschränkung der Allgemeinheit darf in (163) und (164) $\varphi_0 = 0$ gesetzt werden.

$\rho_0\, u_0\; \gamma^{(D)}$ das bereits in Band 1, Kapitel III B abgeleitete Geschwindigkeitsfeld einer Düse.

## 4. Einige weitere Probleme der Propellerhydroakustik
### a)

Bei stärker belasteten Propellern sind die induzierten Geschwindigkeiten der freien Wirbel im Propellerstrahl von gleicher Größenordnung wie die Schiffsgeschwindigkeit bzw Anströmgeschwindigkeit $u_0$. In diesen Fällen sind die Linearisierungen, mit denen die Theorie in Ziff. 1 und 2 aufgebaut wurde, nicht mehr möglich. Eine exakte Behandlung des nichtlinearen Problems erscheint ausgeschlossen. Man ist daher auf Näherungsmethoden angewiesen, die in der Regel aus Iterationsverfahren bestehen.[44])

Vor allem ist es die Axialkomponente der induzierten Geschwindigkeit der freien Wirbel, bei der die quadratischen Terme gegenüber $u_0^2$ nicht mehr vernachlässigt werden dürfen. Dagegen ist dieses bei der Umfangskomponente wegen des Überwiegens der Umfangsgeschwindigkeit $\omega r$ der Propellerflügel nicht so wesentlich. Es erscheint daher naheliegend, den in Ziff. 1 verwendeten Ansatz $\mathcal{W} = u_0\, \mathcal{W}_x + \mathcal{W}_p$ (bei dem $\mathcal{W}_p$ das gesamte Propellerfeld einschließlich Schiffsnachstrom enthielt) abzuändern in

$$\mathcal{W} = (u_0 + u_{\gamma 0})\, \mathcal{W}_x + W_{\gamma 0} \cdot \mathcal{W}_r + \mathcal{W}'_p \; . \tag{165}$$

Dabei entsprechen die Geschwindigkeiten

$$u_{\gamma 0} = \frac{\gamma_0}{2\pi} \int\limits_0^\pi \frac{R_0^2 - r R_0 \cos\psi}{r^2 + R_0^2 - 2r R_0 \cos\psi} \left(1 + \frac{x}{\sqrt{x^2 + r^2 + R_0^2 - 2r R_0 \cos\psi}}\right) d\psi \; ,$$

$$W_{\gamma 0} = -\frac{\gamma_0}{2\pi} \int\limits_0^\pi \frac{R_0 \cos\psi\, d\psi}{\sqrt{x^2 + r^2 + R_0^2 - 2r R_0 \cos\psi}} \; , \qquad (V_{\gamma 0} = 0) \tag{166}$$

dem bekannten Propellermodell eines halbunendlichen Wirbelzylinders vom Radius $R_0$ und konstanter Wirbeldichte $\gamma_0$ ($\gamma_0/u_0 = \sqrt{1 + c_s} - 1$). Da das in die nichtlinearisierte Grundströmung einbezogene Geschwindigkeitsfeld (166) die große induzierte Strahlgeschwindigkeit stärker belasteter Propeller im Mittel richtig wiedergibt, ist zu erwarten, daß die zusätzliche verfeinerte Struktur des Propellerfeldes (gegebenenfalls einschließlich Schiffsnachstrom) durch die zu linearisierende Geschwindigkeit $\mathcal{W}'_p$ in dem Ansatz (165) genau

genug erfaßt werden kann. Das Geschwindigkeitsfeld (166) des halbunendlichen Wirbelzylinders ist bei der weiteren Rechnung als bereits bekannt anzusehen.

Führt man den Ansatz (165) in die strömungsmechanischen Grundglei-
chungen (123) und (124) ein, so ergeben sich inhomogene Wellengleichungen,
auf deren rechter Seite zusätzlich zu den in (130) und (132) auftretenden
Termen allgemeine Feldfunktionen stehen, die teilweise das erst zu
berechnende Geschwindigkeitsfeld $w'_p$ enthalten. Diese inhomogenen Differentialgleichungen müssen unter Verwendung der allgemeinen Formel (138)
mit Iterationsverfahren gelöst werden, die in ihrer Durchführung sehr mühe-
sam sind und über deren Konvergenz sich kaum Aussagen machen lassen.[44])

An Stelle der eben erwähnten Ergänzung der nichtlinearen Grundströmung
durch das Feld eines halbunendlichen Wirbelzylinders besteht noch eine
andere Möglichkeit der iterativen Behandlung des hydroakustischen Druckfeldes stärker belasteter Propeller. Man faßt dabei das gesamte in Ziff. 2
berechnete linearisierte Feld als erste Näherung auf und setzt diese in die
nichtlinearen Glieder der strömungsmechanischen Gleichungen (123), (124)
ein. Auf diese Weise ergeben sich für die Berechnung der zweiten (und entsprechend weiterer) Näherung ebenfalls inhomogene Wellengleichungen.

**b)**

Das hydroakustische Druckfeld wird erheblich durch die Elastizität der
Bauteile (z. B. Platten) beeinflußt, die sich in der Nähe des Propellers befinden[60])

Bei der Behandlung dieses Problems, etwa für eine elastische Platte kann
man nach *Tsakonas, Chen* und *Jacobs*[61]) folgendermaßen vorgehen. Zusätzlich
zu den aus Ziff. 2 und 3 als bekannt vorausgesetzten Feldern $p + p^*$ und $\Phi +
\Phi^*$ der Propellerströmung in Anwesenheit einer starren Platte wird ein weite-
res Feld $p^{(E)}$ und $\Phi^{(E)}$ berechnet, welches durch den Einfluß der Elastizität der
Platte bedingt ist.

Da $\Phi + \Phi^*$ der Randbedingung (153) einer starren in der Ebene $y = y_0$ befindlichen Platte genügt, muß gelten

$$\frac{\partial \Phi^{(E)}}{\partial y} - \frac{\partial Y}{\partial t} = 0 \ . \qquad\qquad (y = y_0) \qquad\qquad (167)$$

---

60) Im Gegensatz dazu wird das durch die inkompressible Strömung bestimmte Nah-
    Druckfeld in der Umgebung des Propellers kaum durch die elastischen Eigenschaften
    der Bauteile verändert. Dieses wurde bei Druckmessungen an starren und elastischen
    Platten festgestellt. Man vergleiche:
    E. A. Weitendorf: Untersuchungen der von den Propellern von Marinefahrzeugen an
    der Außenhaut erzeugten periodischen Druckschwankungen Ber. F 26/68 der
    Hamburgischen Schiffbau-Versuchsanstalt, Juli 1968.
61) S. Tsakonas, C. Y. Chen, W. R. Jacobs: Acoustic radiation of an infinite plate excited
    by the field of a ship propeller; Journ. Acoust. Soc. Amer. 36 (1964) 1708.

Dabei ist Y (x, z, t) die elastische Deformation der Platte in y-Richtung. Die Funktion Y muß also Lösung der aus der Plattentheorie bekannten partiellen Differentialgleichung

$$\frac{Eh^3}{12\,(1-\nu^2)}\left(\frac{\partial^4 Y}{\partial x^4} + 2\,\frac{\partial^4 Y}{\partial x^2 \partial z^2} + \frac{\partial^4 Y}{\partial z^4}\right) + \rho_p h\,\frac{\partial^2 Y}{\partial t^2} = p + p^* + p^{(E)} - p_0 \quad (168)$$

mit den zugehörigen Randbedingungen sein. In (168) bedeutet E den Elastizitätsmodul, h die Platten-Dicke, $\nu$ die Querkontraktionszahl und $\rho_p$ die Dichte des Plattenmaterials. $\Phi^{(E)}$ hat wie die übrigen Geschwindigkeitspotentiale der Wellengleichung (132) zu genügen, und zwischen $\Phi^{(E)}$ und dem zugehörigen Druckfeld $p^{(E)}$ besteht die bekannte Relation (131), also

$$\frac{1}{\rho_0}\,p^{(E)} = -\,\frac{\partial \Phi^{(E)}}{\partial t} - u_0\,\frac{\partial \Phi^{(E)}}{\partial x} \quad (169)$$

*Tsakonas, Chen* und *Jacobs* haben das Druckfeld $p^{(E)}$ für den Fall einer unendlich ausgedehnten Platte (bei der also keine Plattenrandbedingungen zu erfüllen sind) aus diesen Gleichungen berechnet. Sie unterwerfen dafür sowohl die Wellengleichung (132) als auch die Relationen (167), (168) und (169) mehrdimensionalen Fouriertransformationen und bestimmen zunächst die Fouriertransformierte der gesuchten Lösung. Bei der zur Berechnung der Lösung im physikalischen Raum notwendigen Auswertung der Mehrfachintegrale werden Näherungen wie z. B. die Sattelpunktmethode verwendet. Einzelheiten dieser teilweise recht komplizierten Rechnungen entnehme man der Originalarbeit.[61]

Es zeigt sich qualitativ, daß die Amplituden des elastischen Anteils des (nur aus einem vom Propellerdrucksprung induzierten Teil bestehenden) hydroakustischen Druckfeldes ein vielfaches der Amplituden des Druckfeldes im unbegrenzten Raum betragen können, also $|p_{\partial p}{}^{(E)}/p_{\partial p}| \gg 1$, sofern der Abstand zwischen Platte und Propeller klein ist. Die quantitative Zuverlässigkeit der angegebenen[61] Werte wird jedoch durch die Tatsache in Frage gestellt, daß die genannten Autoren für $p_{\partial p}$ an Stelle von Gl. (143) eine unrichtige Relation verwenden.

Mit der gleichen Methode wurde auch ein neben dem Propeller liegender · unendlich langer Zylinder untersucht.[62]

c)

*Heckl* hat die von einem Propeller abgestrahlte Gesamtschalleistung untersucht und insbesondere die bei Anwesenheit elastischer Bauteile (wie z. B.

62) S. Tsakonas, C. Y. Chen, W. R. Jacobs: Acoustic radiation of a cylindrical bar excited by the field of a ship propeller; Journ. Acoust. Soc. Amer. 36 (1964) 1569.

Platten) in diese übertragene Körperschalleistung berechnet. Da nicht das örtliche Feld des Schalldruckes sondern die in den gesamten Raum abgestrahlte Schalleistung bestimmt werden soll, ist es vorteilhaft, die strömungsakustische Wellengleichung und die elastische Plattenbiegedifferentialgleichung Fouriertransformationen zu unterwerfen. Wie *Heckl* nachweist.[63]) läßt sich die gesuchte Schalleistung dann aus den Fouriertransformierten des Geschwindigkeits- und Druckfeldes an der Platte berechnen.

Es zeigt sich, daß bei unendlich großen Platten (also ohne Auflage- und Einspannrandbedingungen) im wesentlichen nur bei derjenigen Wellenzahl der Anregung Schalleistung bzw. Schallenergie in eine elastische Platte übertragen wird, welche mit der freien Biegewellenzahl dieser Platte übereinstimmt.[64])

Bei Platten mit endlichen Abmessungen liegen die Verhältnisse komplizierter, da hier die aus den elastischen Randbedingungen zu ermittelnden Eigenfunktionen und Eigenfrequenzen eine wesentliche Rolle spielen.[64])

Es zeigt sich, daß bei Anwesenheit elastischer Platten in der Nähe eines Propellers die in die Platten übertragene Körperschalleistung um ein vielfaches höher sein kann, als die vom Propeller im unbegrenzten Raum abgestrahlte Schalleistung. Diese Körperschalleistung führt dann ihrerseits wieder zu einer Schallabstrahlung, die über der vom Propeller allein abgestrahlten Leistung liegen kann.[64])

Die Untersuchungen (insbes. von *Stüber* im Bericht 2178[64]) beziehen sich auf einen homogen angeströmten also stationär belasteten Propeller; dieser wird durch N gebundene Stabwirbel von über dem Radius konstanter Zirkulation $\Gamma_0$ und die entsprechenden Spitzen- und Nabenwirbel dargestellt.

In ähnlicher Weise kann auch der Einfluß unendlich ausgedehnter elastischer Hohlzylinder behandelt werden.[64])

## 5. Hochfrequente Anteile des hydroakustischen Druckfeldes

Wie bereits angedeutet liegt ein beträchtlicher Anteil des von einem Schiffspropeller abgestrahlten instationären Druckfeldes frequenzmäßig im Kiloherz-Bereich. Diese bei Experimenten regelmäßig festgestellten hochfrequenten Druckschwankungen im Bereich von etwa 1 bis 20 KHz können

---

63) Für die Einzelheiten der Methode und insbesondere ihre theoretische Begründung verweisen wir auf die Kapitel IV und VI des Buches: L. Cremer, M. Heckl: Körperschall, Berlin/Heidelberg/New York, Springer 1967.

64) Man vergleiche:
M. Heckl: Schallabstrahlung von Platten, die durch hydrodynamische Wechseldruckfelder angeregt werden; Bericht Nr. 1636 d. Firma Müller BBN, München, Juli 1967.
M. Heckl, B. Stüber, D. Crighton: Schallabstrahlung von Platten, die durch hydrodynamische Wechseldruckfelder angeregt werden; Bericht Nr. 2178 d. Firma Müüller BBN, München Dezember 1968.
M. Heckl: Eingangsadmittanz von Platten mit Strahlungsbelastung; Acustica 19 (1968) 214.

nicht durch die typische Propellerströmung (mit ihren von Winkelgeschwindigkeit $\omega$ und Flügelzahl N abhängigen Frequenzen) erklärt werden; eine ihrer Ursachen dürfte vielmehr in Kavitationsvorgängen am Propeller zu suchen sein.

Es ist bekannt, daß entstehende, schwingende und zusammenfallende Kavitationsblasen Druckfelder ausstrahlen, deren Frequenz in dem oben genannten Bereich liegt. Bei der Strömung in der Umgebung der Propellerflügel treten in der Regel Blasengruppen, Blasenwolken oder Blasenschichten auf, deren einzelne Blasen untereinander in dauernder Wechselwirkung stehen. Theoretische Untersuchungen solcher Gebilde stoßen zur Zeit noch auf große Schwierigkeiten, wenn die gegenseitige Beeinflussung der Blasen berücksichtigt werden soll. Die bisherigen Arbeiten beschränken sich daher meist auf die Berechnungen der von kugelsymmetrischen Einzelblasen abgestrahlten Druckfelder[65]), und die Ergebnisse sind kaum auf die Kavitationsvorgänge am Propeller anwendbar.

Neuere Untersuchungen haben zwar gezeigt[66]), daß das Fernfeld einer einzelnen kugelsymmetrischen Kavitationsblase weitgehend mit einer linearisierten kompressiblen Theorie (deren Lösungen also superponierbar sind) erfaßt werden kann. Dieses Druckfeld hängt jedoch stark von dem momentanen Volumen (bzw dem momentanen Radius) sowie dem thermodynamischen Zustand der Blase ab, die sich während des Entstehungs-, Schwingungs- und Zusammenfallvorganges mit hoher Frequenz (Kiloherzbereich) verändert.

Für Blasengruppen und Blasenschichten, wie sie beim Propeller auftreten, ist sicher die gegenseitige Beeinflussung der Struktur der einzelnen im Kavitationsgebiet befindlichen Gebilde sehr wesentlich. Eine sachgemäße Formulierung der simultanen Randwertaufgabe für solche Blasengebiete, bei denen keinerlei Symmetrieeigenschaften mehr ausgenutzt werden können, sowie die Entwicklung geeigneter Methoden zu ihrer Lösung ist bisher nicht gelungen. Die Aussagekraft solcher Rechnungen würde auch durch die Vielzahl der auftretenden Parameter (Zeitphase, Abstand, Anzahl, Größe und thermodynamischer Zustand der Blasen) in Frage gestellt, da über letztere doch teilweise willkürliche Annahmen gemacht werden müßten.

## F. Propeller in einer Düse

Bereits in Band 1 wurde die Theorie der Düsenpropeller behandelt. In den letzten Jahren sind einige wesentliche neue Ergebnisse bekannt geworden, die wir in diesem Abschnitt besprechen werden.

---

65) Eine gute Übersicht über diese Probleme und die verschiedenen zu ihrer Lösung verwendeten Methoden findet man in der am Anfang dieses Abschnittes erwähnten Veröffentlichung von Din-Yu-Hsieh.

66) W. H. Isay, M. Kloppenburg: Das hydroakustische Druckfeld einer Kavitationsblase im Unterschallbereich; Bericht Nr. 238 d. Inst. für Schiffbau Universität Hamburg, März 1969.

## 1. Düsenpropeller bei inhomogener Zuströmung

Bei der Untersuchung eines axial und homogen angeströmten Düsenpropellers kann man den instationären Charakter des Problems dadurch vereinfachen, daß man auf der Düse eine mit dem Propeller rotierende Wirbeldichte anordnet. (vgl. Band 1, S. 82).

Wenn dagegen eine inhomogene oder schräge Anströmung vorliegt, bringt die Verwendung einer mitrotierenden Düsenwirbelbelegung keine Vorteile mehr, es ist im Gegenteil zweckmäßiger, von einer festen Wirbeldichte $\gamma^{(D)}(\xi, \psi, \varphi_0)$ auszugehen.

Dabei charakterisiert die Winkelkoordinate $\varphi_0$ die momentane Stellung der Propellerflügel in der Düse, also die Zeitabhängigkeit des Problems. Die Koordinate $\psi$ gibt die zur momentanen Flügelstellung $\varphi_0$ gehörende Verteilung von $\gamma^{(D)}$ auf dem Düsenmantel in Umfangsrichtung an, während $\xi$ diese Abhängigkeit in axialer Richtung beschreibt. (vgl. Abb. 67 und 68)

Das Wirbelsystem der Düse besteht aus gebundenen Wirbeln sowie freien Längs- und Querwirbeln. Die Wirbelachsen der beiden ersten fallen in Umfangsrichtung, die der freien Querwirbel in Axialrichtung. Dabei nehmen wir an, daß bei der Zuströmung die Radial- und Umfangskomponente klein gegenüber der Axialkomponente ist.

Bezeichnen wir mit $R_D$ den Radius des als Kreiszylinder angenommenen Düsenmantels und mit 2a seine Tiefe, so ergeben sich die vom Wirbelsystem der Düse induzierten Geschwindigkeiten nach dem Biot-Savartschen Gesetz in folgender Form:[67])

$$w_\gamma^{(D)} = \frac{1}{4\pi} \int\limits_{-a}^{a} \int\limits_{-\pi}^{\pi} \gamma^{(D)}(\xi, \psi, \varphi_0)[(x-\xi)^2 + r^2 + R_D^2 - 2rR_D \cos(\varphi-\psi)]^{-3/2} \cdot$$

$$\cdot \left\{ (R_D - r\cos(\varphi-\psi))\,w_x - (x-\xi)(\sin(\varphi-\psi)\cdot w_\varphi - \cos(\varphi-\psi)\cdot w_r) \right\} \tag{170}$$

$$\cdot R_D\, d\psi d\xi \;.$$

$$w_L^{(D)} = \frac{1}{4\pi} \int\limits_{-a}^{a} \int\limits_{-\pi}^{\pi} \int\limits_{0}^{\infty} \frac{\partial \gamma^{(D)}(\xi, \psi, \varphi_0 + \omega X/u_*)}{\partial \varphi_0} \cdot$$

$$\cdot [(x-\xi-X)^2 + r^2 + R_D^2 - 2r R_D \cos(\varphi-\psi)]^{-3/2} \cdot \tag{171}$$

---

67) W. H. Isay: Zur Theorie schräg angeströmter Düsenpropeller; Schiffstechnik 14 (1967) 15.

$$\cdot \left\{ (R_D - r \cos(\varphi - \psi)) \mathscr{W}_x - (x - \xi - X)(\sin(\varphi - \psi) \cdot \mathscr{W}_\varphi - \right.$$

$$\left. - \cos(\varphi - \psi) \cdot \mathscr{W}_r) \right\} \frac{R_D \omega}{u_*} \, dX d\psi d\xi \ .$$

$$\mathscr{W}_Q^{(D)} = \frac{1}{4\pi} \int\limits_{-a}^{a} \int\limits_{-\pi}^{\pi} \int\limits_{0}^{\infty} \frac{\partial \gamma^{(D)}(\xi, \psi, \varphi_0 + \omega X/u_*)}{\partial \psi} \cdot$$

$$\cdot \, [(x - \xi - X)^2 + r^2 + R_D^2 - 2r\, R_D \cos(\varphi - \psi)]^{-3/2} \cdot \tag{172}$$

$$\cdot \left\{ (R_D \cos(\varphi - \psi) - r) \mathscr{W}_\varphi + R_D \sin(\varphi - \psi) \mathscr{W}_r \right\} \, dX d\psi d\xi \ .$$

In Formel (171) und (172) ist $\omega$ die Winkelgeschwindigkeit der Propellerflügel und $u_*$ die mittlere Abflußgeschwindigkeit der freien Wirbel der Düse.[68]) ($u_*$ = konst.). Wie man sich leicht überlegt, hat die Wirbeldichte $\gamma^{(D)}$ der Düse bezüglich der Variablen $\varphi_0$ die Periode $2\pi/N$ und in $\psi$ die Periode $2\pi$ . Also kann $\gamma^{(D)}$ in der Form

$$\gamma^{(D)}(\xi, \psi, \varphi_0) = \sum_{\nu=-z_\nu}^{z_\nu} \sum_{\mu=-z_\mu}^{z_\mu} \gamma_{\mu\nu}^{(D)}(\xi)\, e^{i\mu\psi}\, e^{i\nu N\varphi_0} \tag{173}$$

angesetzt werden.

Das Geschwindigkeitsfeld des Propellers ist aus Band 1 und Kapitel I dieses Buches bekannt; wir wollen uns hier für die weiteren Betrachtungen mit der Traglinientheorie begnügen und setzen voraus, daß der Außenradius $R_0$ der Propellerflügel kleiner als der Radius $R_D$ des Düsenzylindermantels ist, also (vgl. Abb. 68)

$$R_0 < R_D \ . \tag{174}$$

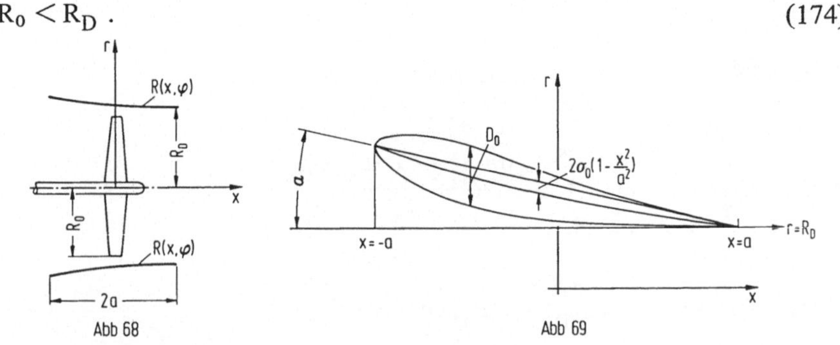


68) Mit $c_S$ als Schubbelastungsgrad des Propellers kann z. B. $2u_* = u_0 + \sqrt{1 + c_S} \cdot u_0$ gesetzt werden.

Die effektive Berechnung des Strömungsfeldes im Düsenpropeller und insbesondere der Druckverteilung an der Düse sowie der Propellerflügelkräfte erfordert die Lösung einer simultanen Randwertaufgabe, die wir im Prinzip bereits in Band 1 S. 83/91 erörtert haben. Wir begnügen uns hier mit einer kurzen Diskussion der dabei auftretenden Ausdrücke.

Es sei $R(x,\varphi)$ die Kontur des Düsenprofils und $W_0(x, r, \varphi)$ die Radialkomponente der Anströmung bzw des Nachstromfeldes eines Schiffsrumpfes. Sowohl $R(x, \varphi)$ als auch $W_0(x, r, \varphi)$ sind bezüglich der Variablen $\varphi$ periodisch mit $2\pi$, können also durch Fourierpolynome $\sim e^{i\mu\varphi}$ dargestellt werden.

Unter den üblichen Voraussetzungen der linearisierten Theorie schwach gewölbter Profile lautet die Strömungsrandbedingung an der Düsenkontur:[69])

$$u_* \frac{\partial R(x, \varphi)}{\partial x} - W_0(x, R_D, \varphi) - W_\Gamma^{(P)}(x, R_D, \varphi, \varphi_0) - W_L^{(P)}(x, R_D, \varphi, \varphi_0) -$$

$$- W_q^{(D)}(x, R_D) - W_Q^{(P)}(x, R_D, \varphi, \varphi_0) = W_\gamma^{(D)}(x, R_D, \varphi, \varphi_0) + \tag{175}$$

$$+ W_L^{(D)}(x, R_D, \varphi, \varphi_0) + W_Q^{(D)}(x, R_D, \varphi, \varphi_0) \ .$$

Bei vorgegebener oder bereits durch einen Iterationsschritt berechneter Propellerzirkulation

$$\Gamma^{(P)}(s, \varphi_0) = \sum_{v = -z_\nu}^{z_\nu} \Gamma_\nu^{(P)}(s)\, e^{i\nu\varphi_0} \ . \tag{176}$$

ist (175) eine Integralgleichung zur Berechnung der Wirbelbelegung $\gamma^{(D)}$ der Düse. Für die Auflösung der identisch in $\varphi, \varphi_0$ und x zu erfüllenden Gleichung (175) ist es wesentlich, die $\varphi$- und $\varphi_0$ Abhängigkeit abzuspalten und dabei durch Vergleich der einzelnen Anteile mit den Faktoren

$$e^{i\mu\varphi + i\nu N\varphi_0} \quad (\mu = 0,\pm 1,\ldots \ \nu = 0,1,\ldots)$$

eine Folge von eindimensionalen Integralgleichungen zur Bestimmung der Funktionen $\gamma_{\mu\nu}^{(D)}(\xi)$ zu erhalten.

Mit der Substitution $\psi = \vartheta + \varphi$ in Formel (170) bis (172) und unter Verwendung des Ansatzes (173) ist die Abspaltung von Faktoren $e^{i\mu\varphi + i\nu N\varphi_0}$ unmittelbar möglich bei den Geschwindigkeitsanteilen $W_\gamma^{(D)}, W_L^{(D)}, W_Q^{(D)}$ in (175); ebenso natürlich bei $W_0$ und $\partial R/\partial x$ und $W_q^{(D)}$ .

Für die vom Wirbelsystem des Propellers induzierten Geschwindigkeiten ist eine stärkere Umformung notwendig, um diese Abspaltung zu erreichen. Dafür wird zweckmäßig die für $s < R_D$ gültige Integralformel herangezogen[67])

---

69) (D) bedeutet von der Düse, (P) bedeutet vom Propeller induziert. $W_q^{(P)}$ ist durch die
    Quellen-Senkenbelegung des endlich dicken Düsenprofils bedingt.

$$R_D \left[ (x - k_0 \psi)^2 + R_D^2 + s^2 - 2 R_D \, s \cos(\varphi - \varphi_n - \psi) \right]^{-1/2} =$$

$$= \frac{1}{\pi} \sum_{m=-\infty}^{\infty} \int_{-\infty}^{\infty} I_m \left( \frac{|\lambda| s}{R_D} \right) K_m (|\lambda|) \, e^{i\lambda \frac{x - k_0 \psi}{R_D} + im(\varphi - \varphi_n - \psi)} \, d\lambda \,. \tag{177}$$

In (177) sind $I_m$ und $K_m$ modifizierte Besselfunktionen; ferner $\varphi_n = \varphi_0 + \dfrac{2\pi n}{N}$; dann ergibt sich

$$W_L^{(P)} (x, R_D, \varphi, \varphi_0) = \frac{1}{4\pi} \sum_{n=0}^{N-1} \int_{R_i}^{R_0} \int_0^{\infty} \frac{\partial \Gamma^{(P)} (s, \varphi_n + \psi)}{\partial \psi} \cdot$$

$$\cdot \frac{\partial}{\partial x} \frac{\sin (\varphi - \varphi_n - \psi) \, d\psi \, ds}{\sqrt{(x - k_0 \psi)^2 + R_D^2 + s^2 - 2 R_D \, s \cos (\varphi - \varphi_n - \psi)}} \,,$$

und hieraus folgt mit (176) und (177) nach Durchführung der Integration über $\psi$ und Berücksichtigung des sich an der oberen Integrationsgrenze bei $\psi \to \infty$ ergebenden Grenzwertes:[67]

$$W_L^{(P)} (x, R_D, \varphi, \varphi_0) = \frac{1}{8\pi^2 R_D k_0} \sum_{n=0}^{N-1} \sum_{\nu=-Z_\nu}^{Z_\nu} \sum_{m=-\infty}^{\infty} \nu \int_{R_i}^{R_0} \Gamma_\nu^{(P)} (s) \int_{-\infty}^{\infty} \cdot$$

$$\cdot \lambda I_m \left( \frac{|\lambda| s}{R_D} \right) K_m (|\lambda|) \cdot$$

$$\cdot e^{i \frac{\lambda x}{R_D}} \left\{ \frac{e^{i (m+1)\varphi - i(m+1-\nu) \varphi_n}}{\lambda + R_D (m - \nu + 1)/k_0} - \frac{e^{i (m-1)\varphi - i(m-1-\nu)\varphi_n}}{\lambda + R_D (m - \nu - 1)/k_0} \right\} \, d\lambda \, ds \, +$$

$$+ \frac{i}{8\pi k_0^2} \sum_{n=0}^{N-1} \sum_{\nu=-Z_\nu}^{Z_\nu} \sum_{m=-\infty}^{\infty} \nu \int_{R_i}^{R_0} \cdot \tag{178}$$

$$\cdot \Gamma_\nu^{(P)} (s) \left\{ (\nu - m - 1) I_m \left( |\nu - m - 1| \frac{s}{k_0} \right) K_m \left( |\nu - m - 1| \frac{R_D}{k_0} \right) \cdot \right.$$

$$\cdot e^{i(\nu - m - 1)\frac{x}{k_0}} e^{i(m+1)\varphi - i(m+1-\nu)\varphi_n} - (\nu - m + 1) I_m \left( |\nu - m + 1| \frac{s}{k_0} \right) \cdot$$

$$\cdot\, K_m\left(|\nu - m + 1|\frac{R_D}{k_0}\right)\, e^{i\,(\nu - m + 1)\frac{x}{k_0}}\, e^{i\,(m-1)\varphi - i\,(m-1-\nu)\,\varphi_n}\Big\}\, ds$$

Es ist ferner

$$W_Q^{(P)}(x, R_D, \varphi, \varphi_0) = \frac{1}{4\pi}\sum_{n=0}^{N-1}\int_{R_i}^{R_0}\int_0^\infty \cdot$$

$$\cdot\,\frac{\partial\Gamma^{(P)}(s, \varphi_n + \psi)}{\partial s}\left[-\frac{k_0}{R_D}\frac{\partial}{\partial\varphi} + s\cos(\varphi - \varphi_n - \psi)\frac{\partial}{\partial x}\right]\cdot$$

$$\cdot\,\frac{d\psi\,ds}{\sqrt{(x - k_0\psi)^2 + R_D^2 + s^2 - 2R_D\,s\cos(\varphi - \varphi_n - \psi)}}\,,$$

und mit den gleichen Umformungen wie vorher erhält man:

$$W_Q^{(P)}(x, R_D, \varphi, \varphi_0) = \frac{1}{8\pi^2\,R_D\,k_0}\sum_{n=0}^{N-1}\sum_{\nu=-Z_\nu}^{Z_\nu}\sum_{m=-\infty}^{\infty}\int_{R_i}^{R_0}\frac{d\Gamma_\nu^{(P)}(s)}{ds}\cdot$$

$$\cdot\int_{-\infty}^{\infty} I_m\left(\frac{|\lambda|s}{R_D}\right)K_m(|\lambda|)\cdot e^{i\frac{\lambda x}{R_D}}\Bigg\{\frac{-2mk_0}{\lambda + R_D\,(m-\nu)/k_0}\,e^{im\,\varphi - i\,(m-\nu)\,\varphi_n} +$$

$$+ \lambda s\,\frac{e^{i\,(m+1)\,\varphi - i\,(m+1-\nu)\,\varphi_n}}{\lambda + R_D\,(m-\nu+1)/k_0} + \lambda s\,\frac{e^{i\,(m-1)\,\varphi - i\,(m-1-\nu)\,\varphi_n}}{\lambda + R_D\,(m-\nu-1)/k_0}\Bigg\}\,d\lambda\,ds +$$

$$+\frac{i}{8\pi k_0^2}\sum_{n=0}^{N-1}\sum_{\nu=-Z_\nu}^{Z_\nu}\sum_{m=-\infty}^{\infty}\int_{R_i}^{R_0}\frac{d\Gamma_\nu^{(P)}(s)}{ds}\cdot$$

$$\cdot\Bigg\{-2m\frac{k_0^2}{R_D}\,I_m\left(|\nu-m|\frac{s}{k_0}\right)K_m\left(|\nu-m|\frac{R_D}{k_0}\right)\cdot e^{i\,(\nu-m)\frac{x}{k_0}}\cdot \tag{179}$$

$$\cdot\, e^{im\varphi - i\,(m-\nu)\,\varphi_n} + s\,(\nu - m - 1)\,I_m\left(|\nu-m-1|\frac{s}{k_0}\right)\cdot$$

$$\cdot\, K_m\left(|\nu-m-1|\frac{R_D}{k_0}\right)\, e^{i\,(\nu-m-1)\frac{x}{k_0}}\, e^{i\,(m+1)\,\varphi - i\,(m+1-\nu)\,\varphi_n} +$$

$$+ s\,(\nu - m + 1)\, I_m\,\left(|\nu - m + 1|\frac{s}{k_0}\right)\, K_m\,\left(|\nu - m + 1|\frac{R_D}{k_0}\right)\, e^{i\,(\nu - m + 1)\frac{x}{k_0}}\; \cdot$$

$$\cdot\; e^{i\,(m - 1)\,\varphi - i\,(m - 1 - \nu)\,\varphi_n}\Bigg\}\; ds\;.$$

Schließlich wird

$$W_\Gamma{}^{(P)}(x, R_D, \varphi, \varphi_0) = \frac{1}{4\pi} \sum_{n=0}^{N-1} \int_{R_i}^{R_0} \Gamma^{(P)}(s, \varphi_n)\, \frac{\partial}{\partial x}\; \cdot$$

$$\frac{\sin\,(\varphi - \varphi_n)\, ds}{\sqrt{x^2 + R_D^2 + s^2 - 2 R_D\, s\, \cos\,(\varphi - \varphi_n)}} = \frac{1}{8\pi^2 R_D^2} \sum_{n=0}^{N-1} \sum_{\nu = -Z_\nu}^{Z_\nu} \sum_{m = -\infty}^{\infty} \int_{R_i}^{R_0} \cdot$$

$$\cdot\; \Gamma_\nu^{(P)}(s) \int_{-\infty}^{\infty} \lambda\, I_m\,\left(\frac{|\lambda|s}{R_D}\right)\, K_m\,(|\lambda|)\, e^{i\frac{\lambda x}{R_D}}\; \cdot \tag{180}$$

$$\cdot\; \left\{ e^{i\,(m + 1)\,\varphi - i\,(m + 1 - \nu)\,\varphi_n} \; - \; e^{i\,(m - 1)\,\varphi - i\,(m - 1 - \nu)\,\varphi_n} \right\}\; d\lambda\,ds\;.$$

Durch die Darstellung[70]) der vom Propeller induzierten radialen Geschwindigkeitskomponenten in der Form (178) bis (180) ist die bei der Auflösung der Integralgleichung (175) notwendige Abspaltung der $\varphi$- und $\varphi_0$-Abhängigkeit in Form von Faktoren $e^{i a\varphi + i\beta N\varphi_0}$ ($a$, $\beta$ ganz) möglich. Aus der physikalischen Anschauung ist es klar, daß die Geschwindigkeiten (178) bis (180) in $\varphi_0$ die Periode $2\pi/N$ haben; analytisch läßt sich dieses mit Hilfe der bekannten Relation

$$\sum_{n=0}^{N-1} e^{i\mu\frac{2\pi n}{N}} = N\,(\delta_{0,\mu} + \delta_{N,\mu} + \delta_{-N,\mu} + \delta_{2N,\mu} + \delta_{-2N,\mu} + \dots)$$

nachweisen. Die Auswertung der Integrale in Formel (178) bis (180) erfordert die Verwendung von Reihenentwicklungen und asymptotischen Ausdrücken für die modifizierten Besselfunktionen.[67])

Schreiben wir die linke Seite der Randbedingung (175) abgekürzt in der Form

$$\sum_{(a)} \sum_{(\beta)} E_{a\beta}\,(x)\, e^{i a\varphi + i\beta N\varphi_0}$$

---

70) Formel (178) bis (180) gilt, wenn sich die gebundenen Stabwirbel der Propellerflügel in der Ebene x = 0 befinden; andernfalls ist x durch x − x₀ zu ersetzen.

so ergeben sich die folgenden eindimensionalen Integralgleichungen für die Funktionen $\gamma_{a\beta}^{(D)}(\xi)$ :

$$E_{a\beta}(x) = \frac{1}{4\pi} \int_{-a}^{a} \gamma_{a\beta}^{(D)}(\xi) \left[ \int_{-\pi}^{\pi} \frac{e^{ia\vartheta}(x-\xi)\cos\vartheta\, R_D\, d\vartheta}{\sqrt{(x-\xi)^2 + 2R_D^2 - 2R_D^2\cos\vartheta}^{\,3}} + \right.$$

(181)

$$+ i \int_{-\pi}^{\pi} e^{ia\vartheta} \int_{0}^{\infty} \frac{\beta N(x-\xi-X)\cos\vartheta \cdot R_D\,\omega/u_* - a\,R_D\sin\vartheta}{\sqrt{(x-\xi-X)^2 + 2R_D^2 - 2R_D^2\cos\vartheta}^{\,3}} \cdot$$

$$\left. \cdot\, e^{i\,\omega X\beta N/u_*}\, dX d\vartheta \right] d\xi \; .$$

Eine Untersuchung des Kernes der Integralgleichung (181) zeigt, daß dieser auf die Form

$$\frac{c_1}{x-\xi} + c_2\,\ell n\,\left|\frac{x-\xi}{R_D}\right| + H(x-\xi)$$

gebracht werden kann. H ist dabei eine stetige Funktion, und $c_1$ und $c_2$ sind konstant. Die Auflösungstheorie solcher Gleichungen ist bereits im Anhang von Band 1 dargestellt worden. Damit können wir die Diskussion der Randbedingung an der Düse beenden.

An den Propellerflügeln ist die bereits in Band 1 S. 85/86 und auch in Kapitel IB des vorliegenden Buches erörterte Strömungsrandbedingung zu erfüllen, wobei entweder die Propeller-Traglinientheorie oder die Tragfächentheorie verwendet wird. In der Randbedingung treten die vom Wirbelsystem der Düse induzierte Axialgeschwindigkeit und Umfangsgeschwindigkeit gemäß Formel (170) bis (172) auf. Diese Geschwindigkeiten sind bei der Lösung der Integralgleichung zur iterativen Berechnung einer Zirkulationsverteilung der Propellerflügel mit Düseneinfluß als bekannt anzusehen.

Wegen der Voraussetzung (174) sind sämtliche Integranden der vom Wirbelsystem der Düse an den Propellerflügeln induzierten Geschwindigkeiten stetig.

Auch die für die instationäre Propellerberechnung notwendige Abspaltung der $\varphi_0$-Abhängigkeit ist hinsichtlich des Geschwindigkeitsfeldes der Düse ohne zusätzliche Umformungen möglich, wenn man in Formel (170) bis (172) unter Verwendung des Ansatzes (173) die Aufpunkte des Propellerflügels, also $x = k_1\chi^*$, $\varphi = \varphi_0 + \chi^*$ einsetzt.

Andere theoretische Ansätze zur Behandlung schräg angeströmter Düsenpropeller wurden von *Bollheimer*[71]) angegeben. Er legt für das Geschwindigkeitsfeld des Propellers sowohl bei den gebundenen als auch bei den freien

Wirbeln eine räumlichkontinuierliche Verteilung(im Sinne der Theorie aus Band 1, S. 19 und 46) zugrunde. Dadurch kommt er bei der Wirbelbelegung der Düse mit einer einfachen Winkelabhängigkeit der Form $\gamma^{(D)}$ ($\xi$, $\psi$) aus; die Zeit bzw die momentane Winkelstellung $\varphi_0$ der Propellerflügel tritt nicht mehr auf. Das Geschwindigkeitsfeld der Düse ist dann durch die einfachen Ausdrücke der Theorie des Ringflügels gegeben (vgl. Band 1, S. 67/68), welche auch für $\omega = 0$ aus Gl. (170) bis (172) erhalten werden können. $\mathscr{P}_L^{(D)}$ verschwindet natürlich.

Das Berechnungsverfahren für die Propellerzirkulation[72]) sowie die Ermittlung der Wirbelbelegung der Düse entwickelt *Bollheimer* gleich für zwei in der Düse befindliche gegenläufige Propeller.

## 2. Die Druckverteilung an der Düse

Für die Berechnung des Druckfeldes an der Innen- und Außenseite der Düse gehen wir von der Bernoullischen Gleichung aus.

Im Rahmen der hier und in Band 1 entwickelten linearisierten Düsenprofiltheorie wurden die Singularitätenverteilungen auf dem Zylindermantel vom Radius $R_D$ angeordnet. Es kann daher und wegen der Erfüllung der Strömungsrandbedingung (175) an der Düse (vgl. auch Band 1 S. 83) davon ausgegangen werden, daß das Quadrat der Radialkomponente aller induzierten Geschwindigkeiten in der Bernoullischen Gleichung von höherer Ordnung klein und damit zu vernachlässigen ist.[73])

Verwenden wir als Bezugsgrößen die homogene Anströmungsgeschwindigkeit $u_0$ und den Bezugsdruck $p_0$ weit vor dem Düsenpropeller, so ergibt sich mit $\partial/\partial t = - \omega \partial/\partial \varphi_0$ die Druckverteilung $p_i$ ($x$, $\varphi$, $\varphi_0$) an der Innenseite des Düsenprofils aus der Gleichung

$$\frac{1}{\rho}\,p_i = \frac{1}{\rho}\,p_0 + \omega\,\frac{\partial\Phi^{(D)}}{\partial\varphi_0} + \omega\,\frac{\partial\Phi^{(D)}}{\partial\varphi_0\,|_m} + \frac{\omega}{2}\int\limits_{-a}^{x}\frac{\partial\gamma^{(D)}(\xi,\varphi,\varphi_0 + \omega(x-\xi)/u_*)}{\partial\varphi_0}\,d\xi -$$

$$-\frac{1}{2}\,[u_0 + u_0\Lambda_x + u_\Gamma^{(P)} + u_Q^{(P)} + u_L^{(P)} + u_q^{(D)} + u_{\gamma\,|_m}^{(D)} + u_{L\,|_m}^{(D)} + u_Q^{(D)} +$$

---

71)  L. Bollheimer: Neuere Beiträge zur Theorie des Düsenpropellers; Diss. T. H. Karlsruhe, 1966.

72)  Dabei findet eine aus der Theorie des Optimalpropellers bekannte Bestimmungsgleichung für die Flügelzirkulation eines Blattschnittes Verwendung. Vgl. Band 1. S. 25. (Einfache Traglinientheorie).

73)  Würde man die Singularitätenbelegung etwa auf einem Kegelstumpf vom Öffnungswinkel $a$ anordnen, so wäre in der Bernoullischen Gleichung entsprechend die Geschwindigkeitskomponente normal zum Kegelmantel zu vernachlässigen. (vgl. die analogen Überlegungen in Kapitel IA, Ziff. 2). Wie wir noch sehen werden, tritt eine um größere Winkel $a$ gegen die x-Achse geneigte Profilsehne nur bei starker Belastung des Düsenpropellers auf. In diesem Fall müßte in der Randbedingung (175) auch an Stelle von $u_*$ die wirkliche Summe aller Axialgeschwindigkeiten stehen.

$$+ \frac{1}{2} \frac{\partial}{\partial x} \int\limits_{-a}^{x} \gamma^{(D)}(\xi, \varphi, \varphi_0 + \frac{\omega}{u_*} (x - \xi))\, d\xi]^2 \left[1 + \left(\frac{dR(x)}{dx} \pm \frac{dD(x)}{2dx}\right)^2\right]^{-1} -$$

$$(182)$$

$$- \frac{1}{2} [u_0 \Lambda_\varphi + V_\Gamma^{(P)} + V_Q^{(P)} + V_L^{(P)} + V_\gamma^{(D)} + V_L^{(D)} + V_{Q|m}^{(D)} +$$

$$+ \frac{1}{2} \int\limits_{-a}^{x} \frac{\partial \gamma^{(D)}(\xi, \varphi, \varphi_0 + \omega (x - \xi)/u_*)}{R_D\, \partial\varphi}\, d\xi]^2 + \frac{u_0^2}{2} \; .$$

Für die Druckverteilung $p_a (x, \varphi, \varphi_0)$ an der Düsenaußenseite gilt dieselbe Formel, nur ist bei den Integralgliedern überall (+) durch (−) zu ersetzen. Die Relation (182) bedarf noch einiger Erläuterungen:

Alle Geschwindigkeiten sind für $r = R_D$ auszurechnen. Der obere Index (P) bedeutet vom Wirbelsystem des Propellers induziert. $\Phi^{(P)}$ ist das Geschwindigkeitspotential (11) oder eine vereinfachte Form dieses Ausdrucks. Die Geschwindigkeitskomponenten der Düse ergeben sich aus Gl. (170) bis (172). Zusätzlich bedeutet $u_q^{(D)}$ die von der Quellen-Senkenverteilung der Düsenprofildicke $D (x)$ induzierte Geschwindigkeit in Axialrichtung.[74] $\Lambda_x$, $\Lambda_\varphi$ sind Nachstromverteilungen oder enthalten eine spezielle Schräganströmung. Schließlich ist

$$\Phi^{(D)} = + \frac{1}{4\pi} \int\limits_{\xi=-a}^{a} \int\limits_{\psi=-\pi}^{\pi} \int\limits_{X=0}^{\infty} \cdot$$

$$(183)$$

$$\cdot \frac{\gamma^{(D)} (\xi, \psi, \varphi_0 + \omega X/u_*) [R_D^2 - rR_D \cos (\varphi - \psi)]\, dXd\psi}{\sqrt{(x - \xi - X)^2 + r^2 + R_D^2 - 2r R_D \cos (\varphi - \psi)}^{\,3}} \cdot d\xi \; .$$

das Geschwindigkeitspotential des Wirbelsystems der Düse. Es ergibt sich im Sonderfall $c_0 \to \infty$ mit $\partial p = \rho u_0 \gamma^{(D)}$ aus Formel (162) Abschnitt E. Abgesehen davon überzeugt man sich auch durch direkte Differentiation, daß grad $\Phi^{(D)} = w_\gamma^{(D)} + w_L^{(D)} + w_Q^{(D)}$ gemäß Gl. (170) bis (172) ist.

Sämtliche vom Propeller induzierten Geschwindigkeiten sind wegen (174) am Düsenprofil stetig. Dagegen weisen $\partial \Phi^{(D)}/\partial\varphi_0$, $u_\gamma^{(D)} + u_L^{(D)}$ und $V_Q^{(D)}$ beim Übergang von der Innen- zur Außenseite des Düsenzylinders eine Diskontinuität auf; es gilt ja[75])

---

74) Wenn die Profildicke vom Umfangswinkel unabhängig ist, tritt keine Umfangskomponente auf.

$$\Phi^{(D)}(x, R_D \mp 0, \varphi, \varphi_0) = \Phi^{(D)}(x, R_D, \varphi, \varphi_0)|_m \pm \frac{1}{2} \int\limits_{-a}^{x} \cdot$$

(184)

$$\gamma^{(D)}(\xi, \varphi, \varphi_0 + \omega(x - \xi)/u_*) \, d\xi \ .$$

Der Index m bedeutet hier wie in Gl. (182) den Mittelwert, welcher dadurch erhalten wird, daß man in den betreffenden Formeln $r = R_D$ setzt. Aus der Relation (184) folgen direkt die anderen in Gl. (182) enthaltenen Diskontinuitäten.

Formel (182) und die analoge Relation für $p_a$ ergeben entsprechend dem Kutta-Joukowskischen Satz für den Drucksprung $\partial p^{(D)}$ an der Düsenwand[76])

---

75) Zum Beweis der Relation (184) setze man $r = R_D (1 \mp \epsilon)$ mit $\epsilon \to 0$. Dann bleibt außer dem Mittelwert noch der Anteil ($\triangle \varphi > 0$) :

$$\pm \lim_{\epsilon \to 0} \frac{1}{4\pi} \int\limits_{-a}^{a} \int\limits_{-\pi}^{\pi} \int\limits_{0}^{\infty} \cdot$$

$$\cdot \ \frac{\gamma^{(D)}(\xi, \psi, \varphi_0 + \omega X/u_*) R_D^2 \, \epsilon \cos(\varphi - \psi) \, dX d\psi d\xi}{\sqrt{(x - \xi - X)^2 + R_D^2 \epsilon^2 + 2R_D^2 (1 \mp \epsilon)(1 - \cos(\varphi - \psi))}^{\,3}} \ =$$

$$= \pm \lim_{\epsilon \to 0} \frac{1}{4\pi} \cdot \int\limits_{-a}^{a} \int\limits_{\varphi - \triangle\varphi}^{\varphi + \triangle\varphi} \int\limits_{0}^{\infty} \cdot$$

$$\cdot \ \frac{\gamma^{(D)}(\xi, \psi, \varphi_0 + \omega X/u_*) R_D^2 \, \epsilon \, (1 - \frac{1}{2}(\varphi - \psi)^2) dX d\psi d\xi}{\sqrt{(x - \xi - X)^2 + R_D^2 \epsilon^2 + 2R_D^2 (1 \mp \epsilon) \cdot \frac{1}{2} \cdot (\varphi - \psi)^2}^{\,3}} \ =$$

$$= \pm \frac{1}{4\pi} \int\limits_{-a}^{a} \int\limits_{-\infty}^{\infty} \int\limits_{\lim\limits_{\epsilon \to 0} \frac{\xi - x}{\epsilon R_D}}^{\infty} \cdot$$

$$\cdot \ \frac{\gamma^{(D)}(\xi, \varphi, \varphi_0 + \omega(x - \xi)/u_*) \, d\sigma d\vartheta d\xi}{\sqrt{\vartheta^2 + \sigma^2 + 1}^{\,3}} \ =$$

$$= \pm \frac{1}{2} \int\limits_{-a}^{x} \gamma^{(D)}(\xi, \varphi, \varphi_0 + \frac{\omega}{u_*}(x - \xi)) \, d\xi \ .$$

$[X + \xi - x = \epsilon R_D \sigma, \ \varphi - \psi = -\epsilon\vartheta$ gesetzt ; $\triangle\varphi$ so groß, daß für $|\varphi - \psi| < \triangle\varphi$ gesetzt werden kann: $\cos(\varphi - \psi) \approx 1 - 1/2 \cdot (\varphi - \psi)^2]$ .

$$\partial p^{(D)} = p_a - p_i = \rho \, (u_0 + u_0 \Lambda_x + u^{(D)} + u^{(P)}) \, \gamma^{(D)} \, . \tag{185}$$

$$\cdot [\, 1 + (\frac{dR\,(x)}{dx} \pm \frac{1}{2} \frac{dD\,(x)}{dx})^2 \,]^{-1}$$

Im Zusammenhang mit Gl. (185) ist folgendes zu beachten: Wie beim Propellerflügel (Kapitel IA, Ziff. 2) so liegt auch bei der Düse in Wirklichkeit ein Kontinuum von freien Wirbelflächen vor, da die Wirbel nicht in Richtung der Profilsehne sondern unter einem Neigungswinkel gegenüber dieser abfließen;

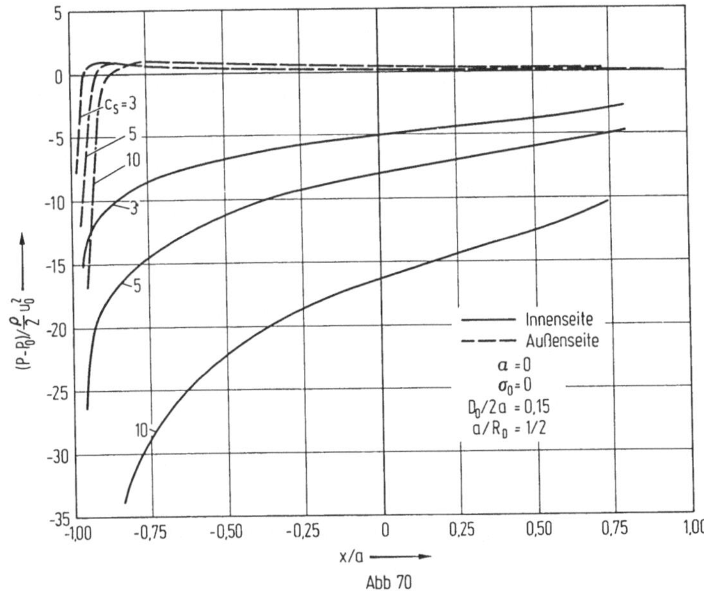

Abb 70

dann sind aber sämtliche von den freien Wirbeln induzierten Geschwindigkeiten sowie $\partial \Phi^{(D)} / \partial \varphi_0$ an der Düse stetig, so daß sich in der Tat Gl. (185) ergibt.

Bei der Verwendung einer solchen nichtlinearisierten Düsenprofiltheorie müßte (ähnlich wie beim Propellerflügel, Kapitel IB, Ziff. 2) das Druckfeld in einem ganzen Bereich außerhalb des Düsenmantels ausgewertet werden. um die steilen aber doch stetigen Änderungen der induzierten Geschwindigkeiten beim Durchgang durch das freie Wirbelkontinuum zu erfassen. (vgl. Abb. 10 in Kapitel I). In Anbetracht der Tatsache, daß die genaue Form dieses freien Wirbelkontinuums wegen der Abschirmwirkung des Düsenzylinders schwer zu

---

76) Eine schematische Anwendung der vom physikalischen Standpunkt aus vereinfachten Formel (182) zur Berechnung von $\partial p^{(D)}$ würde das unsinnige Ergebnis liefern, daß die Diskontinuität von $u_L^{(D)}$ und $V_Q^{(D)}$ längs der mit dem Düsenzylinder zusammenfallenden freien Wirbelfläche zum Auftrieb der Düse beiträgt.

erfassen sein dürfte, ist die linearisierte Darstellung gemäß Gl. (182) vorzuziehen. Nur hat man die eben erwähnten Zusammenhänge bei der Ermittling des Drucksprunges $\partial p^{(D)}$ im Auge zu behalten,[76])

Die unrealistische Aussage einer Unendlichkeitsstelle der Wirbeldichte $\gamma^{(D)}$ an der Düsenvorderkante bei $x = -a$ im Sinne der ersten Birnbaumschen Normalverteilung läßt sich wie in der Profiltheorie üblich durch Einführung des Riegelsfaktors

$$[1 + (\frac{dR(x)}{dx} \pm \frac{1}{2} \frac{dD(x)}{dx})^2]^{-1/2}$$

beheben. (vgl. Band 1, S. 79). $D(x)$ ist die Profildicke der Düse.

Ergebnisse von Druckverteilungsberechnungen liegen bisher nur für den einfachen Fall eines axial und homogen angeströmten Düsenpropellers vor.[71])[78])[77]) Darüber hinaus wird bei diesen Untersuchungen noch der Einfluß der endlichen Flügelzahl des Propellers vernachlässigt, also das Feld des letzteren nur mit einem über den Düsenumfang gemittelten Wert berücksichtigt. Während *Tichý* diesen Wert aus der Traglinientheorie des Propellers berechnet, verwendet *Bollheimer* in Anlehnung an die Theorie von *Dickmann-Weissinger* (vgl. Band 1, S. 92/97) einen halbunendlichen Wirbelzylinder.

Abb. 70 zeigt nach *Bollheimer* Druckverteilungen[79]) für das in Abb. 69 dargestellte Düsenprofil der Form

$$\frac{1}{a} R(x) = \frac{1}{a} R_D + a(1 - \frac{x}{a}) - 2\sigma_0 (1 - \frac{x^2}{a^2}) \pm \frac{2}{3\sqrt{3}} \frac{D_0}{a} \sqrt{1 - \frac{x^2}{a^2}} (1 - \frac{x}{a}) .$$

($a$ Düsenöffnungswinkel, $D_0$ maximale Profildicke, $\sigma_0$ Wölbungsparameter) für $a = 0$; $\sigma_0 = 0$; $D_0/2a = 0{,}15$ und $a/R_D = 0{,}5$ bei verschiedenen Propeller-Schubbelastungsgraden $c_S$. Abb. 71 enthält die entsprechenden Ergebnisse für $a = 0{,}16$ und $\sigma_0 = 0{,}04$. Als Propellerort wird die Ebene $x = 0$ angenommen.

Einen Einblick in die Resultate von *Tichý*[78]) gibt Abb. 72. Für einen Düsenpropeller mit $a/R_D = 1/2$ , $D_0/2a = 0{,}12$ und $C_S = 5{,}9$ ist die Druckverteilung bei zwei Öffnungswinkeln gezeichnet. Die zugehörigen Propeller-

---

77) L. Bollheimer: Ein Beitrag zur Theorie der Düsenpropeller; Schiffstechnik 15 (1968) 23.

78) J. Tichý: Die Hydrodynamik des Antriebssystems Propeller-Düse-Leitapparat; Ber. Nr. 246 Inst. f. Schiffbau Universität Hamburg September 1969.

79) Bollheimer gibt nur die Tangentialgeschwindigkeit auf der Innen- und Außenseite der Düsenkontur an; aus dieser wurde die Druckverteilung vom Verfasser berechnet. Sowohl bei den von Bollheimer als auch bei den von Tichý berechneten numerischen Ergebnissen ist eine vom Wirbelsystem des Propellers induzierte Umfangsgeschwindigkeit in der Formel für die Druckverteilung nicht berücksichtigt.

daten sind $N = 4$, $u_0/\omega R_0 = 0{,}07$ und $k_0/R_0 = 0{,}164$ ; er liegt in der Ebene $x = 0{,}2a$.

Qualitativ ergibt sich aus allen dargestellten Ergebnissen, daß der Druckanstieg an der Düseninnenwand bei gleicher Propellerbelastung mit zunehmen-

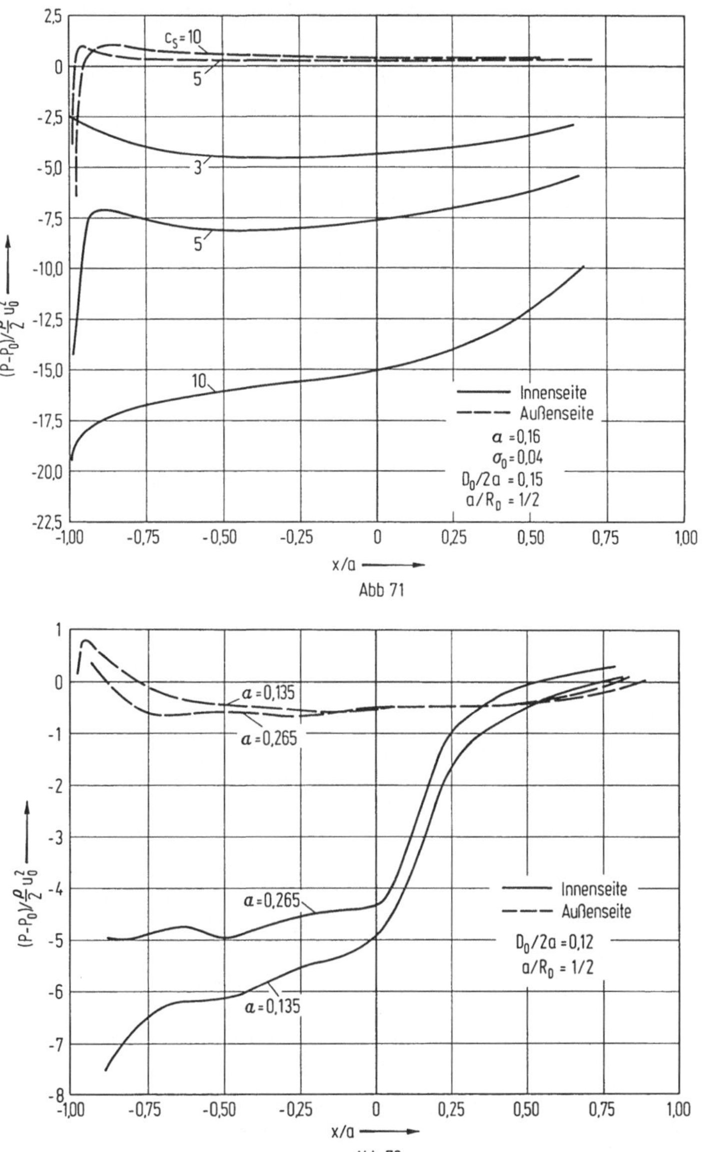



Abb 71

Abb 72

dem Düsenanstellwinkel $a$ schwächer wird. Dieses liegt daran, daß die vom Propeller am Düsenprofil induzierte stets negative mittlere Radialgeschwindigkeit bei kleinem Anstellwinkel eine stärkere Umströmung der Düsenvorderkante bewirkt. Zur Vermeidung einer Strömungsablösung im Düseninnern infolge des Druckanstieges ist es also notwendig, mit zunehmender Propellerbelastung den Düsenanstellwinkel $a$ zu vergrößern.

Quantitativ zeigen die Resultate von *Tichý* an der Düseninnenseite in der Umgebung der Propellerebene einen wesentlich stärkeren Druckanstieg als die von *Bollheimer*. Dieses erklärt sich durch die oben erwähnten unterschiedlichen Berechnungsverfahren bzw Propellermodelle.

Leider wurde der Einfluß des Spaltes, d. h. des Wertes von $R_0/R_D < 1$ auf die Druckverteilung nicht untersucht.

Nach dem Kutta-Joukowskischen Satz lassen sich die Düsenkräfte (vgl. auch Band 1, S. 75) berechnen. Besonders interessiert die Axialkomponente $K_x^{(D)}$.

Wegen der geringen Neigung der Düsenskelettlinie, d. h. $(dR/dx)^2 \ll 1$, folgt aus Gl. (185) unter Berücksichtigung der Strömungsrandbedingung für die Axialkraft $K_x$ (pro Längeneinheit in Umfangsrichtung):

$$K_x^{(D)}(\varphi, \varphi_0) = \int_{-a}^{a} \partial p^{(D)}(x, \varphi, \varphi_0)\frac{dR(x)}{dx}\,dx = \rho \int_{-a}^{a} [W_\gamma^{(D)}(x, R_D, \varphi, \varphi_0) +$$

$$+ W_q^{(D)}(x, R_D) + W_Q^{(D)}(x, R_D, \varphi, \varphi_0) + W_L^{(D)}(x, R_D, \varphi, \varphi_0) + W_\Gamma^{(P)}(x, R_D, \varphi, \varphi_0) +$$

$$\tag{186}$$

$$+ W_Q^{(P)}(x, R_D, \varphi, \varphi_0) + W_L^{(P)}(x, R_D, \varphi, \varphi_0) + W_0(x, R_D, \varphi)]\, \gamma^{(D)}(x, \varphi, \varphi_0)\,dx \approx$$

$$\approx \rho \int_{-a}^{a} u_* \frac{dR(x)}{dx}\, \gamma^{(D)}(x, \varphi, \varphi_0)\,dx \ .$$

Daraus folgen die Gesamtkraft $\overline{K}_x^{(D)}$ und der Düsenschub $S^{(D)}$:

$$\overline{K}_x^{(D)} = R_D \int_{-\pi}^{\pi} K_x^{(D)}\,d\varphi \quad ; \quad S^{(D)} = |\frac{N}{2\pi} \int_{0}^{2\pi/N} \overline{K}_x^{(D)}\,d\varphi_0| \ . \tag{187}$$

Da bei einem Düsenpropeller das über $\varphi_0$ gemittelte $\gamma^{(D)}$ in der Regel[80]) posi-

---

80) Im Normalfall der sogenannten Beschleunigungsdüse wird im Innern eine positive Axialgeschwindigkeit induziert; daneben gibt es auch Verzögerungsdüsen, die umgekehrt wirken und dadurch zu einer Verminderung der Kavitationsgefahr beitragen sollen. Vgl.:
J. D. van Manen, M. W. C. Oosterveld: Analysis of ducted propeller design; Trans. Soc. Nav. Arch. Marine Engin. 74 (1966) 522.

tiv ist, erhält man einen negativen $K_x$-Wert und somit einen zusätzlichen Schub durch die Düse.

*Bollheimer*[71][77]) hat mit seiner Theorie unter Verwendung des halbunendlichen Wirbelzylinders als Propellermodell die Düsensogziffer

$$\Xi = S^{(D)} / S^{(P)}$$

für eine größere Anzahl von Beispielen in Abhängigkeit vom Schubbelastungsgrad $C_S$ des Propellers berechnet. Abb. 73 zeigt einige dieser Ergebnisse für

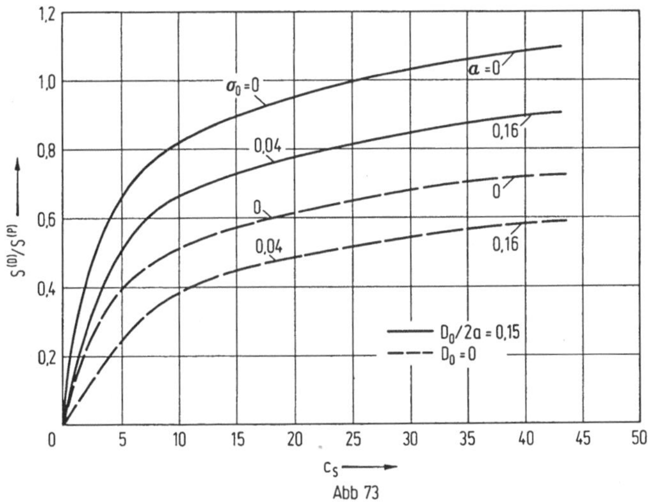

Abb 73

$a/R_D = 0,5$. Erwartungsgemäß (vgl. Abb. 70 bis 72) ergibt sich, daß die Sogziffer bei idealer Strömung (also ohne Berücksichtigung einer eventuellen Ablösung) mit abnehmendem Öffnungswinkel $a$ ansteigt. Außerdem wächst $\Xi$ mit zunehmender Profildicke, da diese eine positive Zirkulation (innen Übergeschwindigkeit, vgl. Band 1, S. 75) an der Düse liefert. (Profilform aus Abb. 69).

In den Ergebnissen von *Bollheimer* und *Tichý* ist der Einfluß der endlichen Flügelzahl des Propellers nicht enthalten. Seine Berücksichtigung hätte natürlich einen wesentlich größeren Rechenaufwand erfordert, selbst wenn man sich auf rein axial angeströmte Düsenpropeller beschränkt (Band 1, S. 82/86).

Es zeigt sich, daß die von den freien Querwirbeln des Propellers induzierte Radialgeschwindigkeit $W_Q^{(P)}$ $(x, R_D, \varphi)$ vor allem hinter der Propellerebene starke Schwankungen in Umfangsrichtung aufweist, die natürlich zu einer ähnlichen $\varphi$-Abhängigkeit bei der Wirbelbelegung $\gamma^{(D)}(x, \varphi)$ und der Druckverteilung der Düse führen müssen. In Abb. 74 ist nach Ergebnissen von

*Kloppenburg*[81]) der Verlauf von $W_Q^{(P)}$ (x, $R_D$, $\varphi$) für einen Propeller mit drei kreissektorförmigen Flügeln mit

$$C_S = 6{,}56 \text{ und } \frac{u_0}{\omega R_0} = 0{,}1 \text{ sowie}$$

$$\frac{k_1}{R_0} = 0{,}32 \; ; \chi_H - \chi_V = 0{,}8 \, , \frac{a}{R_D} = 1 \, , (\varphi_0 = 0 \text{ gesetzt}; \varphi \triangle \varphi - \varphi_0) \text{ dargestellt.}$$

Aus Abb. 74 ist deutlich zu erkennen, wie stark die Inhomogenität von $W_Q^{(P)}$ in $\varphi$-Richtung zunimmt, wenn $R_0 \rightarrow R_D$ geht. Zwar bleibt der Integrand

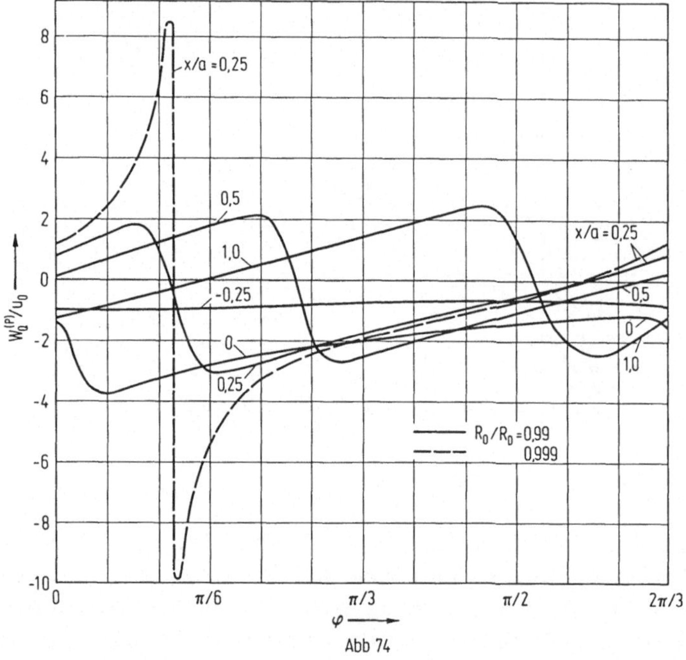


Abb 74

von $W_Q^{(P)}$ (x, $R_D$, $\varphi$) wegen der Voraussetzung (174) stetig, doch weist er für $R_0 \rightarrow R_D$ sehr starke Spitzen auf, wenn der Aufpunkt (x, $\varphi$) auf dem Zylindermantel der Düse in der Nähe der freien Wirbellinie eines Propellerflügels liegt. Durch diese Spitzen des Integranden, die etwa $\sim (R_D - R_0)^{-2}$ sind, wird der Wert des Gesamtintegrals $W_Q^{(P)}$ wesentlich beeinflußt. Demgegenüber ist der Beitrag der von den gebundenen Wirbeln des Propellers induzierten Geschwindigkei

---

81) M. Kloppenburg: Theoretische Untersuchungen über den Einfluß von Platten und Zylindern auf das Propellerdruckfeld. Bericht Nr. 253 Institut für Schiffbau der Universität Hamburg, Dezember 1969.

ten sowohl absolut als auch bezüglich der Inhomogenität in $\varphi$-Richtung unbedeutend. (Etwa zwei Größenordnungen kleiner).

Inwieweit auch die Gesamtschubwerte der Düse dadurch beeinflußt werden ist noch nicht geklärt; ein erheblicher Effekt ist aber kaum zu erwarten, da die *Bollheimer*schen Ergebnisse relativ gut mit Messungen übereinstimmen.[82])

*Greenberg* und *Ordway*[83]) beschäftigen sich in einer (allerdings auch nur für unendliche Flügelzahl des Propellers durchgeführten) Untersuchung mit den speziell bei stark belasteten Düsenpropellern auftretenden Problemen. Sie weisen darauf hin, daß bei der Steigung der freien Wirbelflächen des Propellers der Einfluß der Düse berücksichtigt werden muß, und daß ferner für die Ermittlung der Druckverteilung auf der Düse die nichtlinearen Glieder der von

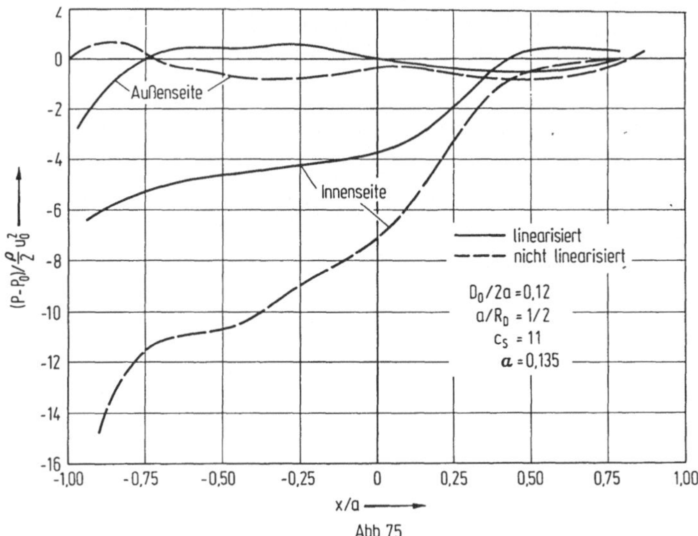

Abb. 75

den Singularitätensystemen induzierten Geschwindigkeiten in (182) keinesfalls vernachlässigt werden dürfen. Zu dem gleichen Ergebnis kommt auch *Tichý*. Abb. 75 zeigt das Ergebnis einer Druckverteilungsberechnung[78]) sowohl unter Vernachlässigung (ausgezogene Kurve) als auch unter Berücksichtigung der quadratischen Glieder (gestrichelte Kurve) der von Düse und Propeller induzierten Geschwindigkeiten.

Es handelt sich dabei um einen Düsenpropeller mit folgenden Daten:

$$\frac{a}{R_D} = 0,5 \; ; \; \frac{D_0}{2a} = 0,12 \; ; \; a = 7,7^0 \; ; \; C_S = 11 \; ; \; N=4 \; ; \; \frac{u_0}{\omega R_0} = 0,049 \; ;$$

---


82) W. B. Morgan, E. B. Caster: Comparsion of theory and experiment on ducted Propellers; 7th Symposium on Naval Hydrodynamics. Rome August 1968.
83) M. D. Greenberg, D. E. Ordway: Low speed aerodynamics of the ducted propeller; Z. f. Flugwissenschaft 14 (1966) 363.

$$\frac{k_0}{R_0} = 0,146 \ .$$

Man erkennt, daß bei dieser Belastung die linearisierte Druckverteilungsberechnung an der Innenseite der Düse zu ganz falschen Ergebnissen führt.

*Tichý*[78]) hat in seiner Arbeit außerdem noch die Eigenschaften der *Grim*schen Kombination „Propeller und Leitrad" (vgl. Abschnitt B) im Zusammenwirken mit einer Düse untersucht. Für Einzelheiten sei hier auf die Originalarbeit verwiesen.

Von *Sparenberg*[84]) wurden die Arbeiten von *Tachmindji* (vgl. Band 1, S. 89) an optimalen Düsenpropellern weitergeführt und auf Düsen endlicher Länge ausgedehnt; es zeigt sich, daß im Rahmen der Potentialtheorie der Spalt $1 - R_0/R_D$ so klein wie möglich sein sollte, um einen hohen Wirkungsgrad zu erreichen.

### 3. Berechnung der Düsenprofilform aus der Druckverteilung

In analoger Weise wie bei einem Propellerflügel (vgl. Kapitel I Abschnitt C) läßt sich auch die Kontur des Düsenprofils bestimmen, wenn eine technisch wünschenswerte Druckverteilung auf der Innen- und Außenseite der Düse vorgegeben wird. Auch hier ist diese Aufgabenstellung nur sinnvoll bei stationärer Strömung am Düsenprofil; der Einfluß des Propellers auf die Düse kann also nur im zeitlichen Mittel berücksichtigt werden oder anders ausgedrückt, es ist unendliche Flügelzahl vorauszusetzen. $[\gamma^{(D)} = \gamma^{(D)} (\xi)]$ .

Der Drucksprung $p_a - p_i$ liefert nach Gl. (185) die Wirbelbelegung der Düse

$$\gamma^{(D)} = \frac{p_a - p_i}{u_0 + u_\Gamma^{(P)} + u_Q^{(P)} + u_{\gamma|m}^{(D)} + u_q^{(D)}} \ \frac{1}{\rho} \ . \tag{188}$$

Dabei ist Gl. (188) im Sinne eines Iterationsverfahrens zu verstehen, in erster Näherung werden die noch unbekannten Geschwindigkeiten $u_{\gamma|m}^{(D)}$ und $u_q^{(D)}$ weggelassen. Auch der Riegelsfaktor ist in Gl. (188) vernachlässigt. (vgl. Fußnote[10]) in Kapitel IA).

Führen wir nun den mittleren Druck $p_m = (p_a + p_i)/2$ an der Düse ein, so folgt aus (182) und der analogen Gleichung für $p_a$ die Beziehung:

$$\frac{p_m - p_0}{\rho} = -\frac{1}{2} \, [u_0 + u_Q^{(P)} + u_q^{(D)} + u_{\gamma|m}^{(D)}]^2 \ . \tag{189}$$

$$[1 + \left(\frac{dR(x)}{dx} \pm \frac{1}{2} \frac{dD(x)}{dx}\right)^2]^{-1} \ + \frac{u_0^2}{2} - \frac{1}{2} \, [V_\Gamma^{(P)} + V_Q^{(P)}]^2 - \frac{1}{2} \left(\frac{\gamma^{(D)}}{2}\right)^2 \ .$$

84) J. A. Sparenberg: On optimum propellers with a duct of finite length; Journ. of Ship Research 13 (1969) Heft 2.

Linearisiert man Gl. (189) bezüglich der von der Düsenbelegung induzierten
Geschwindigkeiten, so ergibt sich in

$$\frac{1}{\rho}\,\frac{p_m - p_0}{u_0 + u_Q^{(P)}} + \frac{1}{2}\,(u_0 + u_Q^{(P)}) + \frac{1}{2}\,\frac{(V_\Gamma^{(P)} + V_Q^{(P)})^2 - u_0^2}{u_0 + u_Q^{(P)}} + u_{\gamma|m}^{(D)} =$$

$$\hspace{10cm} (190)$$

$$= -\frac{1}{2\pi}\,\int_{-a}^{a} q^{(D)}(\xi) \int_{0}^{\pi} \frac{R_D\,(x-\xi)\,d\psi}{\sqrt{(x-\xi)^2 + 4\,R_D^2\,\sin^2\,\psi/2}^{\,3}}\,d\xi\;,$$

eine Integralgleichung für $q^{(D)}(\xi)$ ; man wird sie zusammen mit (188) iterativ

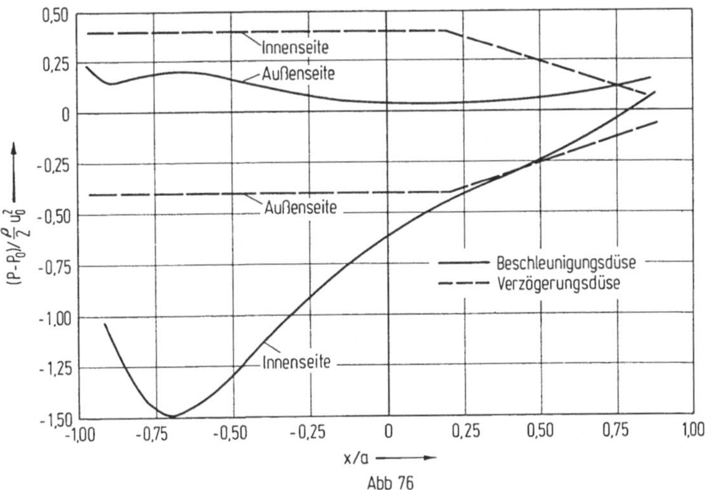


lösen, also in erster Näherung alle von $\gamma^{(D)}$ abhängigen Terme vernachlässigen.
Die gesuchte Profildicke ist dann

$$D(x) = \frac{1}{u_*}\,\int_{-a}^{x} q^{(D)}(\xi)\;d\xi\;,$$

während die Wirbeldichte $\gamma^{(D)}$ über die Strömungsrandbedingung die Profilskelettlinie liefert.

Bei sehr stark belasteten Düsen ist es erforderlich, mit einem Iterationsverfahren auch die in Gl. (190) gegenüber der strengen Formel (189) vernachlässigten nichtlinearen Geschwindigkeitskomponenten zu berücksichtigen.

*Morgan*[85]) hat mit Hilfe von Gleichungen (188) und (190) für die in Abb.
76 dargestellten vorgegebenen Druckverteilungen (ausgezogene Kurven

Beschleunigungsdüse, gestrichelte Kurven Verzögerungsdüse) die zugehörigen Düsenprofile berechnet. Da er sich auf eine bezüglich des Druckfeldes (182)

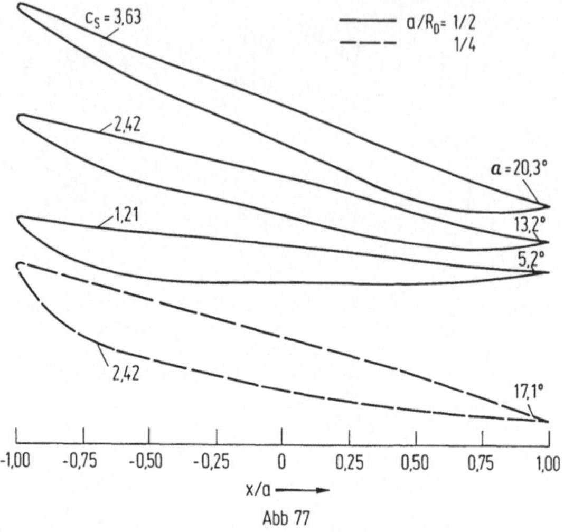

Abb 77

linearisierte Theorie beschränkt,[86]) sind die untersuchten Propellerbelastungsgrade relativ niedrig.

Abb. 77 zeigt für die Beschleunigungsdüse einige der erhaltenen Profile, und zwar für $C_S = S^{(P)}/\frac{\rho}{2} u_0^2 \pi R_0^2 = 1{,}21$ ; $2{,}42$ ; $3{,}63$ mit $a/R_D = 1/2$ . Die gestrichelte Kurve bezieht sich auf den Fall $C_S = 2{,}42$ und $a/R_D = 1/4$ .

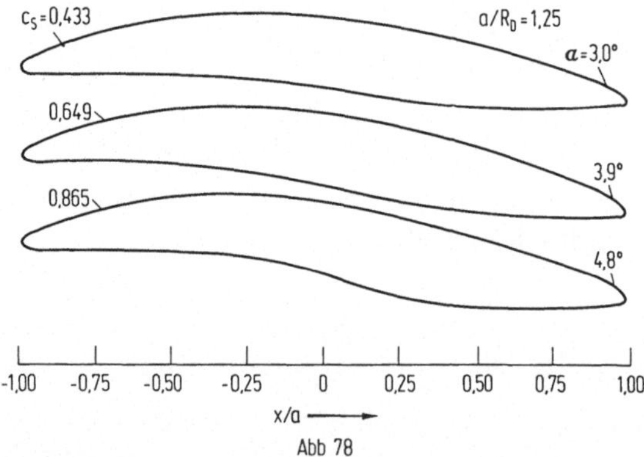

Abb 78

In allen Fällen liegt der Propeller in der Mitte der Düse bei x = 0 .

Erwartungsgemäß steigt der zur Beibehaltung des relativ mäßigen Druckanstieges auf der Innenseite der Düse erforderliche Profilanstellwinkel $a$ mit zunehmender Belastung. Gleichzeitig verlagert sich das Dickenmaximum zur Hinterkante hin. Mit abnehmender relativer Profiltiefe $a/R_D$ vergrößeren sich sowohl der Anstellwinkel als auch die Profildicke.

In Abb. 78 sind für verschiedene $C_S$-Werte Profilkonturen der Verzögerungsdüse (entsprechend der Druckverteilung aus Abb. 76) dargestellt. Dabei ist $a/R_D = 5/4$ und die Propellerebene liegt bei $x = 0$.

Die Profile sind umgekehrt gewölbt wie die der Beschleunigungsdüse, und außerdem dicker. Dieses Ergebnis ist durch den an der Düsenaußenseite vorgeschriebenen Unterdruck (vgl. Abb. 76) bedingt.

### 4. Steuerdüsen

An Stelle eines Ruders kann auch eine geeignet gebaute Düse als Steuerorgan eines Schiffes Verwendung finden.

Bei einem Düsenpropeller mit einem in Umfangsrichtung unveränderten Düsenprofil tritt bei rein axialer und rotationssymmetrischer Anströmung keine resultierende Steuerkraft

$$\bar{K}_z^{(D)} = \frac{N}{2\pi} \int\limits_{\varphi_0 = 0}^{2\pi/N} \int\limits_{\varphi = -\pi}^{\pi} K_I^{(D)}(\varphi, \varphi_0) \sin \varphi \, d\varphi d\varphi_0 \tag{191}$$

auf, wie man sich leicht überlegt; für schräge, inhomogene oder auch homogene angestellte Anströmung kann ein von Null verschiedener $\bar{K}_z^{(D)}$-Wert zwar auftreten, dieser ist aber von der vorliegenden Zuströmung abhängig, also nicht nach Wunsch einstellbar und daher auch nicht als Steuerkraft zu verwenden.

Steuerdüsen müssen somit auf jeden Fall ein vom Umfangswinkel abhängiges Düsenprofil erhalten oder als Teildüsen ausgebildet werden, deren Mäntel sich nur über einen bestimmten Winkelbereich

$$\psi_1 \leqslant \varphi \leqslant \psi_2 \qquad\qquad (\psi_2 - \psi_1 < 2\pi)$$

erstrecken.[87]) Soche Düsen sind um den Propeller herum drehbar anzuordnen, damit je nach Bedarf eine positive oder negative Steuerkraft $\bar{K}_z^{(D)}$ erzeugt werden kann. Bei Geradeausfahrt wird die Düse so gestellt, daß eine Kraftwirkung nach oben oder unten (in y-Richtung) eintritt.

Eine geschlossene Steuerdüse (Vollmantel) würde man z. B. erhalten, wenn man die Profilierung in einem Winkelbereich von etwa $90^\circ$ des Zylindermantels als Beschleunigungsdüse und in dem gegenüberliegenden ebenfalls $90^\circ$-Bereich als Verzögerungsdüse ausbildet. Die Mantelgebiete dazwischen würden einen stetigen Übergang gewährleisten. Die Steuerkraft wirkt dann in Richtung des Verzögerungsprofils. (vgl. Abb. 79).

Eine Teildüse mit Beschleunigungsprofilierung liefert eine Steuerkraft

---

85) W. B. Morgan: Some results from the inverse problem of the annular airfoil and ducted propeller; Journ. of. Ship Research 13 (1969) Heft 1.

nach der zur momentanen Düsenlage entgegengesetzten Seite.

Für die Behandlung eines Propellers mit Steuerdüse muß die in Ziff. 1 dargestellte allgemeine instationäre Theorie verwendet werden, selbst dann, wenn nur eine rein axiale homogene Anströmung vorliegt. Auch das von einer Teil-

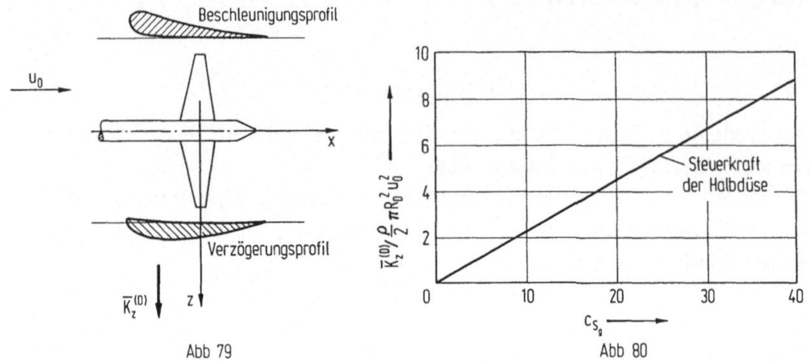


Abb 79                                                    Abb 80

düse induzierte Geschwindigkeitsfeld ist durch Formel (170) bis (172) gegeben, lediglich läuft die Integrationsvariable $\psi$ von $\psi_1$ bis $\psi_2$ anstatt von $-\pi$ bis $+\pi$.

Da bei einer Teildüse die Wirbelbelegung an den Düsenenden $\psi_1$ und $\psi_2$ wie bei einem Tragflügel endlicher Spannweite verschwinden muß, tritt an die Stelle des Lösungsansatzes (173) nunmehr

$$\gamma^{(D)}(\xi, \psi, \varphi_0) = \sum_{\nu = -Z_\nu}^{Z_\nu} \sum_{\mu = 1}^{Z_\mu} \gamma_{\mu\nu}^{(D)}(\xi)\, e^{i\nu N \varphi_0} \sin\left(\mu\pi \frac{\psi - \psi_1}{\psi_2 - \psi_1}\right) .$$

Für die Steuerkraft gilt Gl. (191) mit den Integrationsgrenzen $\psi_1$ und $\psi_2$ für $\varphi$.

*Gordon* und *Tarpgaard*[87]) berechnen die Steuerkraft einer Teildüse mit $\psi_2 - \psi_1 = \pi$ näherungsweise unter Vernachlässigung aller instationären Effekte. Dabei wird die Halbdüse nach dem Modell der erweiterten Traglinientheorie durch einen Halb-Ringwirbel mit den zugehörigen freien Querwirbeln ersetzt und der (unendlichflügelige) Propeller durch eine Drucksprungfläche approximiert. Abb. 80 zeigt den Beiwert $\overline{K}_z^{(D)} / \rho\, u_0^2/2 \cdot \pi R_D^2$ der Steuerkraft in Abhängigkeit vom Schubbelastungsgrad $c_{S_g}$ des Gesamtsystems Propeller-Teildüse. Letztere hat ein Beschleunigungsprofil NACA 66-210; der Düsenöffnungswinkel $a$ beträgt 3,4° und ferner ist $a/R_D = 0,78$.

---

86) Vgl. bei stärkerer Belastung die in Abb. 75 gezeigten Unterschiede.

87) S. J. Gordon, P. T. Tarpgaard: Utilization of propeller shrouds as steering devices; Marine Technology 5 (1968) 272

Kapitel III

# Hubschrauber-Rotoren und schräg angeströmte Schraubenpropeller

Im vorliegenden Kapitel werden wir uns mit der Theorie von Propellern beschäftigen, bei denen im Unterschied zu Kapitel I und II die Hauptanströmrichtung bzw die Fahrgeschwindigkeit des Propellers nicht orthogonal zur Propellerebene ist. Dieses Merkmal, durch das in jedem Fall eine instationäre Anströmung der Flügelblätter bedingt ist, haben Hubschrauber-Rotoren und schräg angeströmte Schiffspropeller gemeinsam. Abgesehen davon sind die in den beiden Fällen auftretenden Probleme recht unterschiedlich; wir werden sie nacheinander besprechen.

## A. Hubschrauber-Rotoren
### 1. Aerodynamische und mechanische Probleme an Rotorflügeln

Wir betrachten einen Hubschrauber-Rotor, welcher mit der Geschwindigkeit $(-\mathcal{W}_0)$ vorwärts fliegt oder in einem auf das Flugzeug bezogenen Koordinatensystem[1]) in der Anströmung $\mathcal{W}_0 = u_0 \mathcal{W}_x + w_0 \mathcal{W}_z$ liegt. (vgl. Abb. 81). Diese ist also nicht orthogonal zur Rotorebene $x \doteq 0$ sondern schließt mit ihr den meist kleinen Winkel $\mathrm{arctg}\,(u_0/w_0)$ ein. (Neigungswinkel der Rotorebene gegenüber der Flugrichtung).

Bei einem solchen Flugzustand treten zusätzlich zur normalen Propellertheorie eine Reihe neuartiger Probleme auf.

Die mit der Winkelgeschwindigkeit $\omega$ rotierenden Flügel werden je nach ihrer momentanen Flügelstellung $\varphi_0$ ganz unterschiedlich angeströmt, z. B. mit der Geschwindigkeit $\omega r + w_0$ bei $\varphi_0 = 0$ und mit $\omega r - w_0$ bei $\varphi_0 = \pi$, wenn wir von der Axialkomponente $u_0$ zunächst absehen. Bei größeren Fortschrittsgraden $w_0/\omega R_0$ kommt es also vor, daß die inneren Radien der Flügelblätter in der Umgebung der Winkelstellung $\varphi_0 = \pi$ von rückwärts, also von der Flügelhinterkante aus angeströmt werden. Oder anders ausgedrückt, auf dem gleichen Flügel wechselt bei der Winkelstellung $\varphi_0 = \pi$ vom Außenradius zum

---

1) Die Bezeichnungen und das Koordinatensystem sind wie in Kapitel I und II; insbesondere ist die Ebene $x = 0$ die Propellerebene.

2) N. D. Ham, M. I. Young: Torsional oscillation of helicopter blades due to stall; Journ. of Aircraft 3 (1966) 218.

3) Wie in der älteren Literatur begnügt man sich meist damit, diese Effekte in den einzelnen Flügelschnitten $r = \mathrm{const}$. mit der zweidimensionalen Profiltheorie bzw der Methode der Profilpolaren und Auftriebsbeiwerte zu behandeln. Man vergleiche: W. Just, K. Jaeckel: Aerodynamik der Hub- und Tragschrauber, Teil 2 Berechnung des Rotors; Deutsche Studiengemeinschaft Hubschrauber 1954. Stuttgart-Flughafen.

Innenradius die Hinter- und Vorderkante der Profile. In Abb. 81 ist der Bereich einer solchen Rückwärtsanströmung punktiert angedeutet. Seine Größe läßt sich durch elementare Rechnungen aus den örtlichen Geschwindigkeiten berechnen. Wie man sich leicht überlegt, können im Bereich der Rückwärtsanströmung ört-

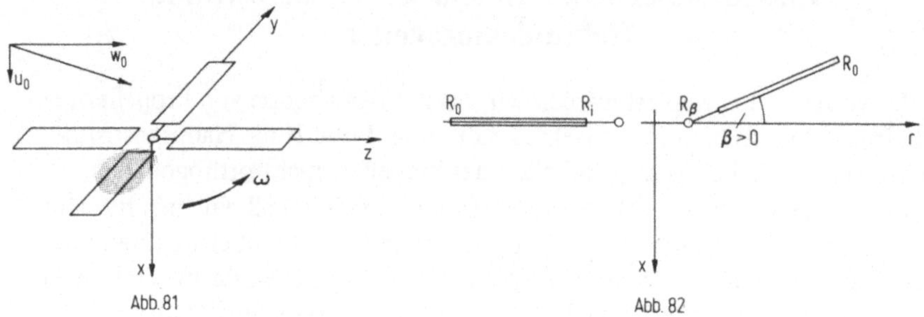



Abb. 81                                        Abb. 82

lich große Anstellwinkel an den Flügelblättern auftreten, die zu einem Abreißen der Strömung und dadurch zu unerwünschten Blattschwingungen führen[2])

Eine einigermaßen strenge dreidimensionale Methode zur Erfassung der Rückwärtsanströmung und des Abreißens liegt bisher nicht vor;[3]) es ist klar, daß das Modell der Traglinientheorie hierfür prinzipiell ungeeignet ist, aber auch eine sachgemäße tragflächentheoretische Formulierung (etwa durch Belegung des Flügels mit einer Dipolschicht) stößt auf große Schwierigkeiten. Man hat nämlich zu bedenken, daß die Rückwärtsanströmung bei $\varphi_0 = \pi$ nur ein Sonderfall der für größere Fortschrittsgrade in allen $\varphi_0$-Winkelbereichen (abgesehen von $\varphi_0 = 0$) auftretenden Schräganströmung der Flügelblätter ist. Hier kann auch nicht etwa die aus der Aerodynamik bekannte Theorie einfacher schiebender Tragflügel herangezogen werden; denn beim Rotorflügel hängt der Schiebewinkel sowohl von der örtlichen Spannweitenkoordinate als auch von der momentanen Flügelstellung $\varphi_0$ in Umfangsrichtung ab.

Bei niedrigen Fortschrittsgraden $w_0/\omega R_0 \lesssim 1/3$ sind diese Effekte von geringer Bedeutung und können für die Rechnung vernachlässigt werden. Die bisher entwickelten Wirbeltheorien des Rotors sind daher auf diese kleinen $w_0/\omega R_0$-Werte beschränkt. Dennoch sind für die technische Entwicklung gerade in neuerer Zeit wesentlich größere Fortschrittsgrade ($w_0/\omega R_0 \lesssim 1$) von Bedeutung, da nur so bei schnell (400 km/h und mehr) fliegenden Hubschraubern für die Flügelstellung $\varphi_0 = 0$ in der Nähe der Flügelspitzen Überschallgeschwindigkeit mit örtlichen Verdichtungsstößen zu vermeiden ist.

Die Flügelblätter eines Rotors sind in der Regel nicht starr wie bei einem Schraubenpropeller sondern gelenkig an der Nabe bzw am Rotorkopf angeschlossen. Die durch instationäre Luftkräfte belasteten Flügel können dadurch während des Umlaufes Schlagbewegungen senkrecht zur Rotorebene (Schlagwinkel $\beta (\varphi_0)$, $\beta^2 \ll 1$, vgl. Abb. 82) ausführen. Hierdurch sind mehrere Vorteile bedingt. Zunächst wirkt die Schlaggeschwindigkeit $r\omega\dot{\beta}(\varphi_0)$ stabilisierend auf die instationären Kraftschwankungen, wie man sich aus der Anstellwinkelverteilung am Blatt leicht klar macht; das bedeutet, daß die Luftkraftamplituden ohne die Schlagbewegung also bei starrem Rotorblattanschluß größer wären und damit die Steuereigenschaften des Hubschraubers ungünstiger. Es würden sich auch festigkeitsmäßig stark schwankende Biege- und Querkraftbeanspruchungen an den starren Blattanschlüssen ergeben, die zu Schwierigkeiten und sogar Brüchen führen könnten. Teilweise erhalten die Rotorflügelanschlüsse außer den Schlaggelenken auch noch Schwenkgelenke, die eine Schwenkbewegung in der Rotorebene (Schwenkwinkel $\Theta\,(\varphi_0)$) ermöglichen; die Gründe hierfür sind ähnlich wie die oben erwähnten.

Die Berechnung der Schlag- und Schwenkbewegung erfolgt aus einer Momentengleichgewichtsbedingung[3][4] für das Rotorblatt, bei der die verschiedenen angreifenden Kräfte zu berücksichtigen sind. (Luftkraft, Blattgewicht, Massenträgheitskraft, Zentrifugalkraft und Corioliskraft). Durch die Luftkräfte einerseits und die Strömungsrandbedingung andererseits sind die Flügelzirkulation und die Schlag- und Schwenkbewegung miteinander gekoppelt.[5] Somit ist in der Regel ein iteratives Vorgehen notwendig; etwa derart, daß bei der ersten Ermittlung von $\beta\,(\varphi_0)$ und $\Theta\,(\varphi_0)$ die Luftkräfte aus einer ganz einfachen quasistationären Untersuchung entnommen werden, anschließend die Flügelzirkulation aufgrund der genaueren Wirbeltheorie berechnet und so verbesserte Werte der Luftkräfte und damit auch für die Schlag- und Schwenkbewegung erhalten werden; so kann man fortfahren bis Konvergenz erreicht ist. Ebenso iterativ ist die flugmechanische Stabilität des Hubschraubers zu überprüfen. Für die Einzelheiten solcher Rechnungen kann hier auf einschlägige zusammenfassende Darstellungen verwiesen werden[6]. Wir beschäftigen uns im folgenden nur noch mit dem eigentlichen Propellerproblem.

## 2. Traglinientheorie des Hubschrauber-Rotors

Beim Hubschrauber-Rotor ist ähnlich wie beim Nachstrom-Schiffspropeller die Geometrie der freien Wirbelflächen von großer Bedeutung; sogar dann, wenn man mit Hilfe der Traglinientheorie lediglich die Flügelkräfte und nicht die Druckverteilung berechnen will. Diese Tatsache ist dadurch bedingt, daß

---

4) A. Azuma: Dynamic analysis of the rigid rotor system; Journ. of Aircraft 4 (1967) 203.

5) Die Schlagbewegung der Flügel kann auch durch örtliche Luft-Turbulenzbereiche beeinflußt werden. Vgl. G. H. Gaonkar, K. H. Hohenemser: Flapping response of lifting rotor blades to atmospheric turbulence; Journ. of Aircraft 6 (1969) 496.

6) Eine Übersicht über die Flugmechanik der Hubschrauber findet man in den Veröffentlichungen:
W. Just: Steuerung und Stabilität von Drehflügelflugzeugen; Verlag Flugtechnik Stuttgart 1966.
W. Just: Die verschiedenen Massenkoppeleffekte und aerodynamischen Koppeleffekte bei den Stabilitäts- und Steuerungsproblemen von Hubschraubern; Jahrb. 1963 der Wiss. Ges. Luft- und Raumfahrt, S. 122.

beim Vorwärtsflug mit dem kleinen Winkel arctg $(u_0/w_0)$ zwischen Flugrichtung und Rotorebene auch die von den vorausfahrenden Nachbarflügeln $n = N - 1$, usw abgehenden freien Wirbelflächen einen erheblichen Einfluß auf die Strömungsverhältnisse am Aufpunktflügel haben. Durch die Schlagbewegung werden die freien Wirbelflächen noch deformiert; so kommt es durchaus vor, daß der Aufpunktflügel die freie Wirbelfläche eines vorausfahrenden Flügels schneidet.

Grundsätzlich ist es mit entsprechendem Aufwand (ähnlich wie beim Schiffspropeller im Nachstrom, Kapitel I) möglich, diese Effekte bei der Entwicklung der Wirbeltheorie des Hubschrauber-Rotors zu berücksichtigen. Dennoch soll hier davon abgesehen werden, in erster Linie in Erwägung der Tatsache, daß eine Berücksichtigung der Deformation der freien Wirbelflächen die Theorie wesentlich komplizieren würde, ohne daß eine wirkliche Vollständigkeit erreicht wäre; denn die gleichfalls bedeutsamen Einflüsse der Rückwärts- und Schräg-Anströmung (vgl. Ziff. 1) blieben damit immer noch außer Betracht.

Bei der im folgenden dargestellten und auf kleine Fortschrittsgrade $w_0/\omega R_0 \lesssim 1/3$ beschränkten Traglinientheorie werden wir daher sowohl die Deformation der freien Wirbelflächen (diese Deformation ist u. a. auch durch die Strahlkontraktion bedingt) als auch die Rückwärts- und Schräganströmung der Flügel vernachlässigen.

Für das Geschwindigkeitsfeld $\mathcal{W}_\Gamma$ der die N Flügel ersetzenden radial gerichteten Stabwirbel der Zirkulation $\Gamma (s, \varphi_n)$, $(\varphi_n = \varphi_0 + 2\pi n/N)$ ergibt sich der gleiche Ausdruck wie bei einem normalen Schraubenpropeller. (vgl. Band 1, S. 2 sowie Kapitel I Formel (3)).

Die freien Quer- und Längswirbel der Stärke $- \partial\Gamma/\partial s \cdot ds$ und $\partial\Gamma/\partial\varphi_0 \cdot d\varphi_0$ befinden sich innerhalb eines schiefen bis ins Unendliche reichenden Zylinders hinter dem Rotor. Die Abströmrichtung der freien Wirbel wird durch die Umfangsgeschwindigkeit $\omega s$, die Anströmgeschwindigkeiten und die induzierten Geschwindigkeiten $\mathcal{W}_Q, \mathcal{W}_L$ der freien Wirbel bestimmt. Mit

$$\frac{k_0}{s} = \frac{u_0 + u_Q + u_L}{\omega s + V_Q + V_L}, \quad \frac{k_*}{s} = \frac{w_0 + w_Q + w_L}{\omega s + V_Q + V_L} \qquad (x = 0) \tag{192}$$

und unter der Voraussetzung der aus der Theorie frei fahrender Schraubenpropeller bekannten Näherung $k_0 = $ const.[7]) sowie auch $k_* = $ const. liegen die freien Wirbel auf schiefen Schraubenflächen der Form

$$\mathcal{W}_f = k_0 \psi \cdot \mathcal{W}_x + s \cos (\varphi_n + \psi) \cdot \mathcal{W}_y + (s \sin (\varphi_n + \psi) + k_* \psi) \cdot \mathcal{W}_z \cdot \tag{193}$$

$$\begin{pmatrix} 0 \leq \psi < \infty \\ R_i \leq s \leq R_0 \end{pmatrix}$$

Die Achsenrichtung der freien Querwirbel ist geben durch

$$d\mathfrak{G}_Q = \frac{\partial \mathfrak{u}_f}{\partial \psi}\, d\psi = [k_0 \mathcal{W}_x - s \sin(\varphi_n + \psi)\cdot \mathcal{W}_y + (s\cos(\varphi_n + \psi) + k_*)\,\mathcal{W}_z]\; d\psi\,,$$

während die freien Längswirbel radiale Richtung haben

$$d\mathfrak{G}_L = \frac{\partial \mathfrak{u}_f}{\partial s}\, ds = [\cos(\varphi_n + \psi)\cdot \mathcal{W}_y + \sin(\varphi_n + \psi)\cdot \mathcal{W}_z]\; ds\,.$$

Man erhält so die von den freien Querwirbeln induzierten Geschwindigkeit:[8])

$$\mathcal{W}_Q = \frac{1}{4\pi} \sum_{n=0}^{N-1} \int_{R_i}^{R_0} \int_0^\infty \frac{\partial \Gamma(s, \varphi_n + \psi)}{\partial s} [(x - k_0\psi)^2 + (y - s\cos(\varphi_n + \psi))^2 +$$

$$+ (z - s\sin(\varphi_n + \psi) - k_*\psi)^2]^{-3/2} \Big\{ [y\,s\cos(\varphi_n + \psi) + \qquad\qquad (194)$$

$$z\,s\sin(\varphi_n + \psi) - s^2 + k_* y - k_* s\cos(\varphi_n + \psi) - k_* s\psi \sin(\varphi_n + \psi)]\,\mathcal{W}_x +$$

$$+ [k_0 z - k_0 s \sin(\varphi_n + \psi) - (x - k_0\psi)\,s\cos(\varphi_n + \psi) - k_* x]\,\mathcal{W}_y +$$

$$+ [-k_0 y + k_0 s \cos(\varphi_n + \psi) - (x - k_0\psi)\,s\sin(\varphi_n + \psi)]\,\mathcal{W}_z \Big\}\; d\psi\, ds\,.$$

Und entsprechend diejenige der freien Längswirbel:[8])

$$\mathcal{W}_L = \frac{1}{4\pi} \sum_{n=0}^{N-1} \int_{R_i}^{R_0} \int_0^\infty \frac{\partial \Gamma(s, \varphi_n + \psi)}{\partial \psi} [(x - k_0\psi)^2 + (y - s\cos(\varphi_n + \psi))^2 +$$

$$+ (z - s\sin(\varphi_n + \psi) - k_*\psi)^2]^{-3/2} \Big\{ [z\cos(\varphi_n + \psi) - y\sin(\varphi_n + \psi) - \qquad (195)$$

---

7) In Anberacht der Tatsache, daß der Winkel zwischen der Rotorebene und der Flugrichtung meist nur wenige Grad beträgt, ist die Voraussetzung $k_0$ = konst. d. h. des konstanten Rotordurchflusses eine schlechtere Approximation als bei einem Schraubenpropeller. In Wirklichkeit ist der Durchfluß ungleichförmig und zwar in Flugrichtung vorne kleiner als hinten. Teilweise setzt man in technischen Näherungtheorien (vgl. Ziff. 3) einen trapezförmigen Durchfluß voraus; es besteht aber auch die Möglichkeit, in Anlehnung an Kapitel I Abschnitt A in Gl. (193) $k_0$ durch eine allgemeine Funktion von s und $\psi$ zu ersetzen; ähnlich läßt sich auch die Strahlkontraktion berücksichtigen.

8) W. H. Isay: Zur Traglinientheorie des Hubschrauberrotors; Z. angew. Math. Mech. 49 (1969) 533.

$$- k_* \psi \cos (\varphi_n + \psi)] \mathcal{W}_x + (x - k_0 \psi) \sin (\varphi_n + \psi) \cdot \mathcal{W}_y -$$

$$- (x - k_0 \psi) \cos (\varphi_n + \psi) \cdot \mathcal{W}_z \Big\} \, d\psi ds \; .$$

Das Gesamtfeld der gebundenen sowie der freien Längs- und Querwirbel stellt natürlich eine Lösung der Laplaceschen Potentialgleichung für die ideale inkompressible Strömung dar. $\mathcal{W}_\Gamma + \mathcal{W}_L + \mathcal{W}_Q = \mathrm{grad}\,\Phi$. Das Geschwindigkeitspotential $\Phi$ lautet, wie man sich durch eine ähnliche Rechnung wie beim Schraubenpropeller überzeugt (vgl. Band 1, S. 7, sowie Kapitel I Abschnitt A):[8]

$$\Phi = \frac{1}{4\pi} \sum_{n=0}^{N-1} \int_{R_i}^{R_0} \int_0^\infty \Gamma (s, \varphi_n + \psi) \, [(x - k_0 \psi)^2 + (y - s \cos (\varphi_n + \psi))^2 +$$

$$+ (z - s \sin (\varphi_n + \psi) - k_* \psi)^2 \,]^{-3/2} \cdot [k_0 z \cos (\varphi_n + \psi) - k_0 y \sin (\varphi_n + \psi) -$$

$$- (x - k_0 \psi) (s + k_* \cos (\varphi_n + \psi)) - k_0 k_* \psi \cos (\varphi_n + \psi)] \, d\psi ds \; .$$

(196)

Bei einem Hubschrauber-Rotor ist wegen des schiefen Wirbelzylinders die Darstellung des Geschwindigkeitsfeldes $\mathcal{W}_Q$ und $\mathcal{W}_L$ in Zylinderkoordinaten nicht immer ein Vorteil; sie ist jedoch leicht aus (194) und (195) zu gewinnen, es wird

$$V_Q = - v_Q \sin \varphi + w_Q \cos \varphi \; ; \; W_Q = v_Q \cos \varphi + w_Q \sin \varphi \; , \qquad (197)$$

und ebenso $V_L$ und $W_L$ .

Zur Berechnung der Flügelzirkulation $\Gamma (s, \varphi_0)$ soll die erweiterte Traglinientheorie verwendet, also die Strömungsrandbedingung längs der Linie 3/4-Profiltiefe erfüllt werden. In Anbetracht der Tatsache, daß die Schlagamplituden bei der Lage der Flügelwirbel vernachlässigt wurden, erscheint es konsequent, die Randbedingung in der Rotorebene zu erfüllen. Dadurch ergeben sich für die 3/4-Linie die Aufpunktkoordinaten $x = 0$ und $\varphi = \varphi_0 + a\,(r)$. Durch $a\,(r)$ lassen sich viele bei Hubschraubern vorkommende Flügel näherungsweise erfassen. (vgl. Abb. 83). Wir bezeichnen diese Aufpunktkoordinaten als Fall I.[8] Bei einer anderen von *Ichikawa*[9] verwendeten Bedingung wird angenommen, daß die Flügelblätter näherungsweise mit den freien Wirbelflächen

---

9) T. Ichikawa: Linear aerodynamic theory of rotor blades; Journal of Aircraft 4 (1967) 210.

zusammenfallen und als 3/4-Linie am Aufpunktflügel entsprechend Gl (193) gewählt:

$$x = k_0 a \quad ; \quad y = r \cos(\varphi_0 + a) \quad ; \quad z = r \sin(\varphi_0 + a) + k_* a \quad . \text{Fall II.}$$

Es sei nun $\beta$ der Schlagwinkel, $\Theta$ der Schwenkwinkel sowie $R_\beta$ und $R_\Theta$ der Abstand des Schlag- und Schwenkgelenkes von der Drehachse; dann ist die Schlaggeschwindigkeit durch $\omega(r - R_\beta)\dot\beta$ und die Schwenkgeschwindigkeit durch $\omega(r - R_\Theta)\dot\Theta$ gegeben. Wir bezeichnen mit $\delta_0$ die Richtung der Profilskelettlinien in den 3/4-Punkten gegenüber der $r\varphi$-Achse. Damit lautet die

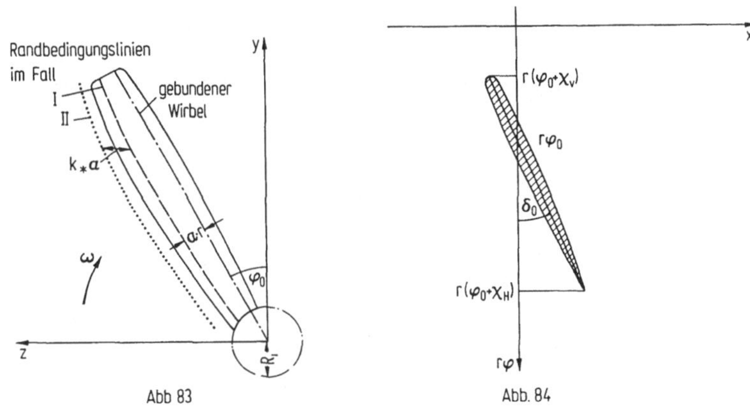


Randbedingung am Flügel (Abb. 84) $\qquad (\dot\beta = \dfrac{d\beta}{d\varphi_0})$

$$\operatorname{tg}\delta_0(r, \varphi_0) = \frac{u_0 - (r - R_\beta)\omega\dot\beta(\varphi_0) + u_\Gamma + u_Q + u_L}{\omega r + w_0 \cos\varphi + (r - R_\Theta)\omega\dot\Theta(\varphi_0) + V_\Gamma + V_Q + V_L},$$

(mit x, y, z entsprechend Fall I und II)

und aus ihr ergibt sich die folgende Integralgleichung zur Berechnung der Flügelzirkulation $\Gamma$ eines Hubschraubers:

$$[\omega r + w_0 \cos(\varphi_0 + a) + (r - R_\Theta)\omega\dot\Theta(\varphi_0)]\operatorname{tg}\delta_0(r, \varphi_0) - u_0 + (r - R_\beta)\omega\dot\beta(\varphi_0) =$$

$$= \frac{1}{4\pi}\sum_{n=0}^{N-1}\int_{R_i}^{R_0}\Gamma(s, \varphi_n)\frac{z\cos\varphi_n - y\sin\varphi_n + x\cos(a - 2\pi n/N)\cdot\operatorname{tg}\delta_0}{\sqrt{x^2 + (y - s\cos\varphi_n)^2 + (z - s\sin\varphi_n)^2}^{\,3}}\,ds +$$

$$+ \frac{1}{4\pi}\sum_{n=0}^{N-1}\int_{R_i}^{R_0}\int_{0}^{\infty}\frac{\partial\Gamma(s, \varphi_n + \psi)}{\partial s}[(x - k_0\psi)^2 + (y - s\cos(\varphi_n + \psi))^2 +$$

$$+ (z - s \sin (\varphi_n + \psi) - k_* \psi)^2 \, ]^{-3/2} \left\{ ys \cos (\varphi_n + \psi) + zs \sin (\varphi_n + \psi) - s^2 + \right.$$

$$+ k_* y - k_* s \cos (\varphi_n + \psi) - k_* \, s \, \psi \sin (\varphi_n + \psi) + [k_0 z \sin (\varphi_0 + a) +$$

$$+ k_0 y \cos (\varphi_0 + a) - k_* x \sin (\varphi_0 + a) - k_0 s \cos \left(a - \frac{2\pi n}{N} - \psi\right) -$$

$$- (x - k_0 \psi) \, s \sin \left(a - \frac{2\pi n}{N} - \psi\right)] \, \mathrm{tg} \delta_0 \left. \right\} \cdot \mathrm{d}\psi \mathrm{d}s + \tag{198}$$

$$+ \frac{1}{4\pi} \sum_{n=0}^{N-1} \int_{R_i}^{R_0} \int_0^\infty \frac{\partial \Gamma (s, \varphi_n + \psi)}{\partial \psi} \, [(x - k_0 \psi)^2 + (y - s \cos (\varphi_n + \psi))^2 +$$

$$+ (z - s \sin (\varphi_n + \psi) - k_* \psi)^2 \, ]^{-3/2} \left\{ z \cos (\varphi_n + \psi) - y \sin (\varphi_n + \psi) - \right.$$

$$- k_* \psi \cos (\varphi_n + \psi) + (x - k_0 \psi) \cos \left(a - \frac{2\pi n}{N} - \psi\right) \cdot \mathrm{tg} \delta_0 \left. \right\} \, \mathrm{d}\psi \mathrm{d}s \;,$$

$$\text{mit}: \; x = 0 \; ; \quad y = r \cos (\varphi_0 + a) \quad ; \quad z = r \sin (\varphi_0 + a) \qquad \text{im Fall I}$$

$$\text{mit}: \; x = k_0 a \, ; y = r \cos (\varphi_0 + a) \quad ; \quad z = r \sin (\varphi_0 + a) + k_* a \quad \text{im Fall II}.$$

$$a = a \, (r)$$

Die vorliegende Theorie gilt für Flugzustände, die in $\varphi_0$ mit $2\pi$ periodisch sind.[10]) Infolgedessen kann die Lösung der Integralgleichung (198) in der Form

$$\Gamma (s, \varphi_0) = \sum_{\mu = -M}^{M} \Gamma_\mu (s) \, e^{i \mu \varphi_0} \qquad (\Gamma_{-\mu} = \overline{\Gamma}_\mu) \tag{199}$$

angesetzt werden. Bei den Kernen von (198) läßt sich (ähnlich wie bei Gl. (36)) die $\varphi_0$- bzw Zeitabhängigkeit nicht ohne weiteres abspalten. Es ist dazu vielmehr notwendig, die den einzelnen Summanden des Lösungsansatzes (199) entsprechenden Kernanteile in Fourier-Reihen bezüglich $\varphi_0$ zu entwickeln.[11])

Ohne weiteres ist klar, daß die Kernanteile der gebundenen Wirbel in Gl. (198) sowohl im Fall I als auch im Fall II stetige Integranden haben.

Im Fall I sind auch die Kernanteile der freien Wirbel sämtlich stetig, da $a \neq 2\pi n/N$ ist. Jedoch nehmen die Integranden des Summanden $n = 0$ der

---

10) Auf den Fall nichtperiodischer Flugzustände kommen wir noch in Ziff. 3 zurück.
11) Wir verzichten hier auf eine Darstellung dieser Methode und verweisen auf die eingehenden Ausführungen in Kapitel IV Abschnitt A Ziff. 2 über die Auflösungstheorie der prinzipiell zu (198) analogen Integralgleichung des Voith-Schneider-Propellers.

freien Quer- und Längswirbel zwischen $\psi = 0$ und $\psi = a$ recht große Werte an; zur Erreichung eines genauen numerischen Ergebnisses ist es daher zweckmäßig, die Kernanteile, welche so große Werte annehmen, zwischen $\psi = 0$ und $\psi = a$ exakt zu integrieren; es kommen dabei die in Kapitel IB Ziff. 2 dargestellten Integrationsmethoden zur Anwendung. (vgl. auch dort Fußnote 19).

Im Fall II hat der Summand n = 0 des Kernanteils der freien Wirbel eine Singularität, wenn zugleich s = r und $\psi = a$ ist. Bei der Auswertung ist dann eine Zerlegung[12]) $(\psi = \vartheta + a)$

$$\int_{R_i}^{R_0} \mathrm{ds} \int_{0}^{\infty} \mathrm{d}\psi \underset{(n=0)}{=} \int_{R_i}^{r-\epsilon_s} \mathrm{ds} \int_{0}^{\infty} \mathrm{d}\psi + \int_{r+\epsilon_s}^{R_0} \mathrm{ds} \int_{0}^{\infty} \mathrm{d}\psi + \int_{r-\epsilon_s}^{r+\epsilon_s} \mathrm{ds} \int_{\epsilon_\vartheta}^{\infty} \mathrm{d}\vartheta +$$

$$\int_{r-\epsilon_s}^{r+\epsilon_s} \mathrm{ds} \int_{-a(r)}^{\epsilon_\vartheta} \mathrm{d}\vartheta$$

$$\tag{200}$$

zu verwenden. $(\epsilon_\vartheta > 0\,,\, \epsilon_s > 0\,,\, a > 0\;;\; \epsilon_\vartheta^2 \ll 1\;;\; (\epsilon_s/R_0)^2 \ll 1\;;\; a^2 \ll 1)$. Nur das vierte Integral auf der rechten Seite von (200) hat einen bei s = r und $\vartheta = 0$ singulären Integranden, dessen Nenner[13])

$$Ne = \left\{ [k_0^2 + k_*^2 + rs + 2k_* s \cos(\varphi_0 + a)]\, \vartheta^2 - 2k_*\, \vartheta\, (r-s) \sin(\varphi_0 + a) + (r-s)^2 \right\}^{3/2}$$

$$\tag{201}$$

von dritter Ordnung verschwindet. Bei der Diskussion des vierten Integrals in (200) hat man also im Zähler alle Anteile zu berücksichtigen, die in (r − s) und $\vartheta$ von geringerer als dritter Ordnung Null werden. Unter Verwendung der bekannten Grundintegrale (vgl. Fußnote 19, Kapitel IB) läßt sich die Integration über $\vartheta$ vollziehen; für die weitere Integration über s ergeben sich integrable Singularitäten vom Typ $1/(r-s)$ und $\ell n\, |(r-s)/R_0|^9$). Die bereits in der Tragflächentheorie des Schraubenpropellers verwendete Integrationsmethode führt also hier zum Erfolg.

---

12) Vgl. Formel (48) aus Kapitel I.
13) Bis zu Gliedern $\sim \vartheta^2$ entwickelt, d. h. Glieder $\sim \vartheta^3$ sind vernachlässigt. Solche Glieder
   3. Ordnung treten in der einfachen Theorie des Schraubenpropellers (vgl. Kapitel IB,
   Ziff. 2, 3) nicht auf. Insofern ist diese Approximation des Nenners beim Hubschrauber-Rotor weniger genau. Behält man die Anteile $\sim \vartheta^3$ bei, so muß der Nenner in
   einer Reihe entwickelt werden, und es sind zusätzlich zu den genannten Grundintegralen noch solche mit Integranden der Form $(r-s)\, \vartheta^3\, [\ldots]^{-5/2}, \vartheta^4\, [\ldots]^{-5/2}$ zu
   berücksichtigen; deren Wert verschwindet nach Integration über s und $\vartheta$ für $\epsilon \to 0$.

Für die Steigungsparameter $k_0$ und $k_*$ der freien Wirbelflächen gemäß Gl. (192) werden bei der ersten Durchrechnung Näherungswerte eingesetzt, die durch Schätzung oder eine einfache quasistationäre Betrachtung der Hubschraubenströmung gewonnen sind; denn die in (192) enthaltenen induzierten Geschwindigkeiten sind ja vor Auflösung der Integralgleichung (198) nicht bekannt. Die $k_0$- und $k_*$-Werte sind soweit erforderlich iterativ zu verbessern.

*Ichikawa*[9]) und *Mandl*[14]) haben außer der Traglinientheorie auch das Formelsystem einer linearisierten Tragflächentheorie angegeben, bei der die Flügelblattfläche mit der freien Wirbelfläche zusammenfällt. *Ichikawa* geht von der Integralgleichung der Tragflächentheorie mit Hilfe des Gewichtsoperators (64) zur Traglinientheorie über.

Die an den Flügeln erzeugten Axialkräfte $K_x$ und Umfangskräfte $K_\varphi$ (pro Längeneinheit in radialer Richtung) werden mit dem Kutta-Joukowskischen Satz berechnet. Es gilt mit $\rho$ als Luftdichte und $\dot\beta = d\beta/d\varphi_0$

$$K_x = -\rho \left[ \omega r + w_0 \cos\varphi_0 + (r - R_\Theta)\, \omega\dot\Theta\,(\varphi_0) + \widetilde{V}_\Gamma\,(0, r, \varphi_0) + \right.$$

$$\left. + V_Q\,(0, r, \varphi_0) + V_L\,(0, r, \varphi_0) \right]\, \Gamma\,(r, \varphi_0)\ ;$$

$$\tag{202}$$

$$K_\varphi = \rho \left[ u_0 - (r - R_\beta)\, \omega\dot\beta\,(\varphi_0) + \widetilde{u}_\Gamma\,(0, r, \varphi_0) + u_Q\,(0, r, \varphi_0) + \right.$$

$$\left. + u_L\,(0, r, \varphi_0) \right]\, \Gamma\,(r, \varphi_0)\ .$$

Das Zeichen $\sim$ bedeutet dabei, daß der Summand $n = 0$ wegzulassen ist. Da in der vorliegenden Theorie die endlichen Schlagamplituden vernachlässigt wurden, also die tragenden Flügelwirbel stets ihre radiale Richtung behalten, treten keine radialen Flügelkräfte auf. Einen Näherungswert für die Radialkraft liefert $\beta K_x$ ($\beta^2 \ll 1$). Die in (202) enthaltenen induzierten Geschwindigkeiten der freien Wirbel am Ort des gebundenen Flügelwirbels ($x = 0$, $\varphi = \varphi_0$) werden singulär. Und zwar kann diese Singularität in der Form

$$\lim_{x \to 0}\ \ell n\ \left| \frac{2\chi}{\chi_H - \chi_V} \right|$$

dargestellt werden, wenn nicht $\varphi = \varphi_0$ sondern $\varphi = \varphi_0 + \lim_{x \to 0} \dot\chi$ gesetzt wird. Dabei ist $\chi$ eine Winkelkoordinate auf dem Flügelblatt, und $\chi_V(r)$ bezeichnet die Vorderkante, $\chi_H(r)$ die Hinterkante des Flügels; der Wert $\chi = 0$ entspricht

---

14) P. Mandl: Analytical determination of the axial velocity through a propeller moving perpendicular to its axis; AGARD-Meeting: Fluid dynamics of rotor and fan supported aircraft at subsonics speeds; Göttingen September 1967.

der tragenden Linie $\varphi = \varphi_0$ (Abb. 84). Man kann diese Schwierigkeit über-brücken, wenn man bedenkt, daß die Kraftberechnung nach Formel (202) darauf beruht, daß näherungsweise von der Wirbeldichte $\gamma$ der Tragflächen-theorie zum Stabwirbel $\Gamma$ der Traglinientheorie übergegangen wird. (Band 1, S. 218). Man ersetzt dabei den eigentlichen Kraftausdruck

$$\int_{\chi_V}^{\chi_H} \gamma\,(r, \chi, \varphi_0)\; V\,(0, r, \varphi_0 + \chi)\; r d\chi \qquad \text{durch} \qquad V\,(0, r, \varphi_0)\; \Gamma\,(r, \varphi_0)\;;$$

diese Näherung ist für stetige Geschwindigkeitsanteile $V\,(0, r, \varphi_0)$ ausreichend; für singuläre Anteile muß jedoch die Wirbeldichte beibehalten werden, so daß

$$\lim_{\chi \to 0}\; \ln\,\left|\frac{2\chi}{\chi_H - \chi_V}\right| = \frac{1}{\Gamma\,(r, \varphi_0)} \int_{\chi_V}^{\chi_H} \gamma\,(r, \chi, \varphi_0) \ln\,\left|\frac{2\chi}{\chi_H - \chi_V}\right| r d\chi$$

zu setzen ist. Mit

$$\chi = \frac{1}{2}\,(\chi_H + \chi_V) - \frac{1}{2}\,(\chi_H - \chi_V) \cos\tau$$

folgt dann für die Wirbeldichte einer ebenen Platte (erste Birnbaumsche Nor-malform)

$$\gamma = \frac{1}{\sin\tau}\,\frac{2}{\pi}\,\frac{\Gamma\,(r, \varphi_0)}{r\,(\chi_H - \chi_V)}\,(1 + \cos\tau)$$

und $\chi_H = 3/2\,\ell$ ; $\chi_V = -\,\ell/2$ (also $\chi = 0$ im 1/4-Punkt, $2\ell\,(r)$ Flügeltiefe) das Resultat

$$\lim_{\chi \to 0}\; \ln\,\left|\frac{2\chi}{\chi_H - \chi_V}\right| = -\ln 2 - 0{,}5\;. \tag{203}$$

Genau das gleiche Ergebnis erhält man auch für eine elliptische Wirbeldichte (zweite Birnbaumsche Normalform, stoßfreier Eintritt)

$$\text{mit} \qquad \gamma = \frac{1}{\sin\tau}\,\frac{2}{\pi}\,\frac{\Gamma\,(r, \varphi_0)}{r\,(\chi_H - \chi_V)}\,(1 - \cos 2\tau)$$

und $\chi_H = \ell$ ; $\chi_V = -\,\ell$ (d. h. $\chi = 0$ in der Profilmitte).

Nach einem vom Verfasser angegebenen Verfahren[8] bestimmt man für die Kraftberechnung die in (202) benötigten induzierten Geschwindigkeiten $u_Q$,

$u_L$, $V_Q$, $V_L$ zunächst an der Stelle $x = 0$, $\varphi = \varphi_0 + \chi$ und kann bei den für $\chi \to 0$ regulären Anteilen unmittelbar $\chi = 0$ setzen. Für $\chi \to 0$ singuläre Anteile können nur bei den Summanden $n = 0$ auftreten und zwar in der Umgebung der Stelle $s = r$ und $\psi = 0$ des Integranden. Verwendet man eine Zerlegung ähnlich wie (200), so bleibt nur der Wert des Integrals

$$\int_{r-\epsilon_s}^{r+\epsilon_s} ds \int_{0}^{\epsilon_\psi} d\psi \qquad\qquad (\epsilon_\psi > 0, \ \epsilon_\psi^2 \ll 1)$$

mit dem Nenner des Integranden (bis auf Glieder dritter Ordnung in $\psi$)

$$Ne = \Big\{ [k_0^2 + k_*^2 + rs + 2k_* s \cos \varphi_0]\, \psi^2 + 2\, [k_* s \sin \varphi_0 - k_* r \sin (\varphi_0 + \chi) -$$

$$- r\, s\chi]\, \psi + (r - s)^2 + rs\, \chi^2 \Big\}^{3/2}$$

für $\chi \to 0$ zu untersuchen. Die Integration über $\psi$ wird mit Hilfe der bekannten Grundintegrale (vgl. Fußnote 19, Kapitel IB) ausgeführt.[15]) Soweit dabei für $\chi \to 0$ Integrale über s entstehen, deren Integranden als Cauchysche Hauptwerte $1/(r - s)$ oder in der Form $\ln | (r - s)/\epsilon_s |$ integrabel sind, kann in den betreffenden Anteilen unmittelbar $\chi = 0$ gesetzt werden. Die kritischen Terme, bei denen für $\chi \to 0$ divergente Integrale über s entstehen würden, werden mit der aus (203) folgenden Integralformel

$$\lim_{\chi \to 0} \int_{r-\epsilon_s}^{r+\epsilon_s} \frac{ds}{\sqrt{(r - s)^2 + r^2 \chi^2}} = \lim_{\chi \to 0} 2 \ln \frac{2\epsilon_s}{r\, |\chi|} = 2 \ln 2 + 1 + 2 \ln \frac{4\epsilon_s}{r(\chi_H - \chi_V)} \, ,$$

$$\tag{204}$$

interpretiert.

Auf diese Weise läßt sich die Kraftberechnung durchführen; die formelmäßigen Ergebnisse der recht umfangreichen Rechnungen entnehme man der Originalarbeit.[8])

Da die Rotorflügel in der Regel als leicht belastet angesehen werden können, wird bei der Ermittlung der Flügelkräfte näherungsweise auch zuweilen auf die Berücksichtigung der induzierten Geschwindigkeiten in Formel (202) ver-

---

15) In einer kleinen Umgebung der Stelle $s = r$ ist auf jeden Fall die Diskriminante (Fußnote 19, Kap. IB)

$$\lim_{\chi \to 0} (AC - B^2) = (r - s)^2\, (k_0^2 + k_*^2 \cos^2 \varphi_0 + rs + 2k_* s \cos \varphi_0) \geq 0 \, ,$$

so daß die Verwendbarkeit der Grundintegrale für $|s - r| \leq \epsilon_s$ möglich ist.

zichtet; jedoch benötigt man letztere auf jeden Fall bei Wirkungsgrad- und Flugleistungsuntersuchungen.

Die Abb. 85 zeigt nach Ergebnissen von *Ichikawa*[9]) die Luftkraft $K_x(r, \varphi_0)$ (bezogen auf den Wert $K_{x_0}$ für $r/R_0 = 0{,}95$ und $\varphi_0 = \pi/2$) in Abhängigkeit von Umfangswinkel $\varphi_0$ und Radius für einen Rotor mit $w_0/\omega R_0 = 1/5$ und

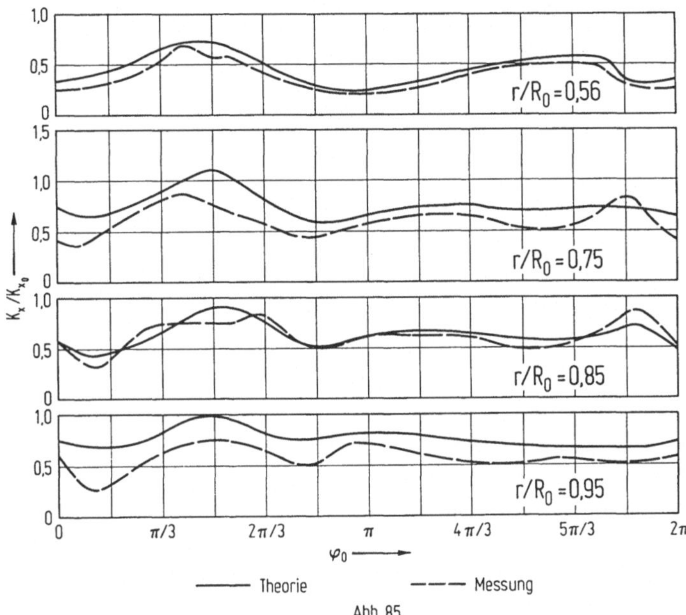


Abb 85

$R_i/R_0 = 0{,}205$ . In diesem Fall tritt keine Rückwärtsanströmung auf. Die gestrichelten Linien geben zum Vergleich die gemessenen $K_x$-Werte wieder.

Die Übereinstimmung zwischen Experiment und Theorie ist in Anbetracht der in letzterer enthaltenen Linearisierungen und Vereinfachungen relativ gut. Die starke an den äußeren Radien gemessene Schubänderung zwischen $\varphi_0 = 330°$ und $\varphi_0 = 30°$ kann durch den Einfluß eines aufgerollten Spitzenquerwirbels eines vorausfahrenden Flügelblattes (z. B. n = N − 1) erklärt werden; die auftretenden Abweichungen der theoretischen Werte bei $\varphi_0 \approx \pi/2$ von den Meßergebnissen sind wahrscheinlich durch den Einfluß des Nachlaufs der Rotornabe bedingt; letztere ist natürlich in der Theorie nicht berücksichtigt.

Die sich in der Nähe des Außenradius bei r = 0,95 $R_0$ ergebenden relativ großen Unterschiede zwischen den theoretischen und den experimentellen Kraftwerten sind möglicherweise durch elastische Deformationen des Rotorblattes verursacht.

Bei der Schlagbewegung im Vorwärtsflug nimmt der Winkel $\beta$ in der Regel zwischen $\varphi_0 = \pi$ und $\varphi_0 = \pi/2$ am stärksten ab. (vgl. Abb. 86). Da das

Abwärtsschlagen eine Erhöhung des Flügelauftriebes bedingt, sind die sich sowohl theoretisch als auch experimentell bei $\varphi_0 \approx \pi/2$ ergebenden $K_x$-Maxi-

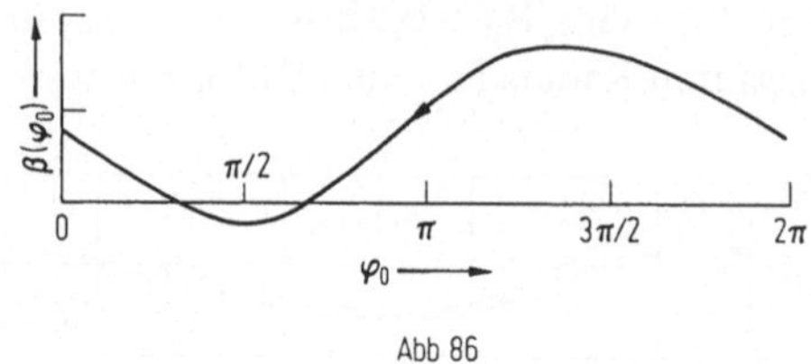


Abb 86

ma (vgl. Abb. 85 und 88) verständlich. (Umlauf des Blattes entgegengesetzt zur positiven $\varphi_0$-Richtung.)

### 3. Vereinfachte Methoden zur Behandlung allgemeiner Strömungszustände am Hubschrauber-Rotor

Wie wir bereits erläutert haben sind bei der in Ziff. 2 dargestellten Traglinientheorie des Rotors eine Reihe bedeutsamer physikalischer Effekte vernachlässigt. Trotzdem ist der für die numerische Auswertung dieser Theorie erforderliche Aufwand bereits beträchtlich.

So ist es verständlich, daß man bemüht war, einfachere Methoden zu entwickeln; diese sollen es ermöglichen, mit relativ geringem Aufwand komplizierte technisch bedeutsame Strömungszustände an den Rotorblättern mit für die Praxis ausreichender Genauigkeit zu erfassen. Insbesondere ist dabei auch an die Behandlung aperiodischer Flugzustände (etwa den Übergang vom Schwebeflug zum Vorwärtsflug sowie Abfangvorgänge des Hubschraubers) gedacht.

Ein in ähnlicher Weise mehrfach in der technischen Praxis verwendetes Berechnungsverfahren wurde von *Segel*[16]) veröffentlicht. Analoge Ansätze verwendet auch *Miller*[17]).

Charakteristisch für diese Methoden ist es, daß das Gebiet der freien Wirbelflächen aufgeteilt wird in einen Nahbereich direkt hinter dem Aufpunktflügel und einen Fernbereich; in beiden werden Approximationen verschiedener Genauigkeit für das freie Wirbelsystem des Rotors verwendet. Die Übergangsstelle $\psi_{\ddot{u}}$ zwischen beiden Bereichen kann dabei frei gewählt und den Erfordernissen des jeweils vorliegenden Problems angepaßt werden. (vgl. Abb. 87). In der Regel liegt $\psi_{\ddot{u}}$ zwischen $15°$ und $45°$.

*Segel* vernachlässigt ganz den Einfluß der freien Längswirbel auf den induzierten Anstellwinkel am Flügelblatt, dessen gebundene Zirkulation $\Gamma$ er über Spannweite durch eine stufenförmige Verteilung ersetzt. Der Anzahl der

---

16) L. Segel: A method for predicting nonperiodic air loads on a rotary wing; Journal of Aircraft 3 (1966) 541.
17) R. H. Miller: Rotor blade harmonic air loading; AIAA-Journal 2 (1964) 1254.

Stufen entsprechend ergibt sich ein System von endlich vielen diskreten
freien Querwirbeln hinter dem Rotorblatt. (Abb. 87). Dieses Wirbelmodell
wird nur über den Nahbereich beibehalten und im Fernbereich durch zwei
(aufgerollte) freie Querwirbel also den Spitzen- und den Nabenwirbel ersetzt.

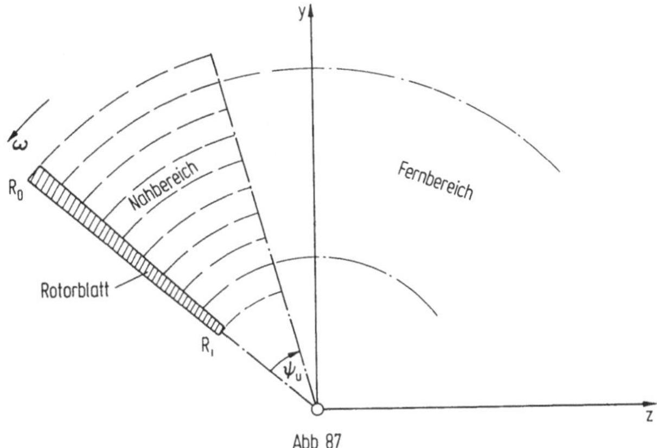


Abb 87

Letztere sind nicht bei $r = R_0$ und $r = R_i$ anzuordnen sondern entsprechend
einer Nachlaufkontraktion verschoben. (z. B. bei $r = 0,9 \, R_0$ und $r = 1,5 \, R_i$).

Die Abhängigkeit der Intensität der Querwirbel von der Winkelkoordinate
$\psi$ der Wirbelfläche (vgl. Gl. (193)) wird in der Regel durch eine stufenweise,
also jeweils über einen Winkelbereich $\Delta \psi$ konstante Verteilung approximiert.
Die freien Wirbellinien werden dadurch in eine Folge von einzelnen Seg-
menten zerschnitten, deren Gestalt und Größe man dem vorliegenden Problem
anpassen kann.

Der Vorteil dieses Modells besteht darin, daß sich mit relativ wenig Aufwand auch eine komplizierte Wirbelgeometrie des Nachlaufes annähern läßt,
wie sie einem ungleichförmigen Durchfluß[7])[18]), einer Strahlkontraktion,
aperiodischen Flugzuständen usw entspricht.

Dabei ist in dieser quasistationären Theorie jeweils der momentane Zustand
zugrunde zu legen; so wird die Intensität und Verteilung der Querwirbel des
Nahfeldes[19]) bei einem bestimmten Flugzustand oder auch einer Flügelstellung
$\varphi_0$ zusammen mit der gebundenen Zirkulation aus der Strömungsrandbedingung neu ermittelt, während der Fernbereich (und gegebenenfalls der fernere
Bereich des Nahfeldes) aus der Zirkulation vorangehender Zeitpunkte oder
Flügelwinkelstellungen $\varphi_0$ aufgebaut wird.

---

18)  Experimentelle und theoretische Untersuchungen des Geschwindigkeitsfeldes in der
     Nähe der Rotorflügel sowie der Größe der Kernradien der freien Spitzenwirbel
     wurden von P. Crimi durchgeführt: Prediction of rotor wake flows; CAL/USAA-
     VLABS Symposium Proceedings Vol. I, Juni 1966.
19)  Unter Umständen auch nur die der unmittelbar hinter dem Aufpunktflügel befindli-
     chen Querwirbel des Nahfeldes.

Über die Struktur der freien Wirbel der Nachbarflügel werden meist ähnliche Annahmen gemacht wie im Fernbereich des Aufpunktflügels. Die Berechnung der am Flügel induzierten Geschwindigkeit wird erleichtert (es treten in den Integranden der Ausdrücke keine Singularitäten auf), wenn man

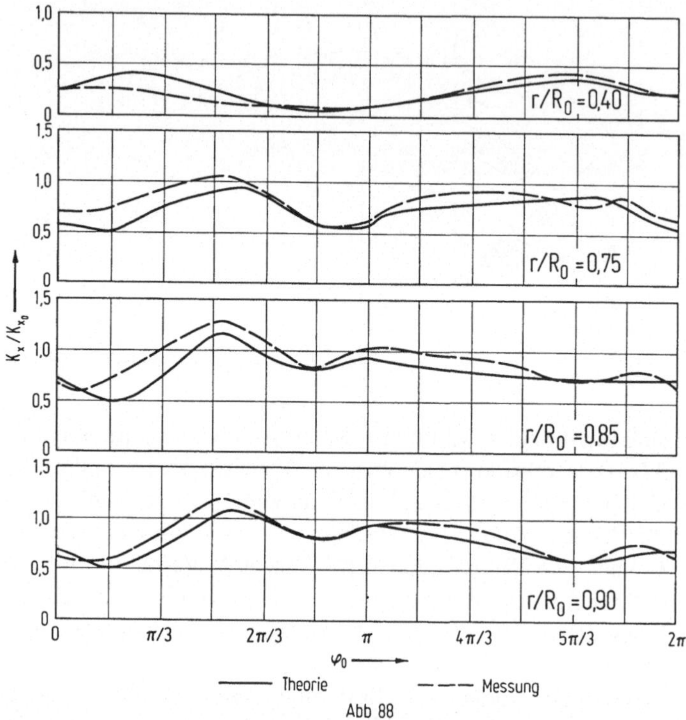


Abb 88

die Aufpunkte so legt, daß sie nicht gerade mit einer abgehenden freien Wirbellinie zusammenfallen. (Abb. 87). In Anbetracht der in der Regel großen Streckung der Rotorflügel ermittelt man die Zirkulation oft aus der einfachen Traglinientheorie unter Verwendung von im Versuch erhaltenen Profilpolaren; die induzierten Geschwindigkeiten des freien Wirbelsystems werden dabei im Anstellwinkel berücksichtigt.

Diese Rechnungen müssen bei periodischen Flugzuständen über eine volle Zeitperiode $0 \leq \varphi_0 \leq 2\pi$ und bei aperiodischen über ein Zeitinterval $\Delta\varphi_0$ von einem Gleichgewichtszustand zum anderen unter Beachtung der flugmechanischen Stabilität durchgeführt werden.

*Miller*[17]) berücksichtigt bei seinen Untersuchungen auch die freien Längswirbel. Er ermittelt die von den im Nahbereich befindlichen freien Längswirbeln in den einzelnen Profilschnitten r = konst. induzierte Geschwindigkeit nach der instationären Tragflächentheorie eines Einzelflügels in zweidimensionaler Strömung. Die Geschwindigkeit der freien Längswirbel des Fernbereichs behandelt er unter gewissen Vereinfachungen mit Hilfe der dreidimensionalen instationärenTraglinientheorie.

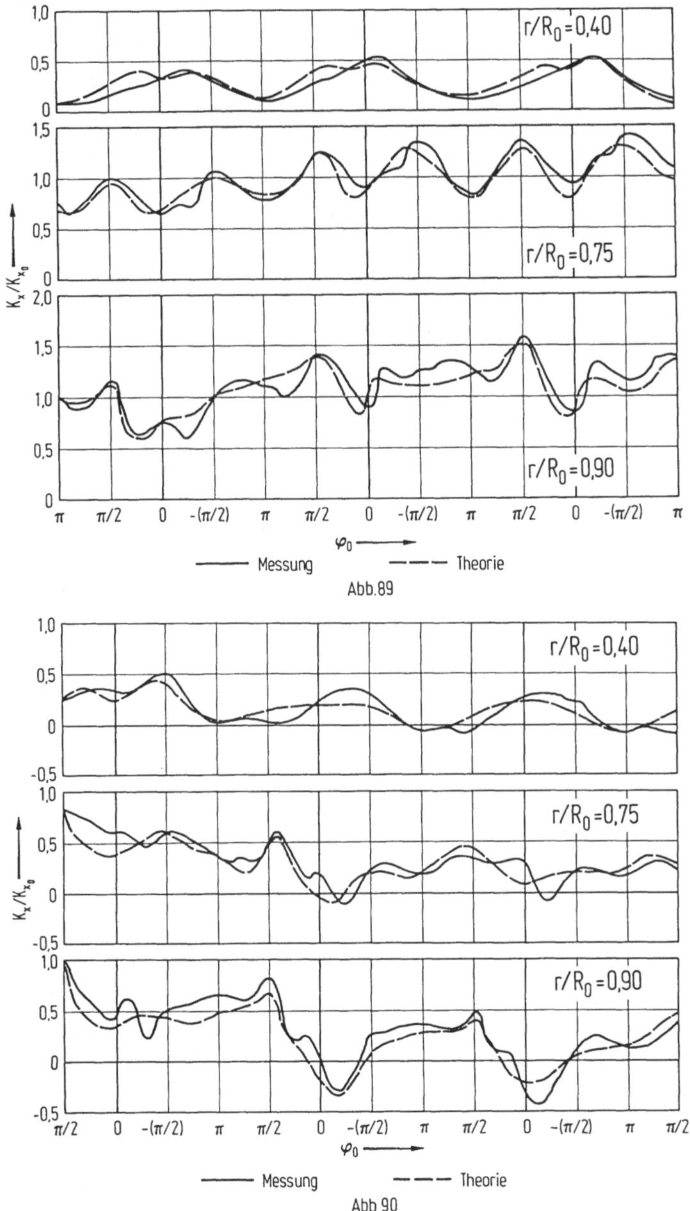


Die Abb. 88 bis 91 geben einen Einblick in Ergebnisse von *Segel*[16]). Und zwar zeigt Abb. 88 die Flügelkraft $K_x$ (bezogen auf den Wert $K_{x_0}$ für $\varphi_0 = \pi/2$

und $r/R_0 = 0{,}90$) für einen periodischen Flugzustand des 4-flügeligen Rotors H34 mit dem Fortschrittsgrad $w_0/\omega R_0 = 0{,}212$. Dabei wurde $\psi_{\ddot{u}} = 45°$ gewählt. Im Fernbereich liegt der freie Spitzenwirbel bei $r/R_0 = 0{,}9$ und der Nabenwirbel bei $r/R_0 = 0{,}375$. Zum Vergleich sind die gemessenen $K_x$-Werte gestrichelt eingezeichnet.

In Abb. 89 ist $K_x$ für den gleichen Rotor bei einem Anfahrvorgang mit beginnendem Wert $wo/\omega R_0 = 0{,}202$ und in Abb. 90 für einen Abbremsvorgang (Beginn bei $w_0/\omega R_0 = 0{,}287$) eingezeichnet. Im ersten Fall steigt der mittlere Schub des Gesamtrotors auf 140 % des Ausgangswertes, im zweiten fällt er auf 23,4 % ab. Hier sind die Meßwerte ausgezogen eingezeichnet; als Bezugswert $K_{x_0}$ dient der zu Beginn des betrachteten Vorganges am Radius $r/R_0 = 0{,}90$ angenommene.

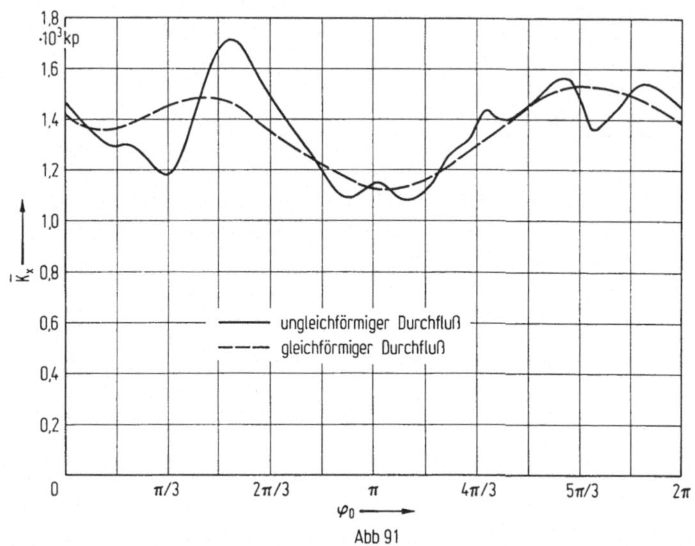


Abb 91

Man erkennt eine in Anbetracht der komplizierten Strömungsverhältnisse recht gute Übereinstimmung zwischen den experimentellen und den mit der oben erläuterten Näherungstheorie gewonnenen Ergebnissen. Dadurch wird die Brauchbarkeit der Methode bestätigt. Die Belastungsschwankungen sind auf den äußeren Radien des Flügelblattes wesentlich größer als innen.

Schließlich zeigt Abb.91 für einen periodischen Flugzustand des H34-Rotors mit $w_0/\omega R_0 = 0{,}18$ am Beispiel der Gesamt-Flügelkraft eines Blattes

$$\overline{K}_x = \int_{R'_i}^{R_0} K_x\, dr \qquad \text{(berechnet in kg) nach } \textit{Segel}^{16})$$

den Unterschied zwischen mit der Voraussetzung gleichförmigen (gestrichelt) und ungleichförmigen (ausgezogen) Durchflusses[7]) gewonnenen Ergebnissen.

Man erkennt deutlich den großen Einfluß der Geometrie der freien Wirbelflächen.

## B. Schräg angeströmte Schraubenpropeller

Die Schräganströmung eines zum Schiffsantrieb verwendeten Schraubenpropellers kann durch verschiedene Umstände bedingt sein, insbesondere
durch eine Neigung der Propellerwelle oder eine spezielle Hinterschiffsform.
(Abb. 92). Außerdem tritt Schräganströmung beim Manövrieren von Schiffen
auf. In diesem Zusammenhang ist auch der sogenannte Steuerpropeller, d. h.

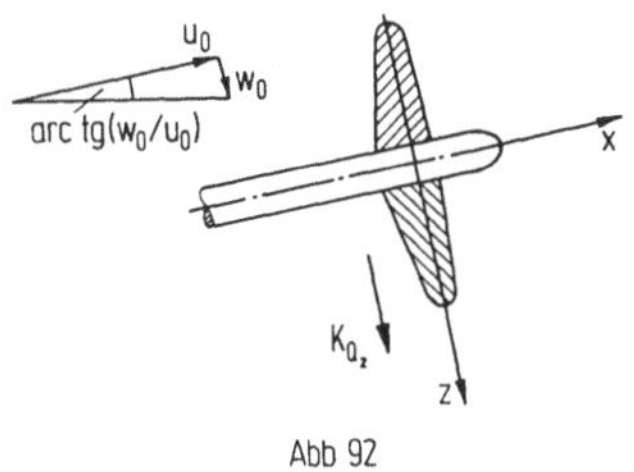

Abb 92

ein um eine vertikale Achse schwenkbarer Schraubenpropeller, zu erwähnen,
der als gemeinsames Vortriebs- und Steuerorgan insbesondere bei kleinen
Fahrzeugen und Binnenschiffen Verwendung findet.[20])

Während der Winkel arctg $(u_0/w_0)$ zwischen der Propellerebene und der
resultierenden Anströmung beim Hubschrauber-Rotor nur wenige Grad
beträgt und dadurch ganz neuartige Erscheinungen auftreten (vgl. Ziff. 1
Abschnitt A), ist beim schräg angeströmten Schraubenpropeller die Abwei-
chung des Winkels arctg $(u_0/w_0)$ von $\pi/2$ nicht größer als etwa $25^\circ$.

Die theoretischen Untersuchungen werden dadurch weniger kompliziert,
insbesondere kann die in Abschnitt A, Ziff. 2 entwickelte erweiterte Traglinientheorie als gut geeignet zur Ermittlung der Propellerflügelkräfte
angesehen werden. Eine Schlag- und Schwenkbewegung der Flügel entfällt
natürlich.

Solche Rechnungen wurden von *Zwick*[21]) durchgeführt. Der Aussagewert
der erhaltenen Ergebnisse wird jedoch durch zwei Umstände beeinträchtigt.
Erstens nimmt *Zwick* aus Vereinfachungsgründen an, daß die freien Wirbel
doch in rein axialer Richtung hinter dem Propeller abfließen, setzt also bei der

---


20) W. Sturtzel, W. Graff, H. Binek: Systematische Versuche mit freifahrenden Steuerpro-
pellern verschiedener Steigung und Flügelzahl bei seitlicher Anströmung; Forschungs-
ber. Nr. 1888 von Nordrhein-Westfahlen, Westdeutscher Verlag Köln und Opladen
1967.

21) W. Zwick: Zur Berechnung der Kräfte an den Flügeln eines schräg angeströmten
Schraubenpropellers; Schiffbauforschung 7 (1968) 67.

Zirkulationsberechnung aus der (198) entsprechenden Integralgleichung $k_* = 0$ in den Kernanteilen der freien Wirbel. Dadurch wird die Zirkulation $\Gamma$ linear von $w_0$ abhängig. Immerhin dürfte der dabei entstehende Fehler bei Winkeln arctg $w_0/u_0$ kleiner als $20°$ erträglich sein.

Außerdem verwendet *Zwick*[21]) bei der Bestimmung der Flügelkräfte aus Formel (202) den Wert der induzierten Geschwindigkeiten nicht am Ort der

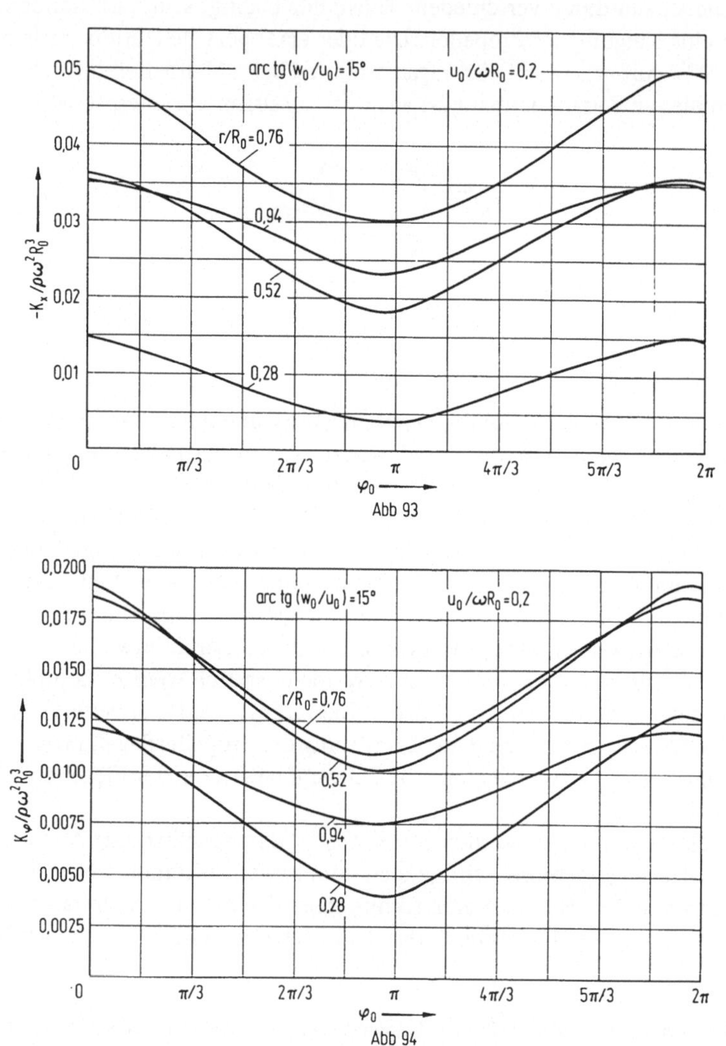


tragenden Linie sondern längs der Linie 3/4-Profiltiefe, um die komplizierten Grenzübergänge zur richtigen Interpretation der singulären Geschwindigkeitskomponenten zu umgehen (vgl. Formel (203) und (204)). Der hierbei entstehende Fehler wirkt sich bei der Umfangskomponente $K_\varphi$ stärker aus als bei der Axialkomponente $K_x$.

Für einen Propeller mit 3 kreissektorförmigen Flügeln, $\chi_H - \chi_V = 0,8$, mit gleicher geometrischer und hydrodynamischer Steigung $k_1 = k_0 = R_0/\pi$ sowie homogener Anströmung mit $u_0/\omega R_0 = 0,2$ und arctg $w_0/u_0 = 15°$ zeigen Abb. 93 und 94 die Flügelkräfte $K_x (r, \varphi_0)$ und $K\varphi (r, \varphi_0)$. Ebenfalls nach

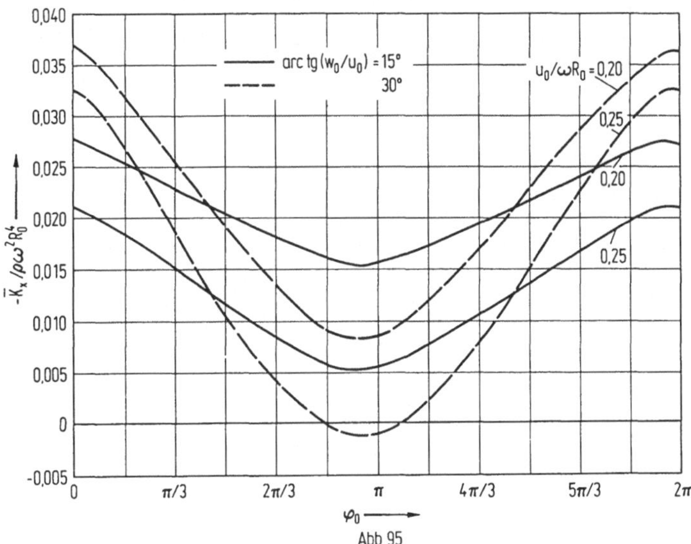

Abb 95

Ergebnissen von *Zwick* sind für diesen Propeller in Abb. 95 und 96 die Gesamtaxialkraft und das Gesamtdrehmoment

$$\int_{R_i}^{R_0} K_x (r, \varphi_0) \, dr = \overline{K}_x \quad \text{und} \quad \int_{R_i}^{R_0} K_\varphi (r, \varphi_0) \, r dr = \overline{M} \qquad (205)$$

eines Flügels bei 15° und 30° Schräganströmung sowie für $u_0/\omega R_0 = 1/5$ und 0,25 enthalten.

Ergebnisse experimenteller Untersuchungen an schräg angeströmten Propellern wurden in neuerer Zeit von verschiedenen Autoren[20][22][23] veröffentlicht.

*Bednarzik*[22] hat unter anderem Messungen an dem 3-flügeligen Propeller P55/10 mit der Steigung $k_1 = R_0/\pi$ und dem Flächenverhältnis 0,55 durchge-


22) R. Bednarzik: Untersuchungen über die Belastungsschwankungen am Einzelflügel schräg angeströmter Propeller; Schiffbauforschung 8 (1969) 57.
23) K. Meyne, A. Nolte: Experimentelle Untersuchungen der hydrodynamischen Kräfte und Momente an einem Flügel eines Schiffspropellers bei schräger Anströmung; Schiff und Hafen 21 (1969) 359.

führt, der am ehesten mit dem von *Zwick* theoretisch nachgerechneten Beispiel zu vergleichen ist. Abb. 97 und 98 geben die Ergebnisse für die Gesamt-axialkraft und das Gesamtdrehmoment (205) bei verschiedenen Fortschrittsgra-den $u_0/\omega R_0$ und Schräganströmwinkeln arctg $w_0/u_0$ nach *Bednarzik* wieder.

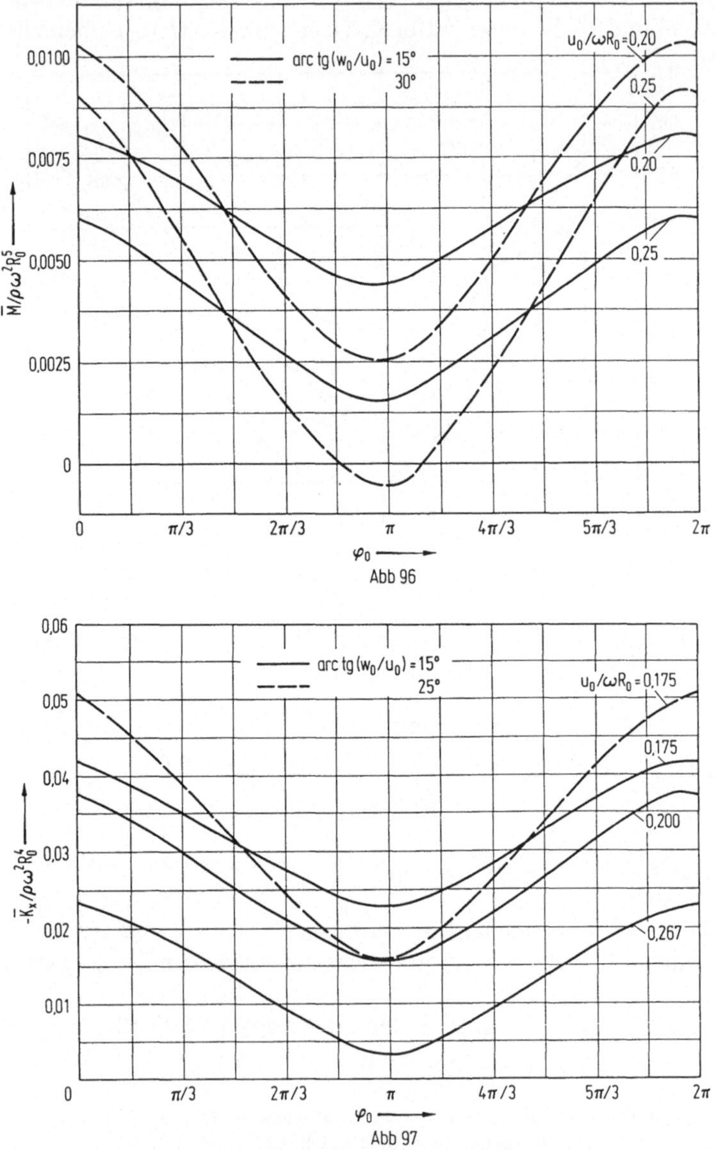



Abb 96



Abb 97

Qualitativ bei den Kräften und Momenten und quantitativ insbesondere bei der Größe der relativen Kraft- und Drehmomentenschwankungen ergibt sich dabei eine gute Übereinstimmung mit den in Abb. 95 und 96 enthaltenen theoretischen Resultaten von *Zwick*. Es zeigt sich, daß bei gleichem Winkel arctg $w_0/u_0$ die relativen Schub- und Momentenschwankungen mit steigender Propellerbelastung (abnehmendem Fortschrittsgrad) kleiner werden. Dieser

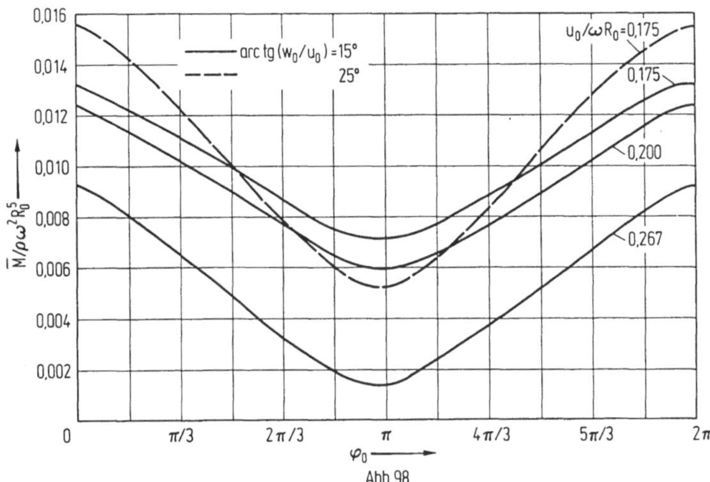


Effekt, der auf der stabilisierenden Wirkung der von den freien Wirbeln induzierten Geschwindigkeiten beruht, ist bereits aus der instationären Propellertheorie (vgl. Kapitel IB, Ziff. 3) bekannt. Eine ähnliche Aussage ergibt sich aufgrund der Messungen von *Meyne* und *Nolte*.[23])

Die Schub- und Drehmomentenschwankungen am Flügel wachsen ferner mit zunehmender Flügelsteigung $k_1$, während das Flächenverhältnis des Propellers einen geringeren und in der Tendenz nicht einheitlichen Einfluß hat.

Bedingt durch die Schräganströmung mit der Quergeschwindigkeit $w_0$ in z-Richtung wirkt auf den Gesamtpropeller eine mittlere Querkraft in dieser Richtung, die wir mit $K_{Qz}$ bezeichnen wollen. (Abb. 92).

Dieses kann man sich mit einer sehr vereinfachten quasistationären Rechnung leicht klar machen. Nach der einfachen Traglinientheorie (vgl. Band 1, S. 26) wäre die Flügelzirkulation des schräg angeströmten Propellers ($\kappa$ Goldsteinfaktor, $c_a'$ Profilauftriebsbeiwert, $\ell$ Profiltiefe)

$$\Gamma(r, \varphi_0) = \frac{(\omega r + w_0 \cos\varphi_0)\, \mathrm{tg}\delta_0 - u_0}{\dfrac{2}{c_a'} \dfrac{1}{\ell \cos\delta_0} + \dfrac{N}{4\pi r\kappa}\,(\mathrm{tg}\delta_0 + r/k_0)}\ .$$

Bei Vernachlässigung der induzierten Geschwindigkeiten ergeben sich die Flügelkräfte in den einzelnen Richtungen (pro Längeneinheit in radialer Richtung) zu $\quad K_x = -\rho\omega r\Gamma$ ; $\quad K_y = -\rho u_0 \Gamma \cdot \sin\varphi_0$ ; $\quad K_z = \rho u_0 \Gamma \cdot \cos\varphi_0$ , und daraus folgt

$$\frac{N}{2\pi} \int_0^{2\pi} K_y \, d\varphi_0 = 0 \; ; \; \frac{N}{2\pi} \int_0^{2\pi} K_z \, d\varphi_0 =$$

$$= \frac{\rho \, N/2 \cdot u_0 \, w_0 \, tg\delta_0}{\dfrac{2}{c_a'} \dfrac{1}{\ell \cos\delta_0} + \dfrac{N}{4\pi r\kappa} (tg\delta_0 + \dfrac{r}{k_0})} \; \neq 0 \; .$$

Für das Verhältnis von mittlerer Querkraft

$$K_{Qz} = \frac{N}{2\pi} \int_{R_i}^{R_0} \int_0^{2\pi} K_z \, d\varphi_0 \, dr \quad \text{zum mittleren Propellerschub} \quad S = \frac{N}{2\pi} \int_{R_i}^{R_0} \int_0^{2\pi} |K_x| dr d\varphi_0$$

berechnet man im Rahmen dieser Näherungsbetrachtung:

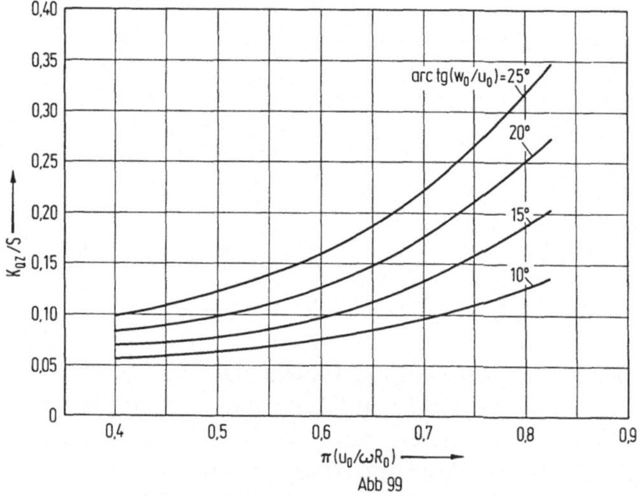


$$\frac{K_{Qz}}{S} = \frac{1}{2} \frac{w_0}{u_0} \frac{u_0^2}{\omega^2} \left[ \int_{R_i}^{R_0} \frac{tg\delta_0}{Ne} \, dr \Big/ \int_{R_i}^{R_0} \frac{r \, tg\delta_0 - u_0/\omega}{Ne} \, r dr \right] \; ;$$

$$(206)$$

$$\text{mit} \; Ne = \frac{2}{c_a'} \frac{1}{\ell \cos \delta_0} + \frac{N}{4\pi r\kappa} (tg\delta_0 + \frac{r}{k_0}) \; .$$

Formel (206) zeigt in Übereinstimmung mit den in Abb. 99 wiedergegebenen Meßergebnissen von *Bednarzik* am Propeller P55/10, daß der Wert von $K_{Qz}/S$ mit steigendem Fortschrittsgrad $u_0/\omega R_0$ stark anwächst, während er etwa linear vom Winkel arctg $w_0/u_0$ abhängt. Ähnlich wie die Kraftschwankungen wird auch $K_{Qz}/S$ mit zunehmender Propellersteigung $k_1 \approx r tg\delta_0$ größer.

Die Ergebnisse von *Meyne* und *Nolte*[23]) haben die gleiche Tendenz.

Kapitel IV

# Propeller mit vertikaler Achse

## A. Voith-Schneider-Propeller

Bereits in Band 1 wurde nach dem damaligen Stand der Forschung die Strömung durch Voith-Schneider-Propeller behandelt, allerdings mit einer zweidimensionalen Theorie ohne freie Querwirbel. Der Einfluß der endlichen Flügellänge konnte dabei nachträglich durch einen einfachen aus der Theorie des Einzelflügels entnommenen Korrekturfaktor berücksichtigt werden. In neuester Zeit ist es gelungen, auch eine vollständig dreidimensionale Berechnung der Strömung zu ermöglichen.[1][2]

Bei der Behandlung des Strömungsfeldes spielen die von den freien Wirbeln induzierten Geschwindigkeiten eine entscheidende Rolle, da beim Voith-Schneider-Propeller die gerade in der hinteren Hälfte der Propellerkreisbahn befindlichen Flügel im Bereich der von den vorderen Flügeln abfließenden freien Wirbel arbeiten. Aus Band 1 ist bekannt, daß eine rein potentialtheoretische Behandlung des Feldes der freien Wirbel nicht ausreicht und zu falschen Resultaten führt. Vielmehr ist der turbulente Vermischungsvorgang und der Zerfall der freien Wirbel mit zu berücksichtigen. Da induzierte freie Wirbel leicht zerfallen und damit in ihrer strömungsmechanischen Wirkung zerstört werden, wenn sie von einem rotierenden Strömungskörper getroffen werden, tragen die Flügel auch selbst noch zur Zerstörung und Veränderung der freien Wirbel bei. Sicher sind diese Vorgänge so kompliziert, daß ihre strenge Erfassung aussichtslos erscheint; es ist jedoch möglich, vereinfachte summarische Ersatzdarstellungen zu finden, welche die erwähnten Effekte im Mittel einigermaßen richtig wiedergeben.

### 1. Das Geschwindigkeitsfeld eines Voith-Schneider-Propellers

Wir betrachten einen Propeller mit N Flügeln (n = 0 , . . .N − 1) der Tiefe 2aR und der Länge L. (vgl. Abb. 100 bis 103).[3] Diese rotieren mit der Winkelgeschwindigkeit $\omega$ auf einer Kreisbahn vom Radius R. Der Drehpunkt des betrachteten Aufpunktflügels n =.0 liege bei der Winkelkoordinate $\omega$t (Abb.

---

1) W. H. Isay: Zur Theorie des Voith-Schneider-Propellers; Ing. Arch. 37 (1968/69) 125.
2) Th. Roestel: Numerische Ergebnisse der Theorie des Voith-Schneider-Propellers; Ber. Nr. 252 Institut für Schiffbau Universität Hamburg Dezember 1969.
3) Die Abb. 100 und 101 zeigen den Voith-Schneider-Propeller im Grundriß undAufriß, während Abb. 102 und 103 die Koordinaten und Bezeichnungen am Flügel erläutern.

102). Die Flügelkontur wird in der x-y-Ebene in Polarkoordinaten in der Form

$$r(\varphi, t) = R\left[1 - \varphi\,\mathrm{tg}\,\delta(t) + \frac{1}{2}\varphi^2 \cdot \tau(t)\right] \; ; \; (\varphi_H \leq \varphi \leq \varphi_V) \tag{207}$$

dargestellt, mit $\delta(t)$ als Flügelwinkel zwischen der Profilskelettlinie und der Tangente an den Propellerkreis. Der Parameter $\tau(t)$ ist durch die Krümmung

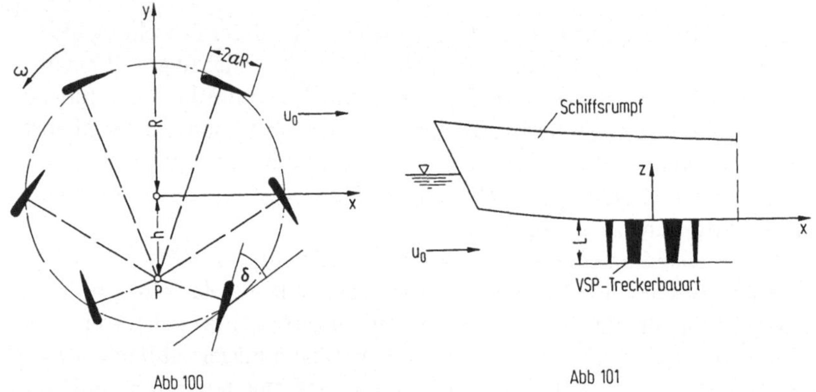


Abb 100            Abb 101

der Profilskelettlinie festgelegt; es gilt mit $(\kappa)_m$ als Krümmung (vgl. Band 1, S. 145)

$$\tau = 1 + 2\,\mathrm{tg}^2\,\delta - R\,(\kappa)_m\,\sqrt{1 + \mathrm{tg}^2\,\delta}\,^3 \,. \tag{208}$$

Dem Drehpunkt des Flügels entspricht in (207) der Wert $\varphi = 0$; die Vorderkante $\varphi_V$ und Hinterkante $\varphi_H$ sind in guter Näherung durch

$$\varphi_V = (a - \epsilon)\cos\delta \; ; \; \varphi_H = -(a + \epsilon)\cos\delta \tag{209}$$

gegeben. Die Werte von $a(z)$ und $\epsilon(z)$ sind von der Spannweitenkoordinate z abhängig. (Abb. 103). [$\epsilon$ ist die Exzentrizität des Drehpunktes].

Bei der Berechnung des Geschwindigkeitsfeldes legen wir das Modell der erweiterten Traglinientheorie zugrunde, das für die Bestimmung der momentanen Flügelkräfte ausreichend ist.

Die Flügel werden also durch gebundene in den jeweiligen Linien 1/4-Profiltiefe angeordnete Stabwirbel der Zirkulation $\Gamma(z, t)$ ersetzt und die Strömungsrandbedingung längs der Linie 3/4-Flügeltiefe erfüllt. Der Ort der 1/4-Linie ist durch (207) mit

$$\varphi_{1/4} = \left(\frac{a}{2} - \epsilon\right)\cos\delta \tag{210}$$

bestimmt; sie liegt im allgemeinen in der Nähe der Drehachse des Flügels. Im
folgenden soll daher aus Vereinfachungsgründen die 1/4-Linie als paralell zur

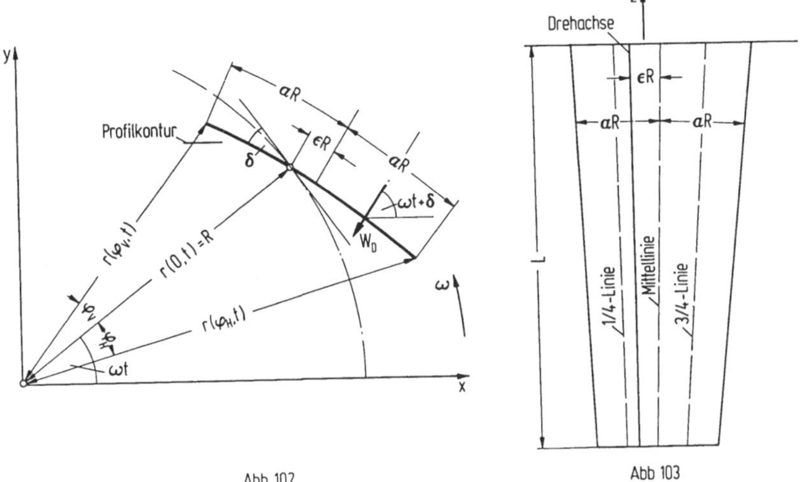

Abb 102    Abb 103

Drehachse (d. h. also auch zur z-Achse) angenommen werden. In Gl. (210)
wird dann $a$ (z) und $\epsilon$ (z) durch

$$a_0 = \frac{1}{L} \int\limits_{-L}^{0} a\,(\zeta)\,\mathrm{d}\zeta \quad \text{und} \quad \epsilon_0 = \frac{1}{L} \int\limits_{-L}^{0} \epsilon\,(\zeta)\,\mathrm{d}\zeta \tag{211}$$

ersetzt. Bei den Nachbarflügeln $n \geq 1$, deren Einfluß recht unbedeutend ist,
reicht es aus, die gebundenen Wirbel auf der Propellerkreisbahn selbst anzuordnen, also $\delta = 0$ zu setzen.

Bedenkt man ferner, daß die Flügel mit ihrer Wurzel an eine feste Wand
(nämlich die Propellerabdeckung, Abb. 101 und 103) stoßen, so ist es erforderlich, die Flügel an dieser Wand zu spiegeln.

Damit ergibt sich nach dem Biot-Savartschen Gesetz das von den gebundenen Flügelwirbeln in einem beliebigen Raumpunkt (r, $\phi$, z) induzierte
Geschwindigkeitsfeld in der Form[4])

$$\mathfrak{w}_\Gamma = \frac{1}{4\pi} \sum_{n=0}^{N-1} \int\limits_{-L}^{L} \Gamma\, \frac{(\mathfrak{w} - \mathfrak{w}_\Gamma) \times \mathrm{d}\mathfrak{s}_\Gamma}{|\mathfrak{w} - \mathfrak{w}_\Gamma|^3} \quad , \quad \mathrm{d}\mathfrak{s}_\Gamma = \mathfrak{w}_z \mathrm{d}\zeta \,,$$

mit

---

4) Hier wird wie in Band 1, Kapitel IV und umgekehrt wie beim Schraubenpropeller als
   positiv ein Wirbel bezeichnet, der in der x-y-Ebene im Uhrzeigersinn rotiert.

$$\mathfrak{H} = r\cos\Phi\cdot\mathfrak{w}_x + r\sin\Phi\cdot\mathfrak{w}_y + z\cdot\mathfrak{w}_z \;\; ; \;\; \mathfrak{H}_\Gamma = s_n\cos(\omega t_n + \varphi_{1/4})\mathfrak{w}_x +$$

$$+ s_n\sin(\omega t_n + \varphi_{1/4})\mathfrak{w}_y + \zeta\,\mathfrak{w}_z$$

und

$$s_0 = R\left[1 - \left(\frac{a_0}{2} - \epsilon_0\right)\sin\delta(t) + \frac{1}{2}\left(\frac{a_0}{2} - \epsilon_0\right)^2\cos^2\delta(t)\cdot\tau(t)\right]\;(\text{Aufpunktflügel}),$$

$$s_n = R \;(n \geq 1)\;(\text{Nachbarflügel}) \qquad \left(\omega t_n = \omega t + \frac{2\pi n}{N}\right).$$

Ausgerechnet erhält man mit $\varphi_{1/4} = \left(\dfrac{a_0}{2} - \epsilon_0\right)\cos\delta(t)$ :

$$\mathfrak{w}_\Gamma = \frac{1}{4\pi}\int\limits_{-L}^{L}\Gamma(\zeta,t)\left[r^2 + s_0^2 - 2r\,s_0\cos(\Phi - \omega t - \varphi_{1/4}) + (z-\zeta)^2\right]^{-3/2}\cdot$$

$$\cdot\left\{(r\sin\Phi - s_0\sin(\omega t + \varphi_{1/4}))\mathfrak{w}_x - (r\cos\Phi - s_0\cos(\omega t + \varphi_{1/4}))\mathfrak{w}_y\right\}d\zeta +$$

$$\begin{aligned}
&\phantom{\cdot}\hspace{8cm}(212)\\
&+ \frac{1}{4\pi}\sum_{n=1}^{N-1}\int\limits_{-L}^{L}\Gamma(\zeta,t_n)\left[r^2 + R^2 - 2rR\cos\left(\Phi - \omega t_n - \frac{a_0}{2} + \epsilon_0\right) + (z-\zeta)^2\right]^{-3/2}\cdot
\end{aligned}$$

$$\cdot\left\{(r\sin\Phi - R\sin(\omega t_n + \tfrac{a_0}{2} - \epsilon_0))\mathfrak{w}_x - (r\cos\Phi - R\cos(\omega t_n + \tfrac{a_0}{2} - \epsilon_0))\mathfrak{w}_y\right\}d\zeta .$$

Durch die zeitliche Änderung der gebundenen Zirkulation beim Umlauf der Flügel werden nach dem Thomsonschen Erhaltungssatz dauernd freie Längswirbel der Stärke $- \partial\Gamma/\partial t\cdot dt$ erzeugt; für die Berechnung ihres Geschwindigkeitsfeldes denken wir uns die gebundenen Flügelwirbel in den Drehpunkten $\omega t_n = \omega t + 2\pi n/N\;(n = 0, \ldots N - 1)$ der Flügel angeordnet.

Die freien Wirbel fließen relativ zum Propeller mit einer Geschwindigkeit in x-Richtung ab, die sich aus der Anströmgeschwindigkeit $u_0$ und (wenn man auf eine genauere Verfolgung der einzelnen Wirbelbahnen verzichtet) einer mittleren von dem freien Wirbelsystem des Propellers induzierten Geschwindigkeit $(u_f)_m$ zusammensetzt. Die freien Längswirbel sind dann offenbar auf zykloidenförmigen Flächen der Form

$$\mathfrak{H}_f = [R\cos(\omega t_n + \vartheta^*) - k_0\vartheta^*]\mathfrak{w}_x + R\sin(\omega t_n + \vartheta^*)\cdot\mathfrak{w}_y + \zeta\,\mathfrak{w}_z$$

$$(-\infty < \vartheta^* \leq 0, -L \leq \zeta \leq L)$$

angeordnet. Dabei ist $k_0 = [u_0 + (u_f)_m]/\omega$. Die Wirbelachsen fallen in die z-Richtung. Alle freien Längswirbel der N Flügel induzieren in einem beliebigen Raumpunkt $(r, \Phi, z)$ die Geschwindigkeit

$$\mathcal{W}_L = -\frac{1}{4\pi} \sum_{n=0}^{N-1} \int_{-L}^{L} \int_{-\infty}^{0} \frac{1}{\omega} \frac{\partial \Gamma}{\partial t} \frac{(\mathcal{W} - \mathcal{W}_f) \times d\mathfrak{S}_L}{|\mathcal{W} - \mathcal{W}_f|^3} \, d\vartheta^* \quad ; \quad d\mathfrak{S}_L = \mathcal{W}_z d\zeta \ ,$$

oder ausgerechnet

$$\mathcal{W}_L = -\frac{1}{4\pi\omega} \sum_{n=0}^{N-1} \int_{-L}^{L} \int_{-\infty}^{0} \frac{\partial \Gamma(\zeta, t_n + \vartheta^*/\omega)}{\partial t} [r^2 + R^2 - 2rR\cos(\Phi - \omega t_n - \vartheta^*) +$$

$$+ k_0^2 \vartheta^{*2} + 2rk_0 \vartheta^* \cos\Phi - 2Rk_0 \vartheta^* \cos(\omega t_n + \vartheta^*) + (z-\zeta)^2]^{-3/2} \cdot \qquad (213)$$

$$\cdot \{(r\sin\Phi - R\sin(\omega t_n + \vartheta^*)) \mathcal{W}_x - (r\cos\Phi - R\cos(\omega t_n + \vartheta^*) + k_0 \vartheta^*) \mathcal{W}_y\} d\vartheta^* d\zeta.$$

Mit der aus Band 1 bekannten Integralformel (vgl. dort S. 148)

$$\sum_{n=0}^{N-1} \int_{-\infty}^{0} F(e^{i\omega t + i\frac{2\pi n}{N} + i\vartheta^*} ; -k_0 \vartheta^*) \, d\vartheta^* = \frac{N}{2\pi k_0} \int_{0}^{2\pi} \int_{0}^{\infty} F(e^{i\vartheta} ; \xi) \, d\xi d\vartheta$$

$$(214)$$

wird nun zu einer äquivalenten räumlich kontinuierlichen Wirbelverteilung übergegangen; denn eine numerische Auswertung von Gl. (213) ist wegen der unübersichtlich und analytisch schwer erfaßbar angeordneten Singularitäten des Integranden sehr aufwendig, wenn auch prinzipiell möglich. Dafür müßten nämlich diese singulären Stellen für jeden betrachteten Aufpunkt mit numerischen Iterationsverfahren aus den dem Verschwinden des Nenners entsprechenden transzendenten Gleichungen (für jeden Summanden n) berechnet werden. Außerdem entspricht die Darstellung (213) ohnehin nicht der physikalischen Realität, da sie unter der unzutreffenden Voraussetzung abgeleitet wurde, daß die freien Wirbel sich gegenseitig nicht beeinflussen und (nach den Gesetzen der Potentialströmung) in unveränderter Stärke bis weit hinter dem Propeller erhalten bleiben.

Es zeigt sich ferner, daß die mit der Integralformel (214) aus (213) folgende und numerisch weitgehend äquivalente Darstellung des Geschwindigkeitsfeldes $\mathcal{W}_L$ zu physikalisch unrealistischen im Widerspruch zu Messungen stehenden Resultaten führt.[2]) Denn diese potentialtheoretische Formel enthält den Zerfall- und Verformungsvorgang der freien Längswirbel nicht.

In der zweidimensionalen Theorie (Band 1, S. 149) war eine summarische Näherungsformel für die Berücksichtigung der eben genannten Effekte gewonnen worden. Diese unterscheidet sich von der mit dem Integraloperator (214) erhaltenen Formel durch den Faktor

$$\frac{\pi}{3} \frac{u_0 + (u_f)_m}{\omega R} = \frac{\pi}{3} \frac{k_0}{R} \; ;$$

das bedeutet, die Abminderung der induzierten Geschwindigkeit $w_L$ gegenüber dem potentialtheoretischen Wert ist um so größer, je kleiner der induzierte Fortschrittsgrad wird. Dieses ist auch anschaulich verständlich, denn bei kleinem Fortschrittsgrad bleiben die freien Wirbel länger im Propellerbereich als bei großem.

Es wird daher für die dreidimensionale Theorie die analoge Darstellung verwendet. Man erhält aus (213) mit Formel (214) und nach Multiplikation mit dem Vorfaktor $\frac{\pi}{3} k_0 /R$ :

$$w_L = -\frac{N}{24\pi\omega R} \int\limits_{\zeta=-L}^{L} \int\limits_{\vartheta=0}^{2\pi} \int\limits_{\xi=0}^{\infty} \frac{\partial\Gamma(\zeta, \vartheta/\omega)}{\partial t} [r^2 + R^2 - 2rR\cos(\Phi-\vartheta) + \xi^2 -$$

$$- 2r\xi \cos\Phi + 2R\xi \cos\vartheta + (z-\zeta)^2]^{-3/2} \cdot \{(r\sin\Phi - R\sin\vartheta)w_x - \qquad (215)$$

$$- (r\cos\Phi - R\cos\vartheta - \xi)w_y \}d\xi d\vartheta d\zeta \; .$$

Da die Zirkulation der endlich langen Propellerflügel in Spannweitenrichtung (z-Richtung) veränderlich ist, werden nach dem Helmholtzschen Erhaltungssatz freie Querwirbel der Stärke $- \partial\Gamma/\partial\zeta \cdot d\zeta$ induziert, die hinter dem Propeller abfließen. Unter den gleichen Einschränkungen wie die freien Längswirbel sind sie auf den zykloidenartigen Flächen $w_f$ angeordnet. Die Richtungsvektoren der freien Querwirbel sind gegeben durch

$$d\mathfrak{S}_Q = -\frac{\partial w_f}{\partial\vartheta^*} d\vartheta^* = [R\sin(\omega t_n + \vartheta^*) + k_0]w_x \, d\vartheta^* - R\cos(\omega t_n + \vartheta^*) \cdot w_y d\vartheta^*,$$

und damit wird ihr in einem Raumpunkt $(r, \Phi, z)$ induziertes Geschwindigkeitsfeld nach dem Biot-Savartschen Gesetz

$$w_Q = -\frac{1}{4\pi} \sum_{n=0}^{N-1} \int\limits_{-L}^{L} \int\limits_{-\infty}^{0} \frac{\partial\Gamma}{\partial\zeta} \frac{(w - w_f) \times d\mathfrak{S}_Q}{|w - w_f|^3} \, d\zeta \; .$$

Nach Ausrechnung ergibt sich

$$\mathcal{W}_Q = -\frac{1}{4\pi} \sum_{n=0}^{N-1} \int_{-L}^{L} \int_{-\infty}^{0} \frac{\partial \Gamma(\varsigma, t_n + \vartheta^*/\omega)}{\partial \varsigma} \left[ r^2 + R^2 - 2rR\cos(\Phi - \omega t_n - \vartheta^*) + \right.$$

$$+ k_0^2 \vartheta^{*2} + 2rk_0\vartheta^*\cos\Phi - 2Rk_0\vartheta^*\cos(\omega t_n + \vartheta^*) + (z-\varsigma)^2 \left]^{-3/2} \cdot\right.$$

$$\tag{216}$$

$$\cdot \left\{ (z-\varsigma)\, R\cos(\omega t_n + \vartheta^*) \cdot \mathcal{W}_x + (z-\varsigma)\left[R\sin(\omega t_n + \vartheta^*) + k_0\right]\mathcal{W}_y - \right.$$

$$- \left[ rR\cos(\Phi - \omega t_n - \vartheta^*) - R^2 + Rk_0\vartheta^*\cos(\omega t_n + \vartheta^*) + rk_0\sin\Phi - \right.$$

$$\left. - Rk_0\sin(\omega t_n + \vartheta^*)\right]\mathcal{W}_z \right\} d\vartheta^* d\varsigma \ .$$

Bei dem Geschwindigkeitsfeld $\mathcal{W}_Q$ wird mit dem Integraloperator (214) ebenfalls von den einzelnen freien Wirbelflächen zu einer äquivalenten räumlich kontinuierlichen Verteilung der freien Wirbel übergegangen. Eingehende Untersuchungen von *Roestel*[2]) zeigten,[5]) daß der an sich die Abflußgeschwindigkeit der freien Wirbel enthaltende Wert $k_0/R$ weitgehend vom Fortschrittsgrad des Propellers unabhängig ist, dagegen die Flügelzahl N eine wesentliche Rolle spielt. Es ergab sich als gutes Mittel die einfache Relation $k_0/R = 0{,}1\,(1 + N/4)$. Mit (214) erhalten wir so für das von den freien Querwirbeln induzierte Geschwindigkeitsfeld die folgende Darstellung:

$$\mathcal{W}_Q = -\frac{N}{8\pi^2 k_0} \int_{\varsigma=-L}^{L} \int_{\vartheta=0}^{2\pi} \int_{\xi=0}^{\infty} \frac{\partial\Gamma(\varsigma,\vartheta/\omega)}{\partial\varsigma} \left[ r^2 + R^2 - 2rR\cos(\Phi - \vartheta) + \right.$$

$$+ \xi^2 - 2r\xi\cos\Phi + 2R\xi\cos\vartheta + (z-\varsigma)^2 \left]^{-3/2} \cdot \left\{ (z-\varsigma)\,R\cos\vartheta \cdot \mathcal{W}_x + \right.\right. \tag{217}$$

$$+ (z-\varsigma)(R\sin\vartheta + k_0)\mathcal{W}_y - \left[ rR\cos(\Phi - \vartheta) - R^2 - R\xi\cos\vartheta - Rk_0\sin\vartheta + \right.$$

$$rk_0\sin\Phi]\mathcal{W}_z \right\} d\xi\,d\vartheta\,d\varsigma \ .$$

In Gl. (217) ist $k_0/R = 0{,}1\,(1 + N/4)$ zu setzen.

Mit Formel (212), (215) und (217) sind die vom Wirbelsystem des Propellers induzierten Geschwindigkeiten zunächst für einen beliebigen Raum-

---

5) Bei einer summarischen Näherungsbetrachtung der in Wirklichkeit einer analytischen Erfassung nicht zugänglichen realen Strömungsverhältnisse und Vergleich mit Kraftmessungen.

punkt (r, $\Phi$, z) angegeben. In der weiteren Theorie benötigt man diese Geschwindigkeiten einmal für die Strömungsrandbedingung längs der Linie 3/4-Profiltiefe des Aufpunktflügels (n = 0) und zum anderen für die Kraftberechnung nach dem Kutta-Joukowskischen Satz in der Drehachse (eigentlich 1/4-Linie) des Flügels.

In diesen Punkten sind die Integranden der Geschwindigkeit $w_\Gamma$ der gebundenen Wirbel nach (212) stetig, so daß sich eine besondere Diskussion erübrigt. Eine genaue Untersuchung ist jedoch bei den von den freien Wirbeln induzierten Geschwindigkeiten notwendig, da die Integranden Singularitäten haben. Die Aufpunkte der Drehachse (für die Kraftberechnung) sind durch r = R und $\Phi = \omega t$ gegeben. In der Strömungsrandbedingung ist es in Anbetracht der verwendeten räumlich kontinuierlichen Darstellung des Feldes der freien Wirbel ausreichend genau und konsequent, an Stelle der wirklichen 3/4-Linie die Aufpunkte r = R und $\Phi = \omega t - a_0/2 - \epsilon_0$ mit $a_0$, $\epsilon_0$ gemäß (211) zu verwenden.

Bei der Diskussion der von den freien Wirbeln induzierten Geschwindigkeiten kann daher ein auf dem Propellerkreis liegender Aufpunkt (R, $\Phi$, z) zugrunde gelegt werden; dadurch sind die beiden eben erwähnten Fälle erfaßt. Aus Formel (215) und (217) ergibt sich dann nach Ausführung der elementaren Integration über $\xi$ :

$$w_L = -\frac{N}{24\pi}\frac{1}{\omega R^2} \int\limits_{-L}^{L} \int\limits_{0}^{2\pi} \frac{\partial \Gamma(\zeta, \vartheta/\omega)}{\partial t}\left\{\left[1 + \frac{\cos\Phi - \cos\vartheta}{\sqrt{4\sin^2\frac{1}{2}(\Phi - \vartheta) + (z-\zeta)^2/R^2}}\right]\cdot\right.$$

$$\cdot\frac{(\sin\Phi - \sin\vartheta)w_x - (\cos\Phi - \cos\vartheta)w_y}{(\sin\Phi - \sin\vartheta)^2 + (z-\zeta)^2/R^2} +$$

$$+ \frac{\cos\Phi - \cos\vartheta + \sqrt{4\sin^2\frac{1}{2}(\Phi - \vartheta) + (z-\zeta)^2/R^2}}{(\sin\Phi - \sin\vartheta)^2 + (z-\zeta)^2/R^2}\left. w_y \right\} d\vartheta d\zeta \;. \tag{218}$$

$$w_Q = -\frac{N}{8\pi^2 k_0} \int\limits_{-L}^{L} \int\limits_{0}^{2\pi} \frac{\partial \Gamma(\zeta, \vartheta/\omega)}{\partial\zeta}\left\{\left[1 + \frac{\cos\Phi - \cos\vartheta}{\sqrt{4\sin^2\frac{1}{2}(\Phi - \vartheta) + (z-\zeta)^2/R^2}}\right]\cdot\right.$$

$$\frac{(z-\zeta)\cos\vartheta\cdot w_x + (z-\zeta)(\sin\vartheta + k_0/R)\,w_y + [2R\sin^2\frac{1}{2}(\Phi - \vartheta) - k_0(\sin\Phi - \sin\vartheta)]w_z}{R(\sin\Phi - \sin\vartheta)^2 + R(z-\zeta)^2/R^2}$$

$$+ \cos\vartheta\,\frac{\cos\Phi - \cos\vartheta + \sqrt{4\sin^2\frac{1}{2}(\Phi - \vartheta) + (z-\zeta)^2/R^2}}{(\sin\Phi - \sin\vartheta)^2 + (z-\zeta)^2/R^2}\left. w_z \right\} d\vartheta d\zeta \;. \tag{219}$$

Die Integranden von (218) und (219) werden singulär, wenn $\zeta = z$ ist und außerdem

entweder a) $\quad \vartheta = \Phi$

oder b) $\quad \vartheta = \pi - \Phi \qquad$ mit $\cos \Phi > 0$ .

Dieses ist auch physikalisch verständlich, denn im Fall a) sind Aufpunkt und Wirbelpunkt identisch, und in Fall b) liegt der Aufpunkt im Bereich der abfließenden freien Wirbel (I. und IV. Quadrant der Propellerkreisbahn). Wenn $\zeta = z$ und

c) $\vartheta = \pi - \Phi \;$ mit $\; \cos \Phi < 0$

ist, liegt keine Singularität vor, wie dieses ja auch anschaulich (Abb. 100) klar ist; dennoch muß auch der Fall c) diskutiert werden. Schließlich ist der Grenzfall

d) $\vartheta = \Phi \;$ , $\; \vartheta = \pi - \Phi \quad$ mit $\quad \cos \Phi = 0$

gesondert zu untersuchen,[1]) der auch zu Singularitäten in den Integranden von (218) und (219) führt. Wir schreiben in Gl. (218) und (219) die innere Integration über $\vartheta$ in folgender symbolischer Form: $(\beta > 0 \; , \; \beta^2 \ll 1)$
$(0 \leq \Phi \leq 2\pi)$

$$\int_0^{2\pi} d\vartheta = \int_0^{\Phi-\beta} d\vartheta + \int_{\Phi-\beta}^{\Phi+\beta} d\vartheta + \int_{\Phi+\beta}^{\pi-\Phi-\beta} d\vartheta + \int_{\pi-\Phi-\beta}^{\pi-\Phi+\beta} d\vartheta + \int_{\pi-\Phi+\beta}^{2\pi} d\vartheta \; ,$$

für $\pi - \Phi > \Phi \;$ ; $(\Phi > 0)$

$$\int_0^{2\pi} d\vartheta = \int_0^{\pi-\Phi-\beta} d\vartheta + \int_{\pi-\Phi-\beta}^{\pi-\Phi+\beta} d\vartheta + \int_{\pi-\Phi+\beta}^{\Phi-\beta} d\vartheta + \int_{\Phi-\beta}^{\Phi+\beta} d\vartheta + \int_{\Phi+\beta}^{2\pi} d\vartheta \; ,$$

für $\pi - \Phi < \Phi \;$ ; $(\pi - \Phi > 0)$

$$\int_0^{2\pi} d\vartheta = \int_{\pi-\Phi+\beta}^{\Phi-\beta} d\vartheta + \int_{\Phi-\beta}^{\Phi+\beta} d\vartheta + \int_{\Phi+\beta}^{2\pi+\pi-\Phi-\beta} d\vartheta + \int_{2\pi+\pi-\Phi-\beta}^{2\pi+\pi-\Phi+\beta} d\vartheta \; ,$$

für $\pi - \Phi < \Phi \;$ ; $(\pi - \Phi < 0)$

In allen diesen Fällen gibt es stets zwei Integrale mit singulären Integranden, nämlich

$$\int\limits_{\Phi-\beta}^{\Phi+\beta} d\vartheta = \int\limits_{-\beta}^{\beta} d\chi \qquad\qquad (\text{mit } \vartheta = \Phi + \chi) \tag{220}$$

und

$$\int\limits_{\pi-\Phi-\beta}^{\pi-\Phi+\beta} d\vartheta = \int\limits_{-\beta}^{\beta} d\chi \qquad\qquad (\text{mit } \vartheta = \pi - \Phi - \chi) \; , \tag{221}$$

während die restlichen stetige Integranden haben und ohne Schwierigkeiten numerisch berechnet werden können. Generell kann man sich dabei auf die x- und y-Komponente der Geschwindigkeiten $w_L$ und $w_Q$ beschränken, da die z-Komponente weder in der Strömungsrandbedingung noch für die Kraftberechnung benötigt wird. Eine eingehende Untersuchung der Integrale (220) und (221) findet man in der genannten Arbeit des Verfassers.[1] Dabei wird die allgemein in der Propellertheorie bewährte Methode verwendet, die Singularität der Integranden bei $\chi = 0$ abzuspalten. In der Umgebung der Stelle $\chi = 0$ können $\sin \chi$ und $\cos \chi$ durch die ersten Glieder ihrer Reihen ersetzt werden, und die erhaltenen Ausdrücke lassen sich geschlossen integrieren.[6]

Zum Beispiel ergibt sich so im Fall a) für das durch den Anteil der freien Längswirbel bedingte Integral

$$\left[\int\limits_{\Phi-\beta}^{\Phi+\beta} d\vartheta\right]_{w_L} = \int\limits_{-\beta}^{\beta} \left[\frac{\partial\Gamma\left(\varsigma, \frac{1}{\omega}\Phi + \frac{1}{\omega}\chi\right)}{\partial t}\left\{\left(1 + \frac{\cos\Phi - \cos(\Phi+\chi)}{\sqrt{4\sin^2\frac{\chi}{2} + (z-\varsigma)^2/R^2}}\right)\right.\right.$$

$$\cdot \frac{(\sin\Phi - \sin(\Phi+\chi))\, w_x - (\cos\Phi - \cos(\Phi+\chi))\, w_y}{(\sin\Phi - \sin(\Phi+\chi))^2 + (z-\varsigma)^2/R^2} +$$

$$+ \frac{\cos\Phi - \cos(\Phi+\chi) + \sqrt{4\sin^2\frac{\chi}{2} + (z-\varsigma)^2/R^2}}{(\sin\Phi - \sin(\Phi+\chi))^2 + (z-\varsigma)^2/R^2}\, w_y\bigg\}$$

$$+ \frac{\partial\Gamma\left(\varsigma, \frac{1}{\omega}\Phi\right)}{\partial t}\left\{\left(1 + \frac{\chi\sin\Phi}{\sqrt{\chi^2 + (z-\varsigma)^2/R^2}}\right) \times \frac{\cos\Phi\cdot w_x + \sin\Phi\cdot w_y}{\chi^2\cos^2\Phi + (z-\varsigma)^2/R^2} - \right.$$

$$\left.\left. - \frac{\chi\sin\Phi\cdot w_y}{\chi^2\cos^2\Phi + (z-\varsigma)^2/R^2} - \frac{\chi^2 + (z-\varsigma)^2/R^2}{\chi^2\cos^2\Phi + (z-\varsigma)^2/R^2}\frac{w_y}{\sqrt{\chi^2 + (z-\varsigma)^2/R^2}}\right\}\right] d\chi + \tag{222}$$

$$+ \frac{\partial \Gamma \left(\zeta, \frac{1}{\omega} \Phi\right)}{\partial t} \left\{ (\mathrm{tg}\, \Phi \cdot \mathscr{W}_x - \mathscr{W}_y) \, 2 \ln \frac{|z - \zeta|/R}{\sqrt{\beta^2 + (z - \zeta)^2/R^2} + \beta} + \right.$$

$$\left. + \frac{\mathscr{W}_x}{\cos \Phi} \ln \frac{\sqrt{\beta^2 + (z - \zeta)^2/R^2} + \beta \sin \Phi}{\sqrt{\beta^2 + (z - \zeta)^2/R^2} - \beta \sin \Phi} \right\} \ .$$

In Formel (222) ist der Integrand von

$$\int\limits_{-\beta}^{\beta} [.\ .\ .\ .\ .] \, d\chi$$

für $\zeta = z$ und $\chi \to 0$ beschränkt, jedoch unstetig, da er Anteile der Form $\chi/\sqrt{\chi^2}$ enthält. Es lohnt sich jedoch nicht, diese Unstetigkeit abzuspalten, da die Integration ohnehin nur mit einer numerischen Quadraturformel erfolgen kann. Den Anteilen $\sim \chi/\sqrt{\chi^2}$ ist für $\chi \to \pm 0$ der arithmetische Mittelwert zuzuordnen, nämlich

$$\lim_{\chi \to \pm 0} \ \chi/\sqrt{\chi^2} = 0 \ .$$

Verwendet man diese Definition, so ergibt sich für den Integranden von (222) folgender Grenzwert:

$$[.\ .\ .\ .]_{\substack{\zeta = z \\ \chi = 0}} = -\frac{1}{2} \frac{\partial \Gamma \left(z, \frac{1}{\omega} \Phi\right)}{\partial t} \frac{\sin \Phi}{\cos^2 \Phi} \mathscr{W}_x - \frac{1}{\omega} \frac{\partial^2 \Gamma \left(z, \frac{1}{\omega} \Phi\right)}{\partial t^2} \frac{1}{\cos \Phi} \mathscr{W}_x \ .$$

In ähnlicher Weise lassen sich auch alle übrigen Fälle behandeln;[6]) die sich dabei ergebenden formelmäßig recht umfangreichen Ausdrücke entnehme man der Originalarbeit.[1]) Es zeigt sich, daß die Integrale (220) und (221) Singularitäten vom Typ

$$\sqrt{\frac{R}{|z - \zeta|}} \quad \text{und} \quad \ln \frac{R}{|z - \zeta|}$$

sowie Unstetigkeiten für $\zeta = z$ enthalten. Die weitere Integration über $\zeta$ und damit die endgültige Berechnung der induzierten Geschwindigkeiten $\mathscr{W}_L$ und $\mathscr{W}_Q$ ist also ohne wesentliche Schwierigkeiten durchführbar. Man wird hierfür die Glieder

$$\sim \sqrt{\frac{R}{|z - \zeta|}} \quad \text{und} \quad \sim \ln \frac{R}{|z - \zeta|}$$

6) Dabei finden ähnliche Grundintegrale Verwendung, wie in Kapitel IB, vgl. dort insbesondere Fußnote 19.

abspalten und exakt integrieren, während der Rest mit einem numerischen
Quadraturverfahren ausgewertet wird.

## 2. Die Integralgleichung für die Flügelzirkulation

Für die Formulierung der Strömungsrandbedingung am Flügel benötigen
wir außer der Anströmgeschwindigkeit (Schiffsgeschwindigkeit) $u_0$ noch die
Drehgeschwindigkeit der Flügel. Deren Absolutwert ist längs der 3/4-Linie
(vgl. Abb. 102) durch

$$W_D = |\dot\delta\,(t)|\,R\,(\frac{1}{2}\,a\,(z) + \epsilon\,(z))$$

gegeben, und in Anbetracht der im Verhältnis zum Kreisradius relativ kleinen
Flügeltiefen lassen sich die x- und y-Komponente der Drehgeschwindigkeit
ausreichend genau durch die Relationen

$$u_D = R\,(\frac{a}{2} + \epsilon)\,\dot\delta\,\cos\,(\omega t + \delta)\;,\;\; v_D = R\,(\frac{a}{2} + \epsilon)\,\dot\delta\,\sin\,(\omega t + \delta) \tag{223}$$

ausdrücken.

Mit $\omega$ als Winkelgeschwindigkeit des Propellers und

$$r = R\,[1 + (\frac{a\,(z)}{2} + \epsilon\,(z))\,\sin\,\delta\,(t)]\;;\; r' = -\,R\,[\mathrm{tg}\delta\,(t) + (\frac{a\,(z)}{2} + \epsilon\,(z))\,\tau\,(t)\,\cos\,\delta\,(t)] \tag{224}$$

als Ort bzw Neigung der Profilkontur längs der 3/4-Linie

$$\Phi_{3/4} = \omega t - (\frac{a\,(z)}{2} + \epsilon\,(z))\,\cos\,\delta\,(t) \tag{225}$$

des Aufpunktflügels lautet die Strömungsrandbedingung:

$$\frac{-\,\omega r\cos\Phi - v_D + v_\Gamma\,(r,\Phi,z) + v_L\,(r,\Phi,z) + v_Q\,(r,\Phi,z)}{\omega r\sin\Phi + u_0 - u_D + u_\Gamma\,(r,\Phi,z) + u_L\,(r,\Phi,z) + u_Q\,(r,\Phi,z)} = \frac{r'\sin\Phi + r\cos\Phi}{r'\cos\Phi - r\sin\Phi}\;. \tag{226}$$

Bei den von den freien Wirbeln induzierten Geschwindigkeiten ist es ausreichend genau, in (226) $r = R$, $\Phi = \omega t - a_0/2 - \epsilon_0$ zu setzen; ebenso in den
Geschwindigkeitsanteilen der gebundenen Wirbel der Nachbarflügel ($n \geq 1$).

In dem Randbedingungsanteil des gebundenen Aufpunktflügelwirbels
($n = 0$) wird zweckmäßigerweise $a_0$ und $\epsilon_0$ durch $a\,(z)$ und $\epsilon\,(z)$ ersetzt.

Nach einer im Prinzip elementaren Zwischenrechnung ergibt sich auf diese
Weise aus (226) die folgende Integralgleichung für die Flügelzirkulation $\Gamma$:[1])

$$\omega R \left[\operatorname{tg}\delta + (\tfrac{a}{2} + \epsilon)\,\tau\cos\delta\right]\left[1 + (\tfrac{a}{2} + \epsilon)\sin\delta\right] - u_0 \left[1 + (\tfrac{a}{2} + \epsilon)\sin\delta\right]\cdot$$

$$\cdot \cos(\omega t - (\tfrac{a}{2} + \epsilon)\cos\delta) + u_0 \left[\operatorname{tg}\delta + (\tfrac{a}{2} + \epsilon)\,\tau\cos\delta\right]\sin(\omega t - (\tfrac{a}{2} + \epsilon)\cos\delta) +$$

$$+ \frac{R\dot{\delta}}{\cos\delta}\,(\tfrac{a}{2} + \epsilon)\left[1 + (\tfrac{a}{2} + \epsilon)(1 + \tau)\sin\delta\cos^2\delta\right] =$$

$$= -\frac{1}{4\pi}\int\limits_{-L}^{L}\Gamma(\zeta, t)\,\frac{Ra}{\cos\delta}\,\frac{1 + (a/2 + 2\epsilon)(1 + \tau)\sin\delta\cos^2\delta}{\sqrt{R^2 a^2\left[1 + 2\epsilon(1 + \tau)\sin\delta\cos^2\delta\right] + (z - \zeta)^2}^3}\,d\zeta -$$

$$- \frac{R}{4\pi}\sum_{n=1}^{N-1}\int\limits_{-L}^{L}\Gamma(\zeta, t_n)\cdot$$

$$\cdot \frac{(\operatorname{tg}\delta + \tau\cdot(a_0/2 + \epsilon_0)\cos\delta)(1 - \cos(a_0 + 2\pi n/N)) + \sin(a_0 + 2\pi n/N)}{\sqrt{2R^2 - 2R^2\cos(a_0 + 2\pi n/N) + (z - \zeta)^2}^3}\,d\zeta -$$

$$- \frac{N}{24\pi}\,\frac{1}{R^2\omega}\int\limits_{-L}^{L}\int\limits_{0}^{2\pi}\frac{\partial\Gamma(\zeta, \vartheta/\omega)}{\partial t}\cdot$$

$$\cdot\left[1 + \frac{\cos(\omega t - a_0/2 - \epsilon_0) - \cos\vartheta}{\sqrt{4\sin^2\tfrac{1}{2}(\omega t - a_0/2 - \epsilon_0 - \vartheta) + (z - \zeta)^2/R^2}}\right]\cdot$$

$$\cdot\left[(1 + (\tfrac{a_0}{2} + \epsilon_0)\sin\delta)\sin(\omega t - \tfrac{a_0}{2} - \epsilon_0 - \vartheta) - (\operatorname{tg}\delta + (\tfrac{a_0}{2} + \epsilon_0)\tau\cos\delta)(1 -$$

$$- \cos(\omega t - \tfrac{a_0}{2} - \epsilon_0 - \vartheta))\right]\left[(\sin(\omega t - \tfrac{a_0}{2} - \epsilon_0) - \sin\vartheta)^2 + (\tfrac{z - \zeta}{R})^2\right]^{-1}\,d\vartheta\,d\zeta -$$

$$- \frac{N}{24\pi}\,\frac{1}{R^2\omega}\int\limits_{-L}^{L}\int\limits_{0}^{2\pi}\frac{\partial\Gamma(\zeta, \vartheta/\omega)}{\partial t}\left[\cos(\omega t - \tfrac{a_0}{2} - \epsilon_0) - \cos\vartheta +\right.$$

$$\left. + \sqrt{4\sin^2\tfrac{1}{2}(\omega t - a_0/2 - \epsilon_0 - \vartheta) + (z - \zeta)^2/R^2}\right]\cdot \tag{227}$$

$$\cdot\left[(1 + (\tfrac{a_0}{2} + \epsilon_0)\sin\delta)\sin(\omega t - \tfrac{a_0}{2} - \epsilon_0) +\right.$$

$$+ (\mathrm{tg}\,\delta + (\frac{a_0}{2} + \epsilon_0)\,\tau\cos\delta)\cos(\omega t - \frac{a_0}{2} - \epsilon_0)]\,[(\sin(\omega t - \frac{a_0}{2} - \epsilon_0) - \sin\vartheta)^2 +$$

$$+ (\frac{z - \zeta}{R})^2]^{-1} \cdot \; d\vartheta d\zeta \; -$$

$$- \frac{N}{8\pi^2}\frac{1}{k_0} \int\limits_{-L}^{L}\int\limits_{0}^{2\pi} \frac{\partial\Gamma(\zeta, \vartheta/\omega)}{\partial\zeta} \cdot \tag{227}$$

$$\cdot \left[1 + \frac{\cos(\omega t - a_0/2 - \epsilon_0) - \cos\vartheta}{\sqrt{4\sin^2\frac{1}{2}(\omega t - a_0/2 - \epsilon_0 - \vartheta) + (z - \zeta)^2/R^2}}\right]\frac{z - \zeta}{R} \cdot$$

$$\cdot \left[(1 + (\frac{a_0}{2} + \epsilon_0)\sin\delta)\,(\cos(\omega t - \frac{a_0}{2} - \epsilon_0 - \vartheta) + \frac{k_0}{R}\sin(\omega t - \frac{a_0}{2} - \epsilon_0)) - \right.$$

$$\left. - (\mathrm{tg}\,\delta + (\frac{a_0}{2} + \epsilon_0)\,\tau\cos\delta)(\sin(\omega t - \frac{a_0}{2} - \epsilon_0 - \vartheta) - \frac{k_0}{R}\cos(\omega t - \frac{a_0}{2} - \epsilon_0))]\; \cdot$$

$$\cdot \left[(\sin(\omega t - \frac{a_0}{2} - \epsilon_0) - \sin\vartheta)^2 + (z - \zeta)^2/R^2\right]^{-1} \cdot \; d\vartheta d\zeta \; .$$

Dabei ist $\delta = \delta(t)$ , $\tau = \tau(t)$ , $a = a(z)$ , $\epsilon = \epsilon(z)$ ; $[0 \leq \omega t \leq 2\pi; -L \leq z \leq L]$ und

$$a_0 = \frac{1}{L}\int\limits_{-L}^{0} a(z)\,dz \; ; \; \epsilon_0 = \frac{1}{L}\int\limits_{-L}^{0} \epsilon(z)\,dz \; ; \; \frac{k_0}{R} = 0{,}1\,(1 + \frac{N}{4}) \; .$$

Die Flügelwinkelkurve $\delta(t)$ ist in der Regel punktweise vorgegeben. Aus dem physikalischen Charakter der Strömungsrandbedingung folgt, daß die Lösung von (227) in t die Periode $2\pi/\omega$ haben muß. Man wird somit auf einen Lösungsansatz der Form

$$\Gamma(\zeta, t) = \sum_{\mu = -M}^{M} \Gamma_\mu(\zeta)\,e^{i\mu\omega t} \qquad (\Gamma_{-\mu} = \overline{\Gamma}_\mu) \tag{228}$$

geführt. Mit (228) schreiben wir die Gl. (227) in der abgekürzten und übersichtlicheren Gestalt

$$F(z, t) = \sum_{\mu = -M}^{M} \sum_{n=0}^{N-1} e^{i\mu\omega t} \int_{-L}^{L} \Gamma_\mu(\zeta) \, G_{\mu n}^*(z, \zeta; t) \, d\zeta +$$

$$(229)$$

$$+ \sum_{\mu = -M}^{M}{}' \int_{-L}^{L} \Gamma_\mu(\zeta) \, L_\mu^*(z - \zeta; t) \, d\zeta + \sum_{\mu = -M}^{M} \int_{-L}^{L} \frac{d\Gamma_\mu(\zeta)}{d\zeta} H_\mu^*(z - \zeta; t) \, d\zeta \ .$$

Bereits in Ziff. 1 wurde die Auswertung der in der Strömungsrandbedingung auftretenden induzierten Geschwindigkeiten diskutiert; da die Kerne von (229) nur Linearkombinationen dieser Geschwindigkeiten darstellen, folgt aus dem früheren Ergebnis unmittelbar: Die Kernanteile $G_{\mu n}^*$ sind stetig, während $L_\mu^*$ und $H_\mu^*$ Singularitäten der Form

$$\sqrt{\frac{R}{|z - \zeta|}} \quad \text{und} \quad \ln \frac{R}{|z - \zeta|}$$

sowie Unstetigkeitsstellen bei $\zeta = z$ aufweisen. Für die Berechnung gilt das gleiche wie bei den einzelnen Geschwindigkeitskomponenten.[1])

Die Integralgleichung (229) unterscheidet sich von den üblichen in der instationären Tragflügel- und Propellertheorie auftretenden Gleichungen dadurch, daß sich die Zeitabhängigkeit nicht ohne weiteres abspalten läßt und sich somit keine einzelnen Integralgleichungen für die Funktionen $\Gamma_\mu(\zeta)$ ergeben. Für die Auflösung der Gleichung (229) ist folgendes Verfahren zweckmäßig.[7])

Man geht von $z$ und $\zeta$ zu trigonometrischen Variablen über mit

$$z = -L \cos \Psi^* \quad , \quad \zeta = -L \cos \Psi \qquad (0 \leq \Psi, \Psi^* \leq \pi)$$

und macht für $\Gamma_\mu(\zeta)$ den Ansatz

---

7) Eine analoge Lösungsmethode wird auch für die Integralgleichung des Hubschrauber-Rotors sowie bei der des teilgetauchten Propellers verwendet. Die Theorie kann ebenfalls für die Behandlung des Schraubenpropellers im Schiffsnachstrom mit Berücksichtigung der Deformation der freien Wirbelflächen herangezogen werden. Neben der hier dargestellten Theorie besteht noch die Möglichkeit, für die Auflösung der Integralgleichung (229) die bereits in Kapitel IB2 erwähnte Methode des kleinsten Fehlerquadrates anzuwenden. Diese erscheint vor allem dann angebracht, wenn man mit relativ wenigen Gliedern eines Lösungsansatzes der Form (230), (228) die Integralgleichung (229) an möglichst vielen Stellen im Sinne des kleinsten Fehlerquadrates approximieren will.

$$\Gamma_\mu(\zeta) = \Gamma_\mu(\Psi) = \sum_{\lambda=1}^{J-1} A_{\mu\lambda} \sin\lambda\Psi \ . \qquad\qquad (A_{-\mu,\lambda} = \overline{A}_{\mu\lambda}) \qquad\qquad (230)$$

Nunmehr multiplizieren wir die Integralgleichung (229) mit $\sin\Psi^*$ und berechnen die rechte und linke Seite für $2M$ $\omega t$-Werte, ($\omega t = 0, \pi/M, \ldots, \pi(2M-1)/M$ sowie für $J-1$ $\Psi^*$-Werte, ($\Psi^* = \pi/J, \ldots, \pi(J-1)/J$) ;

Mittels harmonischer Analyse läßt sich dann die rechte Seite in der Form darstellen

$$\sum_{m=-M}^{M} \sum_{j=1}^{J-1} A_{mj} \left( \sum_{\mu=-M}^{M} \sum_{\lambda=1}^{J-1} I_{\mu,\lambda}^{m,j}\, e^{i\mu\omega t}\, \sin\lambda\Psi^* \right) , \qquad\qquad (231)$$

mit

$$I_{-\mu,\lambda}^{-m,j} = \overline{I}_{\mu,\lambda}^{\,-m,j} \ ; \ \ I_{-\mu,\lambda}^{m,j} = \overline{I}_{\mu,\lambda}^{\,-m,j}. \qquad\qquad \begin{matrix}(m = 0, 1, \ldots M) \\ (\mu = 0, 1 \ldots . M-1)\end{matrix}$$

und außerdem

$$I_{\pm M,\lambda}^{-m,j} = \overline{I}_{\pm M,\lambda}^{\,m,j} \ .$$

Ebenso folgt für die linke Seite

$$\sum_{\mu=-M}^{M} \sum_{\lambda=1}^{J-1} F_{\mu\lambda}^*\, e^{i\mu\omega t} \sin\lambda\Psi^* = F(z,t) \sin\Psi^* = F^*(\Psi^* t) \ . \qquad\qquad (232)$$

Bei der harmonischen Analyse wird die Berechnungsformel

$$F_{\mu\lambda}^* = \frac{1}{M\cdot J} \sum_{m=0}^{2M-1} \sum_{j=1}^{J-1} F^*\left(\frac{j\pi}{J}, \frac{m\pi}{M\omega}\right) e^{-i\mu\frac{m\pi}{M}} \sin\frac{\lambda j\pi}{J} \ .$$

verwendet. $F_{-\mu,\lambda}^* = \overline{F}_{\mu\lambda}^*$ . (Für $\mu = M$ die Hälfte des Wertes).

Berücksichtigt man, daß die Koeffizienten $A_{M\lambda}$, $F_{M\lambda}^*$, $A_{0\lambda}$, $F_{0\lambda}^*$ nur einen Realteil besitzen, so geht die Integralgleichung mit (231) und (232) durch Koeffizientenvergleich in $e^{i\mu\omega t} \sin\lambda\Psi^*$ über in ein System von $2M(J-1)$ linearen Gleichungen zur Bestimmung der gesuchten Koeffizienten $A_{\mu\lambda}$ des Lösungsansatzes (228), (230) für die Flügelzirkulation $\Gamma(\zeta, t)$, nämlich:

$$\sum_{m=-M}^{M} \sum_{j=1}^{J-1} A_{mj}\, I_{\mu,\lambda}^{m,j} = F_{\mu\lambda}^* \ . \qquad\qquad \begin{pmatrix}\mu = 0, 1, \ldots M \\ \lambda = 1, 2, \ldots J-1\end{pmatrix} \qquad\qquad (233)$$

Wir haben hier mit Rücksicht auf die Hinweise aus Kapitel IB, Ziff. 1, Kapitel IIC Ziff. 1 und Kapitel IIIA, Ziff. 2 die Auflösungstheorie[7]) allgemein dargestellt. Im Fall des Voith-Schneider-Propellers gelten durch die Spiegelung des Strömungsfeldes an der Propellerabdeckung die Symmetriebeziehungen

$$F(-z, t) = F(z,t) \ ; \ G^*_{\mu n}(-z, -\zeta; t) = G^*_{\mu n}(z, \zeta; t) \ ;$$

$$L^*_{\mu}(-z+\zeta; t) = L^*_{\mu}(z-\zeta; t) \ ; \ H^*_{\mu}(-z+\zeta; t) = -H^*_{\mu}(z-\zeta; t) \ ;$$

und damit auch $\Gamma_{\mu}(-\zeta) = \Gamma_{\mu}(\zeta)$ .

Infolgedessen treten in dem Ansatz (230) von vorne herein nur die ungeraden $\lambda$-Werte auf. Dadurch reduzieren sich die Gleichungen des Systems (233) entsprechend, z. B. für M = 6 und J = 6 von 60 auf 36 Gleichungen.

### 3. Flügelkräfte, Propellerschub und Wirkungsgrad

Die Berechnung der momentanen Flügelkräfte $K_x$ und $K_y$ in x- und y-Richtung (pro Längeneinheit in z-Richtung) erfolgt mit Hilfe des Kutta-Joukowskischen Satzes. Dabei wird der Wert der resultierenden Anströmgeschwindig-

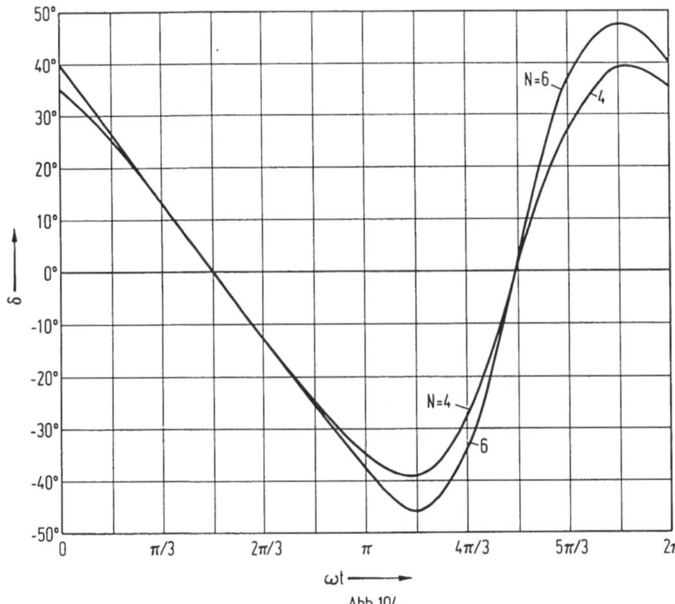


Abb. 104

keit im Drehpunkt des Flügelprofils zugrunde gelegt. Wie bereits in Band 1 (S. 153) erläutert wurde, ist dieses aus verschiedenen Gründen am zweckmäßigsten; unter anderem auch deshalb, weil der Drehpunkt auf jeden Fall in der

Nähe des Druckmittelpunktes liegt, die genaue Lage des letzteren aber nicht bekannt ist. Man erhält mit $\rho$ als Wasserdichte

$$K_x = -\rho \left[ -\omega R \cos \omega t + \tilde{v}_\Gamma (R, \omega t, z) + v_L (R, \omega t, z) + v_Q (R, \omega t, z) \right] \Gamma (z, t)$$

$$(234)$$

$$K_y = +\rho \left[ u_0 + \omega R \sin \omega t + \tilde{u}_\Gamma (R, \omega t, z) + u_L (R, \omega t, z) + u_Q (R, \omega t, z) \right] \Gamma (z, t) \; .$$

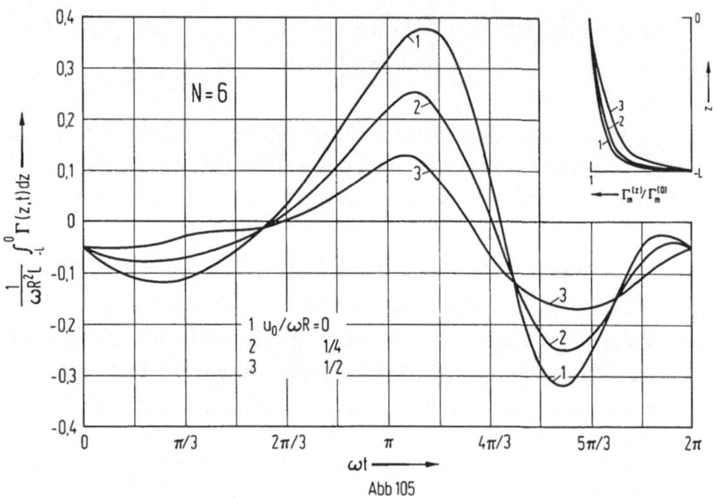


Abb 105

Dabei bedeutet $\tilde{u}_\Gamma$, $\tilde{v}_\Gamma$, daß bei den gebundenen Wirbeln der Anteil des Aufpunktflügels $(n = 0)$ wegzulassen ist. Die Berechnung der in Formel (234) auftretenden Geschwindigkeiten ist bereits in Ziff. 1 erläutert worden.

Mit (234) ergibt sich das Drehmoment $M_D$ der Flügelkraft

$$M_D = R \, K_y \cos \omega t - R \, K_x \sin \omega t \; . \tag{235}$$

Aus den Kräften und Momenten (pro Längeneinheit in z-Richtung) der einzelnen Flügel wird durch Integration über z und Summation über n in die Gesamtkraft $K^{(P)}$ und das Gesamtmoment des Voith-Schneider-Propellers erhalten:

$$S = K^{(P)} = \sqrt{K_x^{(P)2} + K_y^{(P)2}} \; ; \quad M_D^{(P)} = \sum_{n=0}^{N-1} \int_{-L}^{0} M_D (z, \omega t_n) \, dz \; ;$$

$$(236)$$

$$K_x^{(P)} = \sum_{n=0}^{N-1} \int_{-L}^{0} K_x (z, \omega t_n) \, dz \; ; \quad K_y^{(P)} = \sum_{n=0}^{N-1} \int_{-L}^{0} K_y (z, \omega t_n) \, dz \; .$$

Schließlich ist

$$\eta_i = \frac{u_0}{\omega} \frac{S}{M_D^{(P)}} = \frac{u_0}{\omega} \frac{K^{(P)}}{M_D^{(P)}}  \tag{237}$$

der induzierte Wirkungsgrad des Propellers.

Aus (236) ergeben sich auch ohne weiteres die zeitlichen Mittelwerte der Propellerkraft und des Drehmomentes.

Eingehende numerische Untersuchungen auf der Grundlage der hier darge-

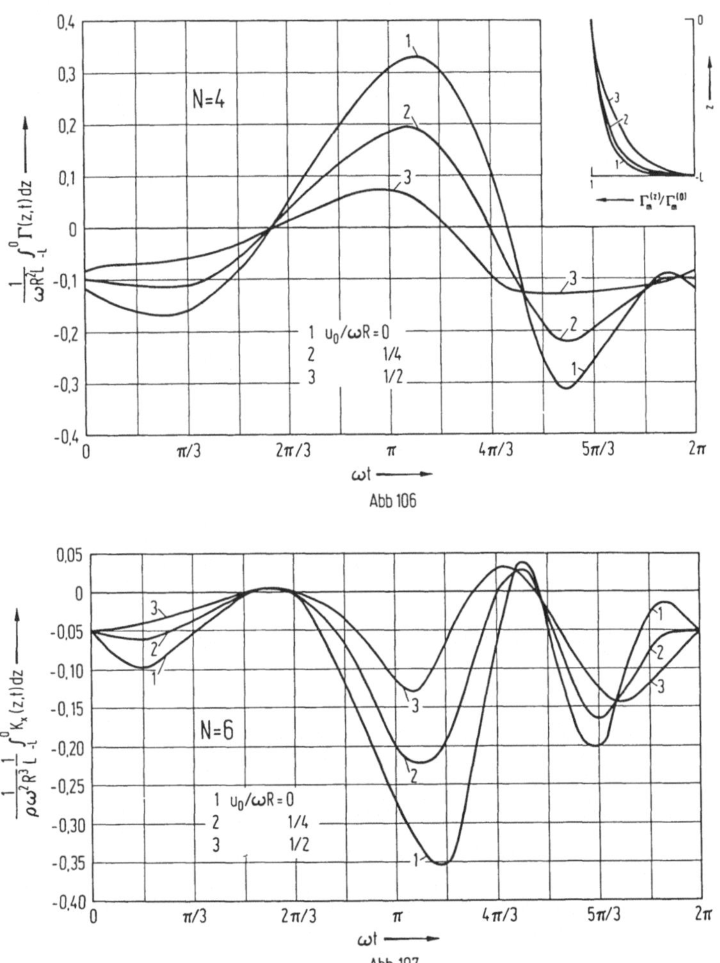


Abb 106



Abb 107

stellten Theorie wurden von *Roestel*[2]) durchgeführt. Wir geben nachfolgend einen Einblick in diese Ergebnisse am Beispiel eines 6-flügeligen und eines 4-flügeligen Propellers. Beide wurden bereits früher mit der ebenen Theorie behandelt (vgl. Band 1. S. 168/173, Beispiel 3 und 5). Somit ist ein direkter Vergleich möglich.

Abb. 104 zeigt die Flügelwinkelkurven; die weiteren Propellerdaten sind:

$N = 6$:   $a\,(0) = 0{,}21$ ;   $a\,(-L) = 0{,}14$ ;   $\epsilon\,(0) = 0{,}023$ ;   $\epsilon\,(-L) = 0{,}013$ (lineare Verläufe) ;   $L/R = 0{,}91$ ;   $R\,(\kappa)_m = 1/2$ .

$N = 4$:   $a\,(0) = 0{,}208$ ;   $a\,(-L) = 0{,}117$   (linearer Verlauf) ;   $\epsilon = 0{,}016 = $ konst. , $L/R = 1{,}25$ ;   $R\,(\kappa)_m = 1/3$ .

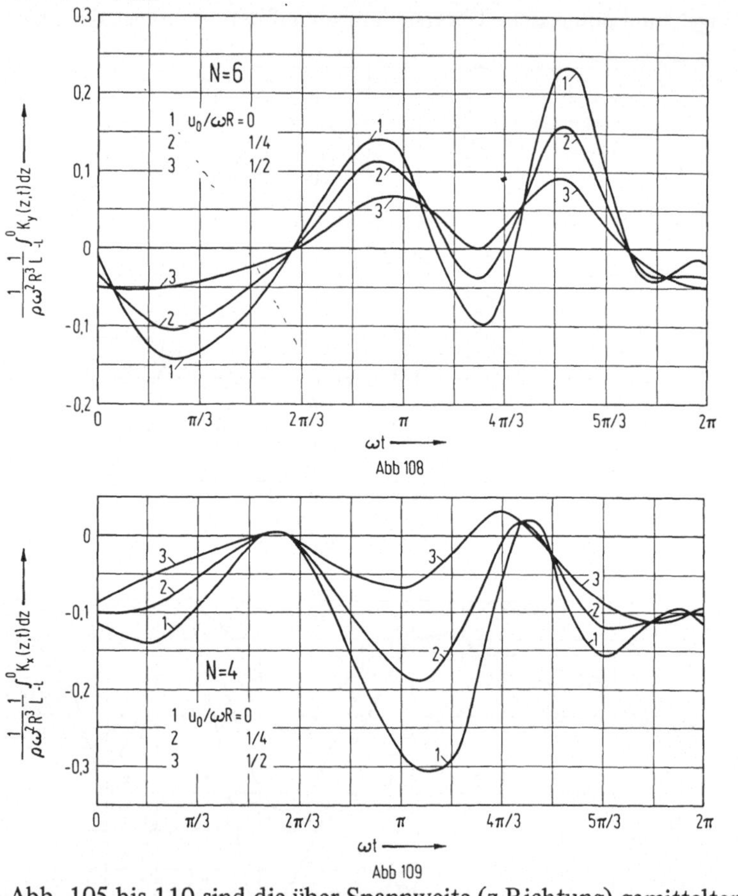


In den Abb. 105 bis 110 sind die über Spannweite (z-Richtung) gemittelten Werte der Flügelzirkulation sowie der Flügelkräfte in x- und y-Richtung dargestellt. Außerdem enthalten Abb. 105 und 106 noch den über die Umlaufzeit $2\pi/\omega$ gemittelten Absolutbetrag

$$\Gamma_m\,(z) = \frac{\omega}{2\pi} \int\limits_{0}^{2\pi/\omega} |\,\Gamma\,(z, t)\,|\,dt$$

der Zirkulation, bezogen auf den Wert $\Gamma_m(0)$ .

Die mit der vorliegenden dreidimensionalen Theorie erhaltenen Zirkulations- und Kraftwerte stimmen qualitativ gut mit den früheren in Band 1 wiedergegebenen Resultaten der ebenen Strömung überein. Quantitativ bedingt der Einfluß der freien Querwirbel (die endliche Flügellänge) natürlich eine

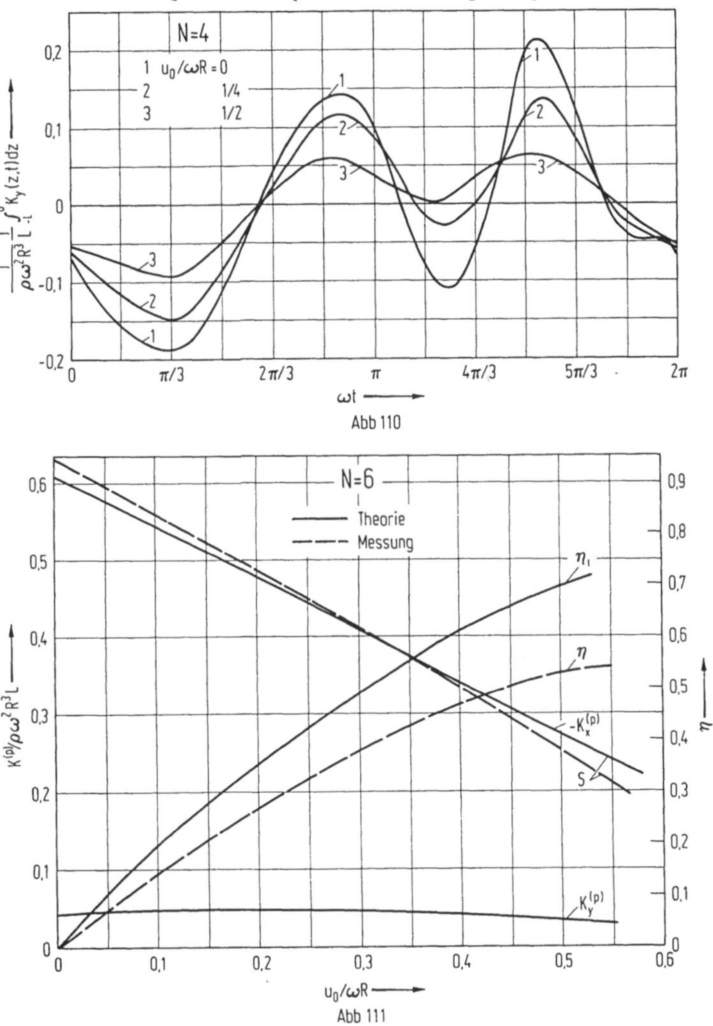



Abminderung, welche im Abflußbereich des Propellers stärker ausgeprägt ist als im Zuflußbereich. In Abb. 111 und 112 sind die zeitlichen Mittelwerte der Propellergesamtkräfte $S$, $K_x^{(P)}$, $K_y^{(P)}$ sowie der Wirkungsgrad $\eta_i$ enthalten und zum Vergleich die bei der Firma Voith gemessenen Werte für $S$ und $\eta$ eingezeichnet. Die Übereinstimmung zwischen Theorie und Experiment ist für die Schubwerte gut. Bei den berechneten Wirkungsgraden treten aus den bereits früher

(Band 1, S. 173) erwähnten Gründen (u. a. Vernachlässigung der verschiedenen Reibungseffekte in der Theorie) Abweichungen gegenüber der Messung auf, die jedoch geringer sind als bei der älteren Theorie.

Da $K_y^{(P)}$ nicht ganz verschwindet ($K_y^{(P)2} \ll K_x^{(P)2}$) schließt der resultierende Schub mit der Anströmrichtung (x-Achse) einen Winkel von wenigen

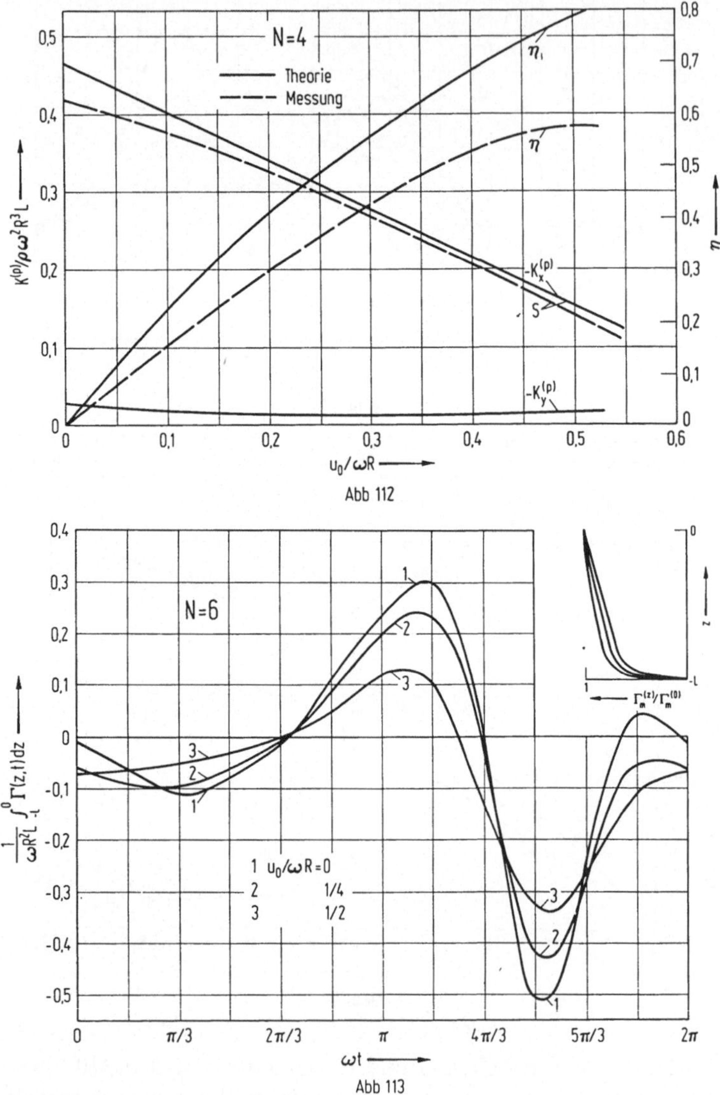


Abb 112

Abb 113

Grad ein, der durch eine geringe Phasenverschiebung bei der Flügelwinkelkurve ausgeglichen werden kann.

Die Schubschwankungen um den Mittelwert nehmen mit wachsendem

Fortschrittsgrad ab; bei $N = 6$ von 11 % für $u_0/\omega R = 0$ auf 1 % für $u_0/\omega R = 1/2$ und bei $N = 4$ entsprechend von 21 % auf 5 %.

Die eben besprochenen relativ gut mit Experimenten übereinstimmenden Ergebnisse basieren auf der durch Formel (215) und (217) gegebenen Näherungsdarstellung für das sehr komplizierte reale Strömungsfeld der freien

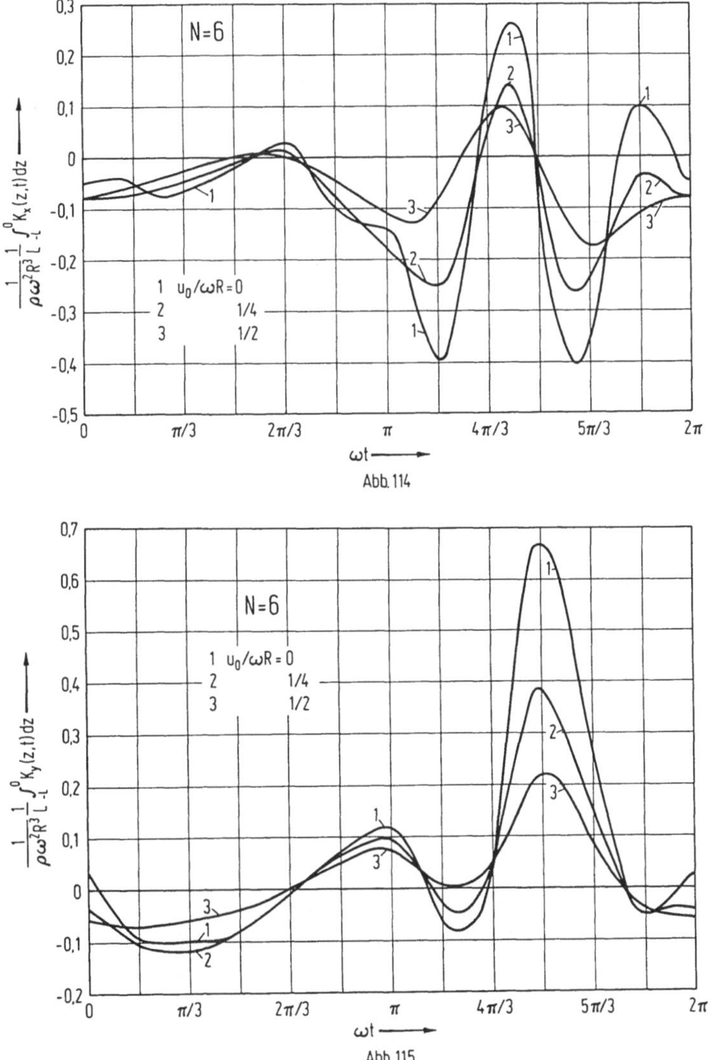



Wirbel. *Roestel*[2]) hat außerdem untersucht, welche Resultate eine Berechnung des Geschwindigkeitsfeldes der freien Wirbel (ohne Berücksichtigung von deren Verformung und Zerfall) nach den üblichen Vorstellungen der Potentialtheorie liefern würde.

Die dann zu verwendende Formel für $w_L$ unterscheidet sich von (215) durch einen multiplikativen Vorfaktor $3/\pi \cdot \omega R/[u_0 + (u_f)_m] = 3/\pi \cdot R/k_0$, während in Gl. (217) bei $w_Q$ der Wert $k_0/R = [u_0 + (u_f)_m]/\omega R$ einzusetzen ist. Dabei bedeutet $(u_f)_m$ tatsächlich die iterativ zu bestimmende mittlere Geschwindigkeit der freien Wirbel im Bereich des Propellerkreises. Eine solche Berechnung

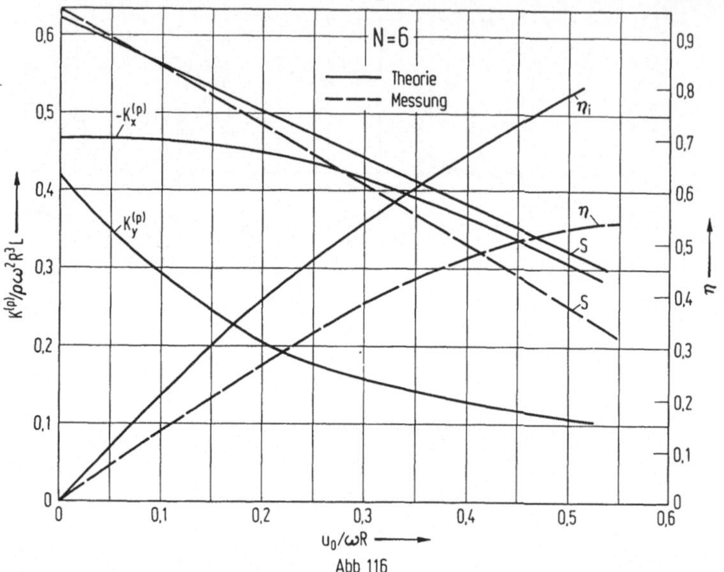


Abb 116

wurde für den bereits erwähnten 6-flügeligen Propeller durchgeführt. Bei $u_0/\omega R = 0$ ergab sich $R/k_0 = 3{,}52$, ferner für $u_0/\omega R = 1/4$ und $1/2$ die Werte $R/k_0 = 2{,}32$ und $1{,}75$.

Die Ergebnisse für die über Spannweite gemittelte Flügelzirkulation und Flügelkräfte sind in Abb. 113 bis 115 dargestellt. Man erkennt insbesondere bei den Kräften einen physikalisch unrealistischen Verlauf; sie weisen bei kleinen Fortschrittsgraden extrem große Richtungsänderungen auf, wie durch Vergleich von Abb. 114 und 115 mit Abb. 107 und 108 deutlich wird.

Ähnlich im Widerspruch zur Realität stehen auch die sich daraus ergebenden in Abb. 116 enthaltenen resultierenden Propellerkräfte. So ist für $u_0 = 0$ der zeitlich gemittelte Wert von $K_y^{(P)}$ fast ebenso groß wie $K_x^{(P)}$, so daß der Propellerschub eine bei der zugrunde liegenden Flügelwinkelkurve ganz falsche Richtung bekommt. Auch die zeitlichen Schwankungen des $K_x^{(P)}$-Wertes um sein Mittel sind mit 69 % für einen 6-flügeligen Propeller wesentlich zu hoch.

Es zeigt sich also, daß die normale potentialtheoretische Darstellung des von den freien Wirbeln induzierten Geschwindigkeitsfeldes keine brauchbaren Ergebnisse liefert. Zu der gleichen Feststellung war der Verfasser bereits früher aufgrund der Untersuchungen der ebenen Strömung durch Voith-Schneider-Propeller (vgl. Band 1, S. 166) gekommen.

# B. Trochoidenpropeller

Für Schiffe mit dem hohen Fortschrittsgrad $u_0/\omega R > 1$ im Normalbetriebszustand wurde der Trochoidenpropeller entwickelt. Er unterscheidet sich prinzipiell vom Voith-Schneider-Propeller durch seine Flügelwinkelkurve $\delta(t)$ ; letztere ergibt sich (idealisiert) aus der Bedingung, daß die Normalen der Profilsehnen während des ganzen Flügelumlaufes durch einen außerhalb[8]) des Flügelkreises gelegenen Punkt gehen. (vgl. Abb. 117; $h/R > 1$). Die Drehpunkte der Flügel eines solchen mit der Geschwindigkeit $u_0 > \omega R$ vorwärts fahrenden Propellers beschreiben eine Trochoide.

Bei der Untersuchung dieser Propellerströmung wurde bisher allerdings nur eine zweidimensionale Theorie ohne freie Querwirbel verwendet, die sich eng an die aus Band 1 bekannte entsprechende Theorie des Voith-Schneider Propellers anlehnt.[9])

## 1. Das Geschwindigkeitsfeld eines Trochoidenpropellers

Der in einer Anströmung $u_0$ in Richtung der positiven x-Achse befindliche Trochoidenpropeller habe N Flügel der Tiefe $2aR$ ($n = 0, \ldots N-1$), die mit der Winkelgeschwindigkeit $\omega$ auf einer Kreisbahn vom Radius R rotieren und deren Anstellwinkel gemäß der Flügelwinkelkurve $\delta(t)$ gesteuert wird. (Abb. 117).

Da nur die Flügelzirkulation $\Gamma(t)$ sowie die Flügelkräfte berechnet werden sollen, kann das Modell der erweiterten Traglinientheorie zugrunde gelegt werden, zumal die auftretenden reduzierten Frequenzen relativ klein sind. Die Flügelprofile werden somit durch gebundene Punktwirbel der Zirkulation $\Gamma(t_n)$ ($t_n = t + 2\pi n/\omega N$) ersetzt, die wir in den (immer auf der Kreisbahn befindlichen) Drehpunkten $\omega t_n$ der Profile anordnen. Letzteres ist möglich, da die Druckmittelpunkte (1/4-Punkte) in genügender Näherung mit den Drehpunkten zusammenfallen.

Das von den N Flügelwirbeln in einem beliebigen Aufpunkt $(r, \Phi)$ induzierte Geschwindigkeitsfeld lautet somit in der bekannten komplexen Zusammenfassung der ebenen Potentialströmung[10])

---

8) Dagegen liegt der Normalenschnittpunkt bei der klassischen Flügelwinkelkurve des Voith-Schneider-Propellers innerhalb des Flügelkreises. ($h/R < 1$). (Abb. 100).

9) W. H. Isay: Zur Theorie des Trochoidenpropellers; Ing. Arch. 38 (1969) 126.

10) Formel (238) gilt unter der Voraussetzung, daß die Vorder- und Hinterkante der Flügelprofile während des ganzen Umlaufs nicht wechseln. Diese Voraussetzung ist für $u_0 > \omega R$ erfüllt. Dagegen würde eine solche Vertauschung von Vorder- und Hinterkante für $u_0 < \omega R$ in der Umgebung von $\omega t = 3\pi/2$ auftreten (vgl. Abb. 117). Diese läßt sich mit den Hilfsmitteln der Traglinientheorie nicht behandeln und soll daher hier außer Betracht bleiben. Man muß diese Einschränkung aber im Auge behalten, wenn die Theorie auch für Werte $u_0 < \omega R$ verwendet werden soll.

$$u_\Gamma - iv_\Gamma = \frac{i}{2\pi} \sum_{n=0}^{N-1} \frac{\Gamma(t_n)}{re^{i\Phi} - Re^{i\omega t_n}} \qquad (\omega t_n = \omega t + \frac{2\pi n}{N}) \tag{238}$$

Alle freien Längswirbel der N Flügel induzieren dann in einem Aufpunkt $(r,\Phi)$ das Geschwindigkeitsfeld

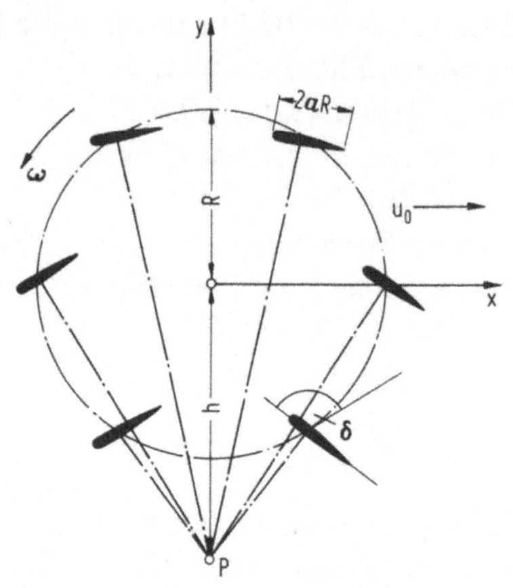


Abb 117

$$u_f - iv_f = -\frac{i}{2\pi\omega} \int_{-\infty}^{0} \frac{\dot{\Gamma}(t_n + \vartheta^*/\omega)\, d\vartheta^*}{re^{i\Phi} - Re^{i\omega t_n + i\vartheta^*} + u_0\vartheta^*/\omega}. \tag{239}$$

Diese Formel tritt ebenfalls in der zweidimensionalen Theorie des Voith-Schneider-Propellers auf (vgl. Band 1, S. 147); ihre Auswertung führt bekanntlich auf große Schwierigkeiten, die dadurch bedingt sind, daß der Integrand zahlreiche unübersichtlich gelegene und analytisch nicht abspaltbare Singularitäten enthält, wenn der Aufpunkt im Abflußbereich des Propellerkreises liegt. [Vgl. hierzu auch die Bemerkungen im Anschluß an Gl. (213)]. Diese Schwierigkeiten wurden beim Voith-Schneider-Propeller durch den Übergang zu einer kontinuierlichen Verteilung der freien Wirbel überwunden; dabei erfolgte noch zusätzlich durch eine summarische Näherung die Berücksichtigung der Vermischung und des Zerfalls der freien Wirbel. Auf letztere kann beim Trochoidenpropeller in Anbetracht seiner hohen Fortschrittsgrade verzichtet werden; jedoch ist es auch hier erforderlich, von Formel (239) zu einer kontinuierlichen Verteilung der freien Wirbel überzugehen, um eine übersichtliche und auswertbare Theorie zu erhalten.

    Man könnte zunächst daran denken, auf (239) ebenfalls den Integraloperator (214) anzuwenden. Bei diesem wird die eigentliche Integration über Zykloiden bzw Trochoiden umgeformt in eine Integration über Kreise, die dann in Abströmrichtung aufintegriert werden. Dieses entspricht mehr der geometrischen Form der freien Wirbellinien bei kleinen Fortschrittsgraden, wie sie beim Voith-Schneider-Propeller vorliegen. Für Trochoidenpropeller mit großen Fortschrittsgraden ist es dagegen zweckmäßiger, von (239) in der Weise zu einer kontinuierlichen Verteilung der freien Wirbel überzugehen, daß man die vom Propellerkreis abgehenden trochoidenförmigen freien Wirbel-

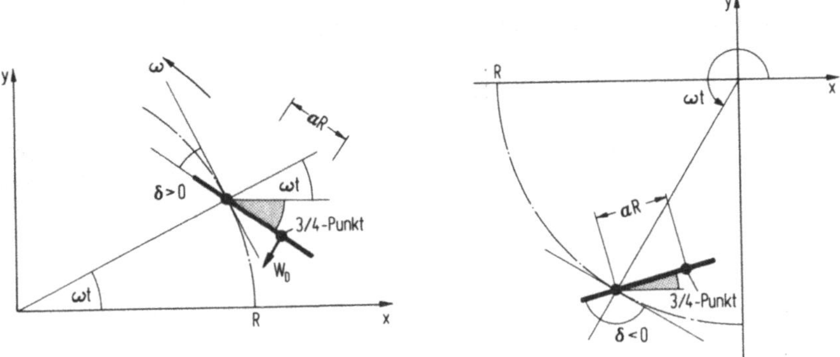



Abb 118

linien durch ein Kontinuum von Geraden in Abströmrichtung ersetzt; damit haben wir an Stelle von (239) zunächst[9])

$$u_f - i v_f \approx - \frac{i}{2\pi\omega} \sum_{n=0}^{N-1} \int_0^\infty \frac{\dot\Gamma(t_n - \vartheta/\omega)\,d\vartheta}{r e^{i\Phi} - R e^{i\omega t_n} - u_0\vartheta/\omega} \qquad (\vartheta = -\vartheta^*)$$

und daraus folgt beim Übergang zum Wirbelkontinuum:

$$u_f - i v_f = - \frac{i}{2\pi\omega} \frac{N}{2\pi} \int_{\vartheta=0}^\infty \int_{\psi=0}^{2\pi} \frac{\dot\Gamma(\psi/\omega - \vartheta/\omega)\,d\psi\,d\vartheta}{r e^{i\Phi} - R e^{i\psi} - u_0\vartheta/\omega} . \qquad (240)$$

Wie vom Verfasser überprüft wurde,[9]) liefert Formel (240) tatsächlich physikalisch sinnvollere Ergebnisse als diejenige, welche aus (239) mit dem Integraloperator (214) entstehen würde.

Die Geschwindigkeiten $u_f$ und $v_f$ werden einmal für die Strömungsrandbedingung im 3/4-Punkt des Aufpunktflügels (n = 0) und zum anderen für die Kraftberechnung nach dem Kutta-Joukowskischen Satz im Flügeldrehpunkt (1/4-Punkt) r = R, $\Phi = \omega t$ benötigt.

Die genaue Lage des 3/4-Punktes während des Flügelumlaufes ist durch

$$(r e^{i\Phi})_{3/4} = R e^{i\omega t} + a\,R\,e^{i\delta(t) + i\omega t - i\pi/2} \qquad (241)$$

gegeben, wie man sich leicht aus Abb. 118 veranschaulicht. In Anbetracht der kontinuierlichen Verteilung gemäß Gl. (240) ist es ausreichend genau und auch konsequent, die Geschwindigkeiten der freien Wirbel anstatt im Punkt (241) näherungsweise im Aufpunkt r = R, $\Phi = \omega t$ in die Strömungsrandbedingung einzusetzen. Somit braucht das Geschwindigkeitsfeld (240) nur für r = R und $\Phi = \omega t$ ausgewertet werden.

Mit Hilfe der Residuenmethode durch Integration über den Einheitskreis der komplexen (x + iy)-Ebene lassen sich die folgenden Integralformeln gewinnen: $(u_0/\omega R = k_0$ gesetzt)

$$\frac{1}{\pi} \int_0^\infty \int_0^{2\pi} \frac{e^{i\mu\,(\psi - \vartheta)}\,(\sin\Phi - \sin\psi)\,d\psi\,d\vartheta}{(e^{i\psi} - e^{i\Phi} + k_0\vartheta)(e^{-i\psi} - e^{-i\Phi} + k_0\vartheta)} =$$

$$= \begin{cases} -i\,I_\mu^*\,(\Phi) + I_\mu^{**}\,(\Phi) \;. & (\pi/2 \leq \Phi \leq 3\pi/2) \\ -i\,L_\mu^*(\Phi) + L_\mu^{**}(\Phi) - i\,J_\mu^*\,(\Phi) + J_\mu^{**}\,(\Phi) \;. & (-\pi/2 \leq \Phi \leq \pi/2) \end{cases} \;.$$

$$\frac{1}{\pi} \int_0^\infty \int_0^{2\pi} \frac{e^{i\mu\,(\psi - \vartheta)}\,(\cos\Phi - \cos\psi - k_0\vartheta)\,d\psi\,d\vartheta}{(e^{i\psi} - e^{i\Phi} + k_0\vartheta)(e^{-i\psi} - e^{-i\Phi} + k_0\vartheta)} = \tag{242}$$

$$= \begin{cases} I_\mu^*(\Phi) + i\,I_\mu^{**}\,(\Phi) \;. & (\pi/2 \leq \Phi \leq 3\pi/2) \\ -\,L_\mu^*\,(\Phi) - i\,L_\mu^{**}\,(\Phi) + J_\mu^*\,(\Phi) + i\,J_\mu^{**}\,(\Phi) \;. & (-\pi/2 \leq \Phi \leq \pi/2) \end{cases} \;.$$

Dabei ist:

$$I_\mu^*\,(\Phi) + i\,I_\mu^{**}\,(\Phi) = \int_0^\infty \frac{e^{-i\mu\vartheta}\,d\vartheta}{(e^{-i\Phi} - k_0\vartheta)^{\mu+1}} \;;$$

$$J_\mu^*\,(\Phi) + i\,J_\mu^{**}\,(\Phi) = \int_{\frac{2}{k_0}\cos\Phi}^\infty \frac{e^{-i\mu\vartheta}\,d\vartheta}{(e^{-i\Phi} - k_0\vartheta)^{\mu+1}} \;; \tag{243}$$

$$L_\mu^*\,(\Phi) + i\,L_\mu^{**}\,(\Phi) = \int_0^{\frac{2}{k_0}\cos\Phi} e^{-i\mu\vartheta}\,(e^{i\Phi} - k_0\vartheta)^{\mu-1}\,d\vartheta \;.$$

Die Integrale (243) haben stetige Integranden.

Aus dem physikalischen Charakter der vorliegenden Propellerströmung folgt, daß die gesuchte Flügelzirkulation die Periode $2\pi/\omega$ haben muß; man wird daher auf einen Lösungsansatz der Form

$$\Gamma(t) = \sum_{\mu=0}^{M} B_\mu \cos\mu\,\omega t + \sum_{\mu=1}^{M-1} C_\mu \sin\mu\omega t \tag{244}$$

geführt. Mit (244) und den Integralformeln (242) ergeben sich die von den freien Wirbeln im Punkt $r = R$ und $\Phi = \omega t$ induzierten Geschwindigkeiten aus (240) in der übersichtlichen Form: $(C_M \equiv 0)$

$$u_f = -\frac{N}{4\pi R} \sum_{\mu=1}^{M} \mu \left[ B_\mu\, I_\mu^*(\omega t) + C_\mu\, I_\mu^{**}(\omega t) \right] ; \quad (\pi/2 \le \omega t \le 3\pi/2)$$

$$u_f = -\frac{N}{4\pi R} \sum_{\mu=1}^{M} \mu \left[ B_\mu\, L_\mu^*(\omega t) + B_\mu\, J_\mu^*(\omega t) + C_\mu\, L_\mu^{**}(\omega t) + C_\mu\, J_\mu^{**}(\omega t) \right] ;$$

$$(-\pi/2 \le \omega t \le \pi/2) \ . \tag{245}$$

$$v_f = -\frac{N}{4\pi R} \sum_{\mu=1}^{M} \mu \left[ B_\mu\, I_\mu^{**}(\omega t) - C_\mu\, I_\mu^*(\omega t) \right] ; \quad (\pi/2 \le \omega t \le 3\pi/2)$$

$$v_f = -\frac{N}{4\pi R} \sum_{\mu=1}^{M} \mu \left[ B_\mu\, J_\mu^{**}(\omega t) - B_\mu\, L_\mu^{**}(\omega t) - C_\mu\, J_\mu^*(\omega t) + C_\mu\, L_\mu^*(\omega t) \right] ;$$

$$(-\pi/2 \le \omega t \le \pi/2) \ .$$

### 2. Die Strömungsrandbedingung am Propellerflügel

Die Neigung der Sehnen der Flügelprofile gegen die x-Achse ist durch den Winkel $\delta(t) + \omega t - \pi/2$ gegeben (vgl. Abb. 118). Wir beziehen auch den Fall einer gekrümmten Skelettlinie in die Betrachtung ein und bezeichnen mit $\zeta_0$ den Winkel zwischen Profilskelettlinie und Sehne im 3/4-Punkt. Damit ist $\delta(t) + \omega t - \pi/2 + \zeta_0$ der Neigungswinkel der Profilskelettlinie im 3/4-Punkt gegenüber der x-Achse, und die Randbedingung der erweiterten Traglinientheorie lautet

$$-\operatorname{ctg}(\omega t + \delta + \zeta_0) = \frac{v_\Gamma + v_f - \omega r_{3/4} \cos\Phi_{3/4} - v_D}{u_0 + u_\Gamma + u_f + \omega r_{3/4} \sin\Phi_{3/4} - u_D} \ ; \tag{246}$$

Gleichung (246) bedarf noch einiger Erläuterungen. Bei der Umfangsgeschwindigkeit relativ zum Flügel kann in ausreichender Näherung unter Vernachlässigung von Gliedern $\sim a^2$ gemäß (241) gesetzt werden

$$r_{3/4} \approx R\,(1 + a\,\sin\delta) \quad ; \quad \Phi_{3/4} \approx \omega t - a\,\cos\delta$$

Ferner ist es ausreichend, bei den Anteilen $u_f$ und $v_f$ der freien Wirbel als Aufpunkt $r = R$ und $\Phi = \omega t$ in die Strömungsrandbedingung einzusetzen. Das gleiche gilt für die Geschwindigkeiten der gebundenen Wirbel der Nachbar-

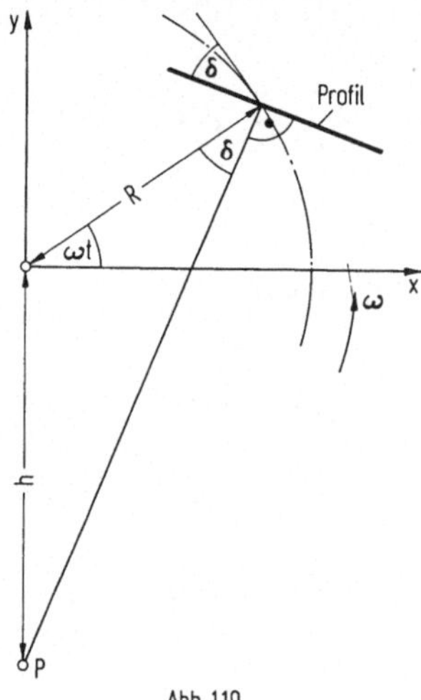


Abb 119

flügel ($n \geq 1$). Für die Drehgeschwindigkeit $u_D$, $v_D$ ergibt sich wieder Gl. (223). Unter Verwendung der Darstellung (245) nimmt die Strömungsrandbedingung dann folgende Gestalt an:

$$\frac{\Gamma(t)}{\pi a R} = -\,2\omega R\,(1 + a\,\sin\delta)\,\sin(a\,\cos\delta + \delta + \zeta_0) + 2u_0\,\cos(\omega t + \delta + \zeta_0) -$$

$$-\,2aR\dot\delta - \frac{1}{2\pi R}\sum_{n=1}^{N-1}\Gamma(t_n)\,\left[\sin(\delta + \zeta_0) + \operatorname{ctg}\frac{\pi n}{N}\cdot\cos(\delta + \zeta_0)\right] +$$

$$+\,\frac{N}{2\pi R}\,\sin(\omega t + \delta + \zeta_0)\sum_{\mu=1}^{M}\mu\begin{pmatrix} B_\mu\,L_\mu^{**} - B_\mu\,J_\mu^{**} - C_\mu\,L_\mu^{*} + C_\mu\,J_\mu^{*} \\ -\,B_\mu\,I_\mu^{**} + C_\mu\,I_\mu^{*} \end{pmatrix} -$$

$$-\,\frac{N}{2\pi R}\,\cos(\omega t + \delta + \zeta_0)\sum_{\mu=1}^{M}\mu\begin{pmatrix} B_\mu\,L_\mu^{*} + B_\mu\,J_\mu^{*} + C_\mu\,L_\mu^{**} + C_\mu\,J_\mu^{**} \\ B_\mu\,I_\mu^{*} + C_\mu\,I_\mu^{**} \end{pmatrix}$$

(247)

Aus Gl. (247) ist die Flügelzirkulation $\Gamma$ (t) gemäß Ansatz (244) zu bestimmen. Das Symbol $\binom{a}{b}$ in Gl. (247) bedeutet a für $-\pi/2 \leq \omega t \leq \pi/2$ und b für $\pi/2 \leq \omega t \leq 3\pi/2$ . Da es sich bei $\zeta_0$ in der Regel um einen kleinen Winkel handeln dürfte, ist in (247) $\cos \zeta_0 \approx 1$ gesetzt worden.

Bereits in der Einleitung haben wir das dem Trochoidenpropeller (Abb. 117) zugrunde liegende Flügelwinkelgesetz $\delta$ (t) mit dem Normalenschnittpunkt P erläutert. Formelmäßig ergibt sich (vgl. Abb. 119):

$$\delta (t) = \text{arctg} \left( \frac{(h/R) \cos (\omega t + \varphi_*)}{1 + (h/R) \sin (\omega t + \varphi_*)} \right) \quad \text{für } 1 + (h/R) \sin (\omega t + \varphi_*) > 0 \ ;$$

$$\delta (t) = \pi + \text{arctg} \left( \frac{(h/R) \cos (\omega t + \varphi_*)}{1 + (h/R) \sin (\omega t + \varphi_*)} \right) \quad \text{für } 1 + (h/R) \sin (\omega t + \varphi_*) < 0 \ ; \tag{248}$$

Dabei ist der Hauptwert des arc tg zwischen $-\pi/2$ und $+\pi/2$ zu nehmen. Die Ableitung wird

$$\dot{\delta} (t) = - \omega \frac{h}{R} \frac{(h/R) + \sin (\omega t + \varphi_*)}{1 + (h/R)^2 + 2 (h/R) \sin (\omega t + \varphi_*)} \ . \tag{249}$$

In (248) und (249) ist $\varphi_*$ ein Phasenwinkel. (Die Abb. 117 und 119 zeigen den Fall $\varphi_* = 0$). Bei der Berechnung von $\Gamma$ (t) aus Gleichung (247) wird zweckmäßig ein Iterationsverfahren verwendet[9]), das ganz analog zu demjenigen ist, welches in Band 1, S. 167/168 für den Voith-Schneider-Propeller angegeben wurde. Eine weitere Auflösungsmethode findet man in der Originalarbeit des Verfassers[9]).

### 3. Flügelkräfte, Propellerschub und Wirkungsgrad

Für die Berechnung der Flügelkräfte wird auf die in Band 1 (S. 154/156, Voith-Schneider-Propeller) dargestellte Methode verwiesen, insbesondere auch für die Berücksichtigung des Einflusses der endlichen Flügellänge (also der freien Querwirbel) durch einen aus der Theorie des Einzelflügels entnommenen Korrekturfaktor.

Die aus der Potentialströmung mit dem Kutta-Joukowskischen Satz erhaltenen Werte für die Flügelkräfte und das Drehmoment werden noch durch den Einfluß der Profilreibung etwas modifiziert. Dieser Effekt kann durch Einführung eines kleinen Gleitwinkels $\chi$ berücksichtigt werden. Da $\cos \chi \approx 1$ ist, erscheint es möglich vorauszusetzen, daß die momentane Flügelkraft

$$K = \sqrt{K_x^2 + K_y^2}$$

durch die Profilreibung nicht in ihrer Absolutgröße sondern nur in ihrer Richtung verändert wird. Wir bezeichnen die Kräfte und Momente in der reibungsbehafteten Strömung mit $\widetilde{K}$ und $\widetilde{M}_D$. Es gilt offenbar (vgl. Abb. 120)

$$\widetilde{K} = K \;\; ; \;\; K_x = K \cos \Theta \;\; ; \;\; K_y = K \sin \Theta$$
$$\widetilde{K}_x = K \cos (\Theta \pm \chi) \;\; ; \;\; \widetilde{K}_y = K \sin (\Theta \pm \chi) \; .$$

Über das bei $\chi$ stehende Vorzeichen entscheidet der Drehsinn der Profilzirkulation (Abb. 120). Es folgt somit für $\chi > 0$, $\chi^2 \ll 1$:

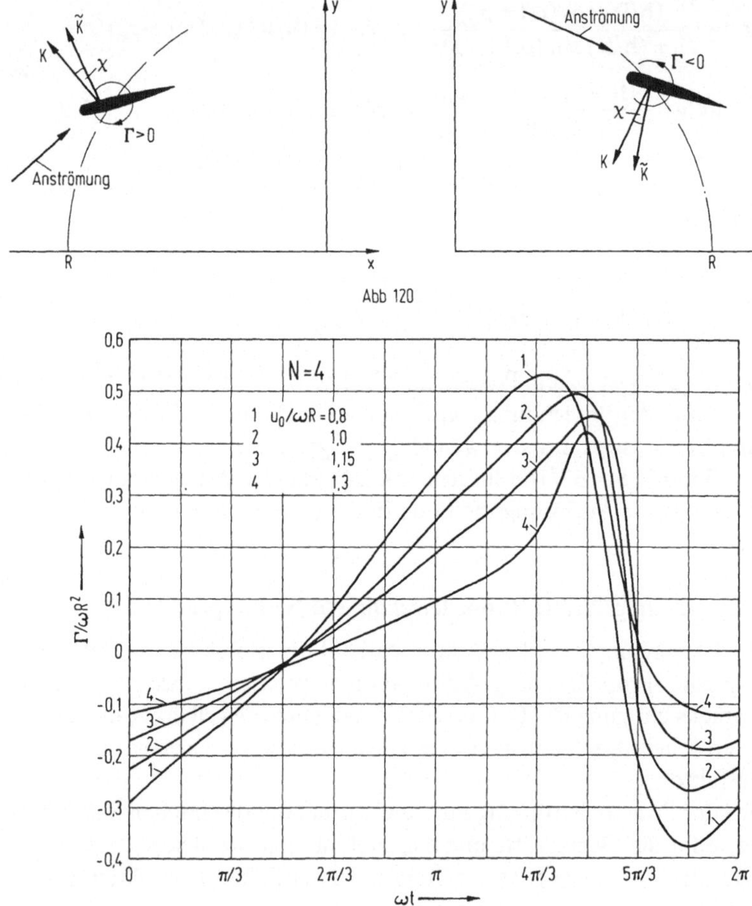


Abb 120



Abb 121

$$\widetilde{K}_x = K_x + \chi \frac{\Gamma}{|\Gamma|} K_y \;\; ; \;\; \widetilde{K}_y = K_y - \chi \frac{\Gamma}{|\Gamma|} K_x \;\; ; \tag{250}$$

und weiter nach (235)

$$\widetilde{M}_D = M_D - \chi \frac{\Gamma}{|\Gamma|} R (K_x \cos \omega t + K_y \sin \omega t) \; . \tag{251}$$

Aus (250) und (251) lassen sich genau wie in reibungsfreier Strömung die für den Gesamtpropeller gültigen Werte $\widetilde{K}_x^{(P)}$, $\widetilde{K}_y^{(P)}$, $\widetilde{K}^{(P)}$, $\widetilde{M}_D^{(P)}$ (vgl. Band 1, S. 155) gewinnen.[11]) Der zugehörige Wirkungsgrad für ebene Strömung ist

$$\widetilde{\eta}_i = \frac{u_0\,\widetilde{K}^{(P)}}{\omega\,\widetilde{M}_D^{(P)}} \ . \tag{252}$$

Der Einfluß der endlichen Flügellänge auf $\widetilde{\eta}_i$, also der endgültige Propellerwirkungsgrad $\widetilde{\eta}$ ergibt sich durch die gleiche Methode und denselben Korrekturfaktor $\Xi_K$ wie bei reibungsfreier Strömung.[9])

Mit der hier dargestellten Theorie wurden Trochoidenpropeller verschiedener Flügelzahl N und Steigung h/R nachgerechnet.

Bei der Lösung für $\Gamma$ erwies sich eine Reihe mit 12 Gliedern (M = 6) als ausreichend genau. Die Abb. 121 bis 123 zeigen die Flügelzirkulation $\Gamma$ sowie

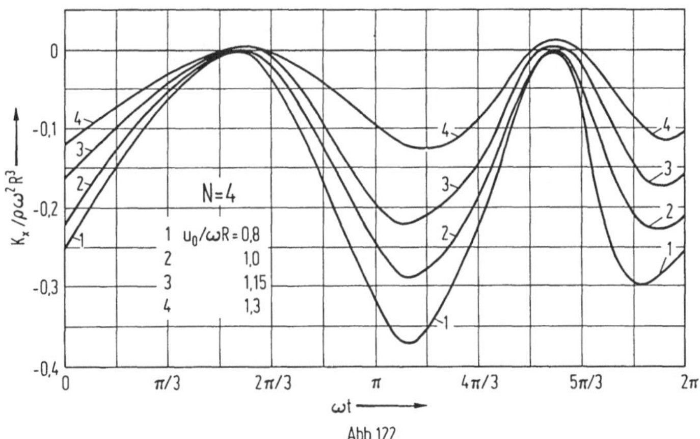


Abb 122

die Flügelkräfte $K_x$ und $K_y$ der reibungsfreien Strömung für ein Beispiel mit den Daten: N = 4, h/R = 1,5 sowie $a$ = 0,18. Als Flügellänge wurde L = 1,2R zugrunde gelegt; somit ergibt sich beim Flügelseitenverhältnis $L/aR$ = 20/3 der Abminderungsfaktor $\Xi_K$ = 2/3; (enthaltend auch noch 2 % Verluste durch die Propellerabdeckscheibe)

In der Umgebung der Stelle $\omega t = 3\pi/2$ müssen die Ergebnisse für $\Gamma$, $K_x$ und $K_y$ mit Vorbehalt betrachtet werden. Denn bei dieser Flügelstellung ist die Theorie für $u_0 \lesssim \omega R$ wegen der eventuell auftretenden Rückwärtsanströmung nur sehr bedingt anwendbar.[10])[11]) Aber auch wenn $u_0 > \omega R$ ist, liegt bei $\omega t =$

---

11) Es sei vermerkt, daß natürlich mit der gleichen Methode der Einfluß der Profilreibung auf Kräfte, Moment und Wirkungsgrad auch beim Voith-Schneider-Propeller erfaßt werden kann. Der Reibungseffekt ist aber beim Trochoidenpropeller bedeutender, da die effektiven Profilanstellwinkel hier bei einigen Fahrzuständen und Flügelstellungen sehr groß werden. (z. B. $\omega t = 3\pi/2$).

$3\pi/2$ nur eine recht kleine Anströmung in Sehnenrichtung gegen das Flügel-
profil vor, während die senkrecht zur Profilsehne wirkende Drehgeschwindigkeit $aR\dot{\delta}$ große Werte annimmt. Daher wird die Strömung möglicherweise bei
$\omega t = 3\pi/2$ wegen sehr hoher Anstellwinkel abreißen und die Potentialtheorie
liefert in diesem Bereich unrealistische Aussagen.

In Abb. 124 und 125 ist für den 4-flügeligen Propeller bei verschiedenen
Steigungen der Propellerschub S und der Wirkungsgrad $\eta$ dargestellt. Und

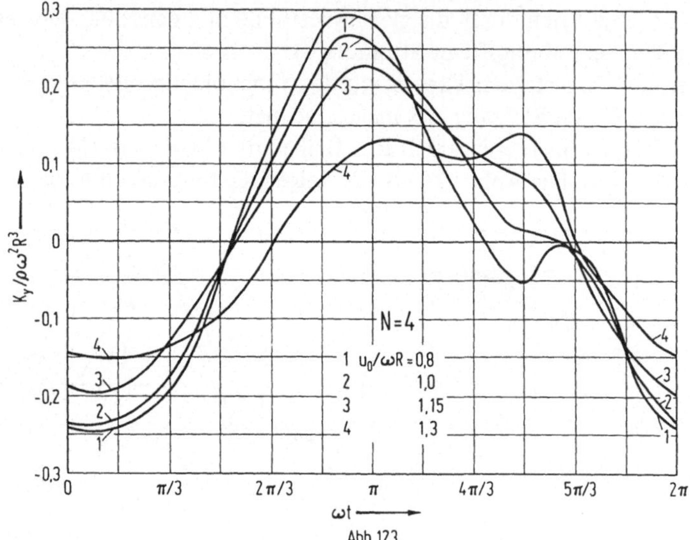


Abb 123

zwar sowohl die Ergebnisse der Theorie mit Profilreibung (ausgezogene Kurve),
ohne Profilreibung (punktierte Kurve) als auch zum Vergleich die Meßwerte,
die *van Manen* [12]) bei der Untersuchung eines solchen Propellers erhielt. (gestrichelte Kurve).

Die theoretischen Schubwerte stimmen für größere Fortschrittsgrade recht
gut mit den experimentellen überein, während bei $u_0/\omega R \approx 1$ vor allem bei
der großen Steigung h/R = 1,75 die Meßwerte um mehr als 15 % unter den
theoretischen liegen. Diese Unterschiede sind offensichtlich dadurch bedingt,
daß für $u_0/\omega R \approx 1$ die Flügelanstellwinkel so groß werden, daß Ablösung der
Strömung an den Profilen auftritt, ein Effekt der durch die Theorie natürlich
nicht erfaßt werden kann. Letzterer wird bei den hier nicht behandelten
Fortschrittsgraden $u_0/\omega R \lesssim 0,8$ noch wesentlich ausgeprägter und zeigt erwartungsgemäß, daß (im Gegensatz zum Voith-Schneider-Propeller) Trochoiden-

---

12) J. D. van Manen: Ergebnisse von systematischen Versuchen mit Propellern mit annä-
   hernd senkrecht stehender Achse; Jahrb. Schiffbautechn. Ges. Bd. 57, 1963, Berlin/
   Göttingen/Heidelberg; Springer 1964. Modellpropeller von 10 cm Radius.
13) Unter Berücksichtigung der Profilreibung; ausgezogene Kurven in Abb. 124 und 125.
   Die in Abb. 124 und 125 dargestellten Werte sind zeitlich gemittelt.

propeller für Fahrzustände mit kleinen Fortschrittsgraden nicht geeignet sind.

Die berechneten Wirkungsgrade[13]) liegen etwa 15 bis 25 % höher als die gemessenen. Hierfür sind einmal die eben beim Schub besprochenen Gründe maßgebend; zum anderen sind wie beim Voith-Schneider-Propeller in den Meßwerten der kleinen Modellpropeller[12]) noch Reibungseffekte der Lenkerkinematik enthalten, über deren Einfluß sich genaue Aussagen schwer machen

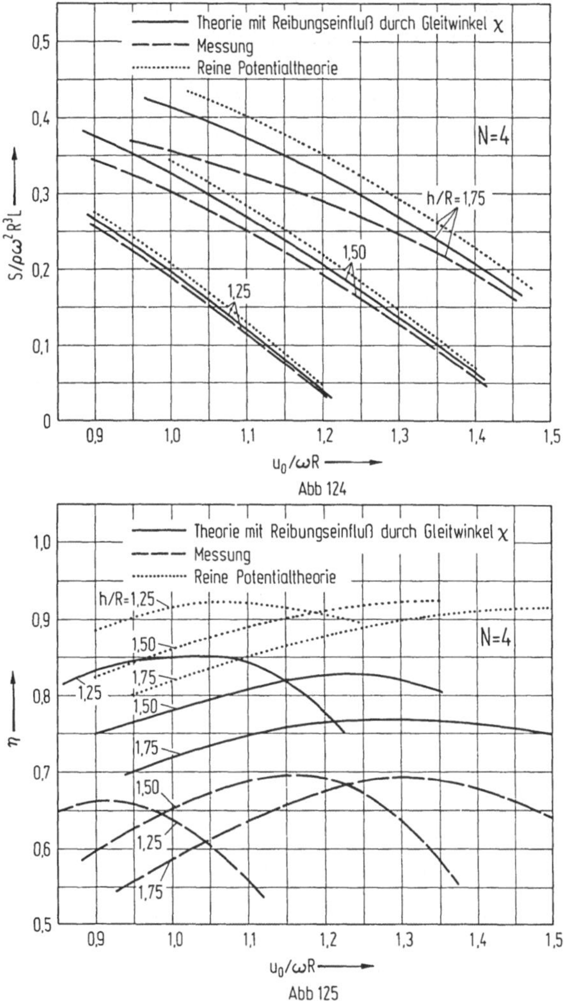


Abb 124



Abb 125

lassen. Auf jeden Fall liegen die echten hydrodynamischen Wirkungsgrade über den am Modell gemessenen.

Unter diesen Umständen kann die Übereinstimmung zwischen Theorie und Experiment als befriedigend bezeichnet werden.

Bemerkenswert sind für die Anwendung die sowohl theoretisch als auch experimentell nachgewiesenen hohen Wirkungsgrade, welche sich bei großen Fortschrittsgraden mit dem Trochoidenpropeller erreichen lassen. Sie liegen merklich über den Wirkungsgraden eines „optimalen" Schraubenpropellers gleicher Belastung und gleichen Fortschrittsgrades. (vgl. Kramerdiagramm, Band 1 S. 40).

Bei der Wahl der Gleitwinkel $\chi$ wurde die Tatsache berücksichtigt, daß bei größerer Steigung die Flügel in einem weiteren Bereich des Propellerkreises mit hohen Anstellwinkeln angeströmt werden als bei kleiner Propellersteigung.[9])

Bei den untersuchten Beispielen ergab sich eine Propellerkraft entgegengesetzt zur Anströmung (also in negativer x-Richtung) für Flügelwinkelkurven der Form (248) mit einem kleinen (mit steigendem Fortschrittsgrad abnehmenden) Phasenwinkel $0{,}025 \lesssim \varphi_* \lesssim 0{,}05$ .

Allgemein läßt sich feststellen, daß die Richtung der resultierenden Propellerkraft beim Trochoidenpropeller durch eine Phasenverschiebung der Flügelwinkelkurve stärker beeinflußt wird als beim Voith-Schneider-Propeller.[9]) Dieses ist verständlich, da die auftretenden Flügelwinkel $\delta$ (t) beim erstgenannten Propeller wesentlich größer sind, nämlich von $-\pi$ bis $+\pi$ laufen. (vgl. Abb. 117).

# Namen- und Sachverzeichnis